P. HOLL

Berechnen und Entwerfen von Turbinen= und Wasserkraft= Anlagen

Mit einer Anleitung zur Anwendung
des Turbinenrechenschiebers

NEU BEARBEITET VON

Dipl.=Ing. E. GLUNK

VORSTANDSMITGLIED IM ING.=BÜRO
OSKAR V. MILLER G.M.B.H. MÜNCHEN

VIERTE AUFLAGE
MIT 41 IN DEN TEXT GEDRUCKTEN ABBILDUNGEN
UND 6 TAFELN

MÜNCHEN UND BERLIN 1927
DRUCK UND VERLAG VON R. OLDENBOURG

Vorwort zur ersten Auflage.

Im Laufe des letzten Jahrzehntes hat sich der Bau von Wasserturbinen zu einem der wichtigsten Zweige der heutigen Maschinentechnik entwickelt. Infolge der vielfachen Verwendung der Wasserturbine als Antriebsmaschine in den mannigfaltigsten Industrien werden häufig Ingenieure, Betriebsleiter, Wasserkraftbesitzer usw., welche dem Wasserturbinenbau fernstehen, gezwungen, sich mit Ausnützung von Wasserkräften zu befassen und der Wasserturbine näherzutreten. Spezialkenntnisse im Turbinenbau sind dabei naturgemäß nicht immer vorhanden; ihr Mangel macht sich unangenehm fühlbar und erschwert den Verkehr zwischen Turbinenbesteller und Turbinenlieferant. Die eigene Tätigkeit als projektierender Ingenieur führte mir die Notwendigkeit, hierin Abhilfe zu schaffen, täglich vor Augen, und ich stellte mir die Aufgabe, ein Instrument zu konstruieren, welches die Gesetze der Wasserturbine in so einfacher Form zur Darstellung bringt, daß auch der Nichtfachmann im Turbinenbau an Hand desselben einen Einblick in das Verfahren beim Projektieren von Wasserkraftmaschinen gewinnen kann. Diese Aufgabe suchte ich mit dem von mir entworfenen Turbinenrechenschieber, dessen Beschreibung und Erläuterung Zweck der vorliegenden Abhandlung ist, zu lösen. Ich hoffe, mit diesem Instrument auch dem Fachmann im Wasserturbinenbau einen Zeit und Mühe sparenden Gehilfen in die Hand zu geben. Für etwaige Anregungen zur Vervollkommnung des Instruments werde ich jederzeit dankbar sein.

Um die Anwendung des Turbinenrechenschiebers jedermann klarzulegen, habe ich die Beschreibung so verfaßt, daß sie einen allgemeinen, kurzgefaßten Überblick über Wasserkraftprojektierung enthält. Einige Vertrautheit mit den einschlägigen Begriffen habe ich dabei vorausgesetzt und bin auf die verschiedenen hier zusammentreffenden Gebiete nur so weit eingegangen, als sie für die praktische Arbeit des projektierenden Ingenieurs in Betracht kommen. Die Projektierung von Zentrifugalpumpen, welche sich auch mit dem Turbinenrechenschieber erledigen läßt, ist im Anschluß daran kurz gestreift worden.

Berlin, im Februar 1908.

Ing. Holl.

Vorwort zur zweiten Auflage.

Aus dem kleinen Werk spricht eine so gediegene Sachkenntnis des Verfassers auf dem Gebiete der Wasserkraftanlagen und der Stoff ist auf knappem Raum so übersichtlich zusammengestellt, daß jeder Techniker, der sich über die wichtigsten Abmessungen bei der Berechnung und für den Entwurf einer Wasserkraftanlage rasch unterrichten will, aus den Darlegungen Nutzen ziehen wird.

Der vom Verfasser für die einschlägigen Berechnungen besonders konstruierte Turbinen-Rechenschieber leistet dabei zwar ganz vortreffliche Dienste, setzt aber in der Handhabung eine gewisse Übung voraus. Aber auch ohne ihn bleibt der Wert des Buches bestehen.

Die vorliegende Ausgabe ist gegen die erste unverändert, da es dem Verfasser durch seinen allzufrühen Tod leider nicht mehr vergönnt gewesen ist, auf den Inhalt Einfluß zu nehmen und seine reichen Kenntnisse zu etwa noch wünschenswerten Verbesserungen zu benutzen.

Charlottenburg, im Mai 1913.

Professor E. Reichel.

Vorwort zur dritten Auflage.

Das von Ingenieur Holl im Jahre 1908 verfaßte Werk hatte den Zweck, allen denen, welche sich mit dem Bau und Betrieb von Wasserkraftanlagen zu befassen haben, ein wertvolles Hilfsmittel zur Lösung der mannigfaltigen Aufgaben, welche der Entwurf und die Berechnung von Turbinen- und Wasserkraftanlagen stellen, in die Hand zu geben. Zur Erleichterung der Projektierungsarbeiten hat Holl den Turbinenrechenschieber konstruiert, dessen Anwendung den Grundzug früherer Auflagen des Buches bildete.

Inzwischen hat sich der Turbinenbau in hohem Maße weiter entwickelt. Es ist gelungen, die Schnelläufigkeit der beiden Hauptturbinenarten, der Francis- und der Freistrahlturbine, derart zu steigern, daß ihre Anwendungsgebiete lückenlos ineinander greifen und nunmehr auf die Verwendung von früher gebräuchlichen weniger günstigen Turbinensystemen, wie Schwamkrugturbine, Verbundturbine u. a. verzichtet werden kann. Hand in Hand mit dieser Entwicklung ging der Ausbau der theoretischen Erkenntnisse über die Strömung des Wassers beim Durchfluß durch die Turbinen, über die hierbei auftretenden Reibungs- und Wirbelverluste, über den Wasseraustritt usw., deren zweckmäßige Anwendung wiederum eine erhebliche Steigerung der Wirkungsgrade brachte. Die Entwicklung ist noch nicht abgeschlossen, und es weisen insbesondere die neueren Untersuchungen und Versuche von Kaplan u. a. darauf hin, daß noch weit höhere Schnelligkeiten als bisher erreichbar sind und damit auch die Ausnützung kleiner Wasserkräfte mit niedrigen Gefällen wirtschaftlich möglich erscheint.

Zur Beurteilung der Schnelläufigkeit einer Turbine wurde in neuerer Zeit mehr und mehr der von Camerer zuerst angewandte Begriff der „spezifischen Umlaufzahl" benützt, während der von Holl aufgestellte, an sich klarere Begriff der „Systemziffer" fast in Vergessenheit geriet.

Bei der vorliegenden Neubearbeitung des Buches wurde die fortschreitende Entwicklung des Turbinenbaues in weitgehendstem Maße berücksichtigt und hierbei nicht nur die Turbinen allein, sondern auch alle sonstigen mit dem Bau und Betrieb von Wasserkraftanlagen zusammenhängenden Einzelheiten und Fragen in den Kreis der Betrachtung gezogen. Der leitende Gedanke war hierbei, den Charakter des Buches in der Weise zu erweitern, daß der projektierende Ingenieur einen kurzen Leitfaden

über alle baulichen und maschinellen Einrichtungen von Wasserkraftanlagen erhält, welcher ihm nicht nur zur Bestimmung des jeweils für
eine Anlage passenden Turbinensystems dienen, sondern ihm auch im
Zusammenhang damit über alle sonst benötigten Konstruktionsdaten
Aufschluß geben kann. Auf Einzelheiten wurde hierbei nicht eingegangen,
da hierfür die Spezialliteratur zu benützen ist. Besonderer Wert wurde
auf eine umfassende Angabe neuzeitlicher Erfahrungswerte gelegt, auch
wurden in zahlreichen Fußnoten Hinweise auf ausgeführte Anlagen gegeben.

Die Richtung, welche damit dem Buche gegeben wurde, bedingte die
Aufnahme verschiedener neuer Kapitel über Einzelteile von Wasserkraftanlagen, die Beispielsammlung wurde durch Aufnahme neuzeitlicher
Anlagen ergänzt, ein kurzer Abschnitt über Anlage- und Betriebskosten
von Wasserkräften wurde eingefügt u. a. m. Andererseits wurden die
früheren sich auf die Beschreibung und Anwendung des Turbinenschiebers
beziehenden Ausführungen wesentlich gekürzt oder in die Einleitung
versetzt. Dies konnte um so eher erfolgen, als zwar der von Holl konstruierte Turbinenschieber eine ausgezeichnetes Hilfsmittel zur raschen
Bestimmung des für einen gegebenen Fall passenden Turbinensystems
darstellt, dagegen die von Holl gedachte Verwendung für gewöhnliche
Rechnungen sich praktisch nicht bewährte, da der projektierende Ingenieur
solche Rechnungen schneller und sicherer mit dem ohnehin zu seinem Rüst-
zeug gehörenden gewöhnlichen Rechenschieber ausführt. Aus diesem
Grunde kann auch auf die teure Ausführung des Turbinenschiebers in
Holz verzichtet werden, da zur Erreichung seines eigentlichen Verwen-
dungszweckes die billigere Herstellung in Karton vollständig genügt.
Der Schieber wurde der neueren Turbinenentwicklung entsprechend um-
gearbeitet und ermöglicht nach wie vor eine außerordentlich rasche
Übersicht über die für eine bestimmte Wassermenge und ein bestimmtes
Gefälle zu wählende Unterteilung, über die anwendbaren Turbinenarten
und Turbinengrößen, die erreichbaren Drehzahlen u. dgl.

Im übrigen sei bemerkt, daß die Benützung des vorliegenden Buches
den Besitz des Turbinenschiebers nicht zur Voraussetzung hat. Sämtliche
beim Entwurf und bei der Berechnung von Turbinen- und Wasserkraftanlagen vorkommenden Aufgaben lassen sich mit Hilfe der im Buche
gegebenen Tafeln und Formeln leicht auch ohne Turbinenschieber lösen.

Eine Sammlung der Formeln mit den hauptsächlichsten Konstruktionsdaten und Erfahrungswerten wurde im Anhange des Buches bei-
gefügt.

München, im August 1921.

Dipl.-Ing. E. Glunk.

Vorwort zur vierten Auflage.

Das vorliegende Buch fand in seiner neuen Fassung so viel Anklang, daß ich daraus schließen darf, daß es tatsächlich zu einem Leitfaden für den projektierenden Wasserkraft-Ingenieur geworden ist. Die dritte Auflage war sehr schnell vergriffen; leider verzögerte sich jedoch die Herausgabe der neuen Auflage infolge anderweitiger Inanspruchnahme des Unterzeichneten. Ich hoffe aber, daß der nunmehr erscheinenden vierten Auflage des Buches die gleiche Anerkennung wie bisher zuteil wird.

Der Rahmen des Buches ist der gleiche wie bei der dritten Auflage geblieben; doch wurden die Grundlagen der neuesten Turbinentechnik berücksichtigt, und es wurde einigen Anregungen Rechnung getragen, die mir in dankenswerter Weise aus dem Kreise der Interessenten gegeben wurden. An einigen Berechnungsbeispielen wurde gezeigt, in welcher Weise bei der Projektierung von Turbinenanlagen vorzugehen ist, wenn der bearbeitende Ingenieur nicht im Besitze eines Turbinenschiebers ist. Gerade diese Beispiele zeigen aber, wie einfach und sicher die Anwendung des Schiebers ist und wie dieser die Möglichkeit gibt, auf mechanischem Wege nicht nur schnell das für einen bestimmten Fall passende Turbinensystem, die passenden Drehzahlen usw. zu finden, sondern auch das System und die Drehzahlen zu variieren, ohne daß wiederholte Probierrechnungen erforderlich sind.

Der Inhalt des Buches wurde noch durch ein Sachregister ergänzt.

München, im Frühjahr 1927.

Dipl.-Ing. E. Glunk.

Inhaltsverzeichnis.

Einleitung.

Beschreibung des Turbinenrechenschiebers.

§ 1. Verwendung zur Bestimmung des Turbinensystemes.

Das Instrument hat die Form eines Rechenschiebers, dessen Ausführung aus Fig. 1 ersichtlich ist. Fig. 1 zeigt die Ausführung in Karton, der Schieber wird jedoch auch in Holz hergestellt. Das Instrument besteht, ähnlich wie ein gewöhnlicher Rechenschieber, aus dem Schieberkörper, der eine obere und eine untere Wange besitzt, aus der im Schieberkörper verschiebbaren Zunge und aus dem Läufer, der zum Ablesen dient.

Der Schieberkörper und die Zunge sind mit verschiedenen logarithmischen Skalen versehen, welche mit D, n, H und Q bezeichnet sind. Diese vier langen Skalen sind die Hauptskalen des Instruments; die übrigen noch darauf befindlichen Skalen werden als Hilfsskalen bezeichnet. Drei von den Hauptskalen beziehen sich auf die Bestimmungselemente der Wasserturbinen:

Wassermenge Q,

Gefälle H,

Umdrehungszahl n der Turbinenwelle,

während die vierte Hauptskala, die Skala D, zur Turbinendimensionierung dient. Die Skalen Q und D sind auf den beiden Wangen des Schieberkörpers, die Skalen H und n auf der Zunge angebracht. Außerdem befinden sich auf dem Schieberkörper besonders ausgebildete Systemdarstellungen, im folgenden „Systembilder" genannt, für die im heutigen Turbinenbau so gut wie ausschließlich zur Verwendung kommenden Turbinensysteme: Freistrahlturbine (Peltonturbine) und Francisturbine, nebst deren schnellaufende Abarten (Kaplanturbine u. a.).

Bekanntlich lassen sich mit diesen beiden Systemen sämtliche Aufgaben der Wasserkraftausnützung in der einfachsten und vorteilhaftesten

Weise lösen und es braucht daher auf andere Turbinensysteme nicht eingegangen zu werden[1]).

Die Skala Q gibt die pro Sekunde durch die Turbine hindurchströmende Wassermenge in Litern an. Die Skala H stellt das für die Turbine disponible Nettogefälle in Metern und die Skala n die Umdrehungszahl der Turbinenwelle pro Minute dar.

Q ist von 0,15 bis 100000 l pro Sekunde also bis 100 cbm Wasser pro Sekunde angegeben. Die Hauptskala H reicht von 0,2 bis 1500 m und die Hauptskala n von 10 bis 8000 Umdrehungen pro Minute.

Die Systembilder bestehen, wie die Fig. 1 und 2 erkennen lassen, in der Hauptsache aus horizontalen Linien von bestimmter Länge und Lage. Jede dieser Linien ist mit verschiedenen symbolischen Zeichen versehen, deren Bedeutung nachstehend erläutert ist.

Die horizontalen Linien der Systembilder werden als „Systemzüge" bezeichnet. Jeder Systemzug stellt eine Turbinenart dar. Die betreffende Turbinenart ist durch die allgemeine Bezeichnung des Systembildes, zu welchem der Systemzug gehört, und durch die spezielle Inschrift auf dem Systemzug definiert. Die Systemzüge zeigen in ihrer Länge die Ausdehnung des Verwendungsbereichs ihrer Tubinenart an. Die obere und untere Grenze dieses Verwendungsbereichs, also die Enden des Systemzugs, sind durch Ausrufungszeichen, welche mit einem Pfeil in das Verwendungsgebiet hineinweisen, markiert. An diesen Stellen ist der Wirkungsgrad der Turbine schlecht; er bessert sich mit dem Fortschreiten im Sinn der Pfeile. Da, wo das betreffende Turbinensystem allgemein brauchbar zu werden beginnt, sind kleine Sterne angebracht, und die Stelle endlich, welche dem Maximum des Wirkungsgrades entspricht, ist durch einen großen Stern gekennzeichnet.

Die in den Systembildern eingeschriebenen Ziffern geben die Wirkungsgrade an, welche in den betreffenden Systemlagen unter Voraussetzung richtig gewählter Arbeitsprozesse des Wassers und unter sonst günstigen Umständen erreichbar sind. Die Zahlen gelten für Turbinen mittlerer Größe; für große Turbinen wird der Wirkungsgrad größer, für kleine Turbinen (Francisturbinen mit kleinem Laufraddurchmesser und Freistrahlturbinen mit dünnem Strahl) bleibt er unterhalb der eingeschrie-

---

[1]) Auf den Rechenschiebern früherer Herstellung waren auch noch die Systembilder der inneren radialen Freistrahlturbine (Schwamkrugturbine) sowie der Verbundturbine aufgenommen. Diese Turbinensysteme sind seit einigen Jahren verlassen, nachdem es gelungen ist, die früher bestehende Lücke zwischen den Pelton- und Francisturbinen auszufüllen teils durch Anwendung von Peltonturbinen mit höheren, teils durch Konstruktion von Francisturbinen mit niedrigeren Drehzahlen.

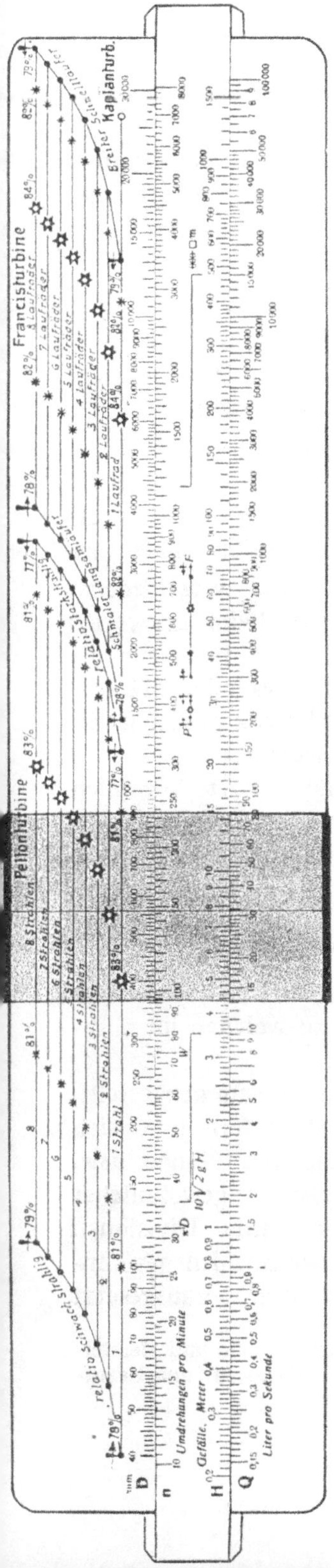

Fig. 1. Turbinenrechenschieber in Kartonausführung.

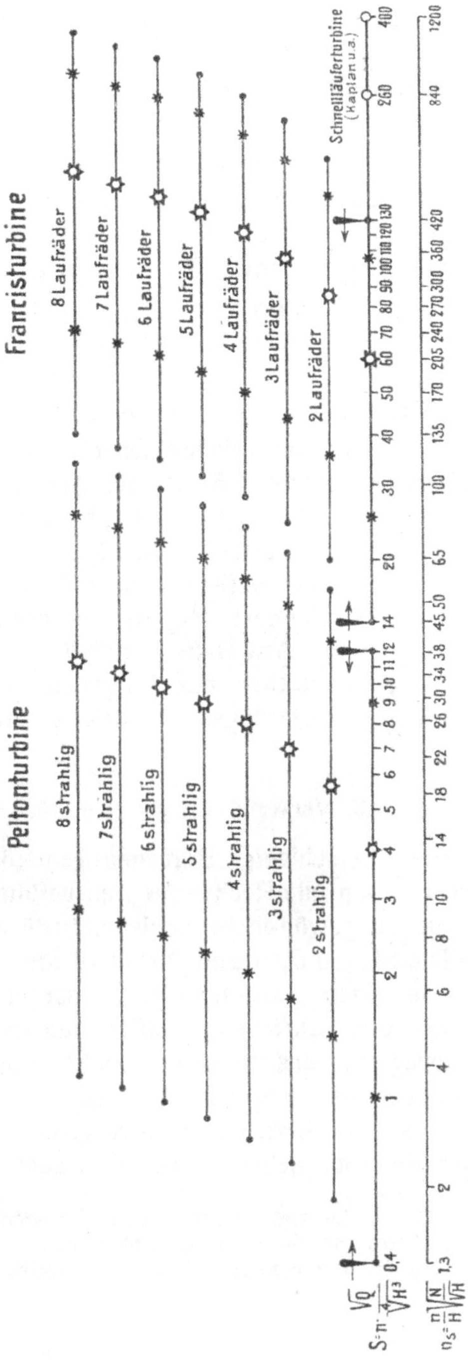

Fig. 2. Systembilder.

1*

benen Werte. Gleichartige Zeichen in den Systembildern haben durchweg gleiche Wirkungsgradziffer[1]).

Am Systembild der Freistrahlturbine steht das Wort „Peltonturbine", am Francisbild das Wort „Francisturbine". Die Grenzen des Peltonbildes sind demnach durch die Worte:

„relativ schwachstrahlig" (untere Grenze),

„relativ starkstrahlig" (obere Grenze)

charakterisiert, wodurch angedeutet werden soll, daß hier die Strahldurchmesser bzw. die Strahlabmessungen gegenüber den Laufrad-Durchmessern klein bzw. groß sind. Die Grenzbemerkungen des Francisbildes:

„Schmaler Langsamläufer" (untere Grenze),

„Breiter Schnelläufer" (obere Grenze)

bedürfen keiner Erläuterung. An das Francisbild schließen — etwa die spez. Drehzahlen 400—1200 umfassend — die Schnelläuferturbinen an.

Der Turbinenrechenschieber läßt sich zur Lösung verschiedener Probleme benützen. Er ist ein wertvolles Hilfsmittel beim Entwerfen von Wasserkraftanlagen und gibt dem projektierenden Ingenieur die Möglichkeit, in außerordentlich kurzer Zeit und ohne besondere Berechnungen sich über die für gegebene Wasser- und Gefällverhältnisse zweckmäßigste Turbinenart und Turbinengröße klar zu werden.

Über seine Anwendung für diese Zwecke sind in den folgenden Kapiteln, in welchen das Vorgehen bei Projektierung von Turbinen- und Wasserkraftanlagen entwickelt wird, die nötigen Erläuterungen gegeben.

§ 2. Verwendung als gewöhnlicher Rechenschieber.

Für überschlägige Berechnungen können auf dem Turbinenrechenschieber auch alle Rechnungen ausgeführt werden, zu welchen im allgemeinen der gewöhnliche Schieber benützt wird.

Die Skalen D, n und Q sind zu diesem Zwecke so zusammengestellt, daß sie einen gewöhnlichen Rechenschieber bilden, sofern man sich nur die eingeschriebenen Ziffern durch Weglassung von Nullen usw. durchweg auf das reduziert denkt, was an den Skalen gewöhnlicher Rechenschieber angeschrieben ist. Multiplikationen und Divisionen werden auf den Skalen D und n vorgenommen, genau, wie mit dem gewöhnlichen Rechenschieber, dessen Gebrauch hier als bekannt vorausgesetzt

---

[1]) Die Wirkungsgrade entsprechen Turbinen heutiger Konstruktion und Herstellung. Näheres über die Wirkungsgradziffern und ihr Verhältnis zu Bauart und Beaufschlagung der Turbinen enthält das V. Kapitel.

wird. Um eine Zahl ins Quadrat zu erheben, sucht man sie auf der Skala D auf (vom Komma ist abzusehen), geht senkrecht herunter auf die Skala Q und liest dort das Quadrat ab; das Komma ist wie beim gewöhnlichen Rechenschieber durch Schätzung festzulegen. Die Quadratwurzel aus einer Zahl erhält man durch den umgekehrten Weg, dabei ist wie beim gewöhnlichen Rechenschieber mit einiger Überlegung zu verfahren. Zur Berechnung von dritten Potenzen und dritten Wurzeln wird beim Kartonschieber die Zunge verkehrt, aber mit Oberseite nach oben, eingeschoben, so daß längs der Skala Q die verkehrte Hauptskala n vorbeiläuft. Um eine Zahl auf die dritte Potenz zu erheben, sucht man sie auf der Skala Q auf (vom Komma abzusehen), schiebt eine gleichnamige Zahl der verkehrten Hauptskala n darüber und liest auf der Skala Q an einer der Einserstellen der Skala n (10, 100, 1000, 10000) die dritte Potenz ab.

Die dritte Wurzel aus einer gegebenen Zahl ergibt sich, indem man die Zahl auf der Skala Q aufsucht (vom Komma abzusehen), eine Einserstelle der verkehrten Skala n darüber schiebt und nun die Stellen aufsucht, an welchen die Ziffernangabe (absolut genommen) der beiden Skalen übereinstimmt und dort abliest. Durch Schätzung ist festzustellen, welche der verschiedenen Stellen, die sich dabei darbieten, zu nehmen ist. Schiebt man z. B. eine Einserstelle der verkehrten Skala n über eine Achterstelle von Q, so sieht man sofort, entsprechend

$$\sqrt[3]{8} = 2$$

Übereinstimmung bei Zweierstellen und kann weiterhin an den übrigen übereinstimmenden Stellen ablesen.

$$\sqrt[3]{80} = 4{,}3 \qquad \sqrt[3]{800} = 9{,}3.$$

Auf der Skala n ist ferner bei $n = 31{,}416$ ein π-Strich markiert. Man kann damit in bekannter Weise Kreisumfänge πD berechnen: Man schiebt den Skalenanfang $n = 10$ unter den gegebenen, auf der Skala D aufgesuchten Durchmesser (Millimeter) und liest bei diesem π-Strich den gesuchten Kreisumfang auf der Skala D unmittelbar in Millimetern ab.

Kreisinhalte berechnet man mit Hilfe der zwei zusammengehörigen Zeichen ⌐—— ——⌐, die sich auf der rechten Hälfte der Zungenoberseite befinden. Ist ein Durchmesser in Millimetern gegeben und soll dazu der Kreisinhalt gefunden werden, so schiebt man den nach oben weisenden Vertikalstrich dieses Doppelzeichens unter den auf der Skala D aufgesuchten Durchmesser in Millimetern und liest an dem nach unten

weisenden Vertikalstrich die Ziffernangabe der Skala Q ab. Durch Ab-
streichen von drei Stellen erhält man daraus den Kreisinhalt in Quadrat-
metern. Auf dem Schieber ist die Abstreichung der drei Stellen durch
die Inschrift an dem Zeichen symbolisch ausgedrückt. Durch Anfügung
einer Stelle an die Ziffernangabe erhält man den Kreisinhalt in Quadrat-
zentimetern und durch Anfügung von drei Stellen in Quadratmillimetern.
Das Vorgehen bei Umkehrung der Rechnung bedarf keiner weiteren
Erläuterung.

Das auf der Zungenoberseite links befindliche Zeichen ⌐⎯⎯⎯⌐
dient zur Bestimmung der Größe $\sqrt{2gH}$. Es ist dies bekanntlich die
ideelle Geschwindigkeit eines unter dem Gefälle H frei ausströmenden
Wasserstrahls; die Kenntnis dieser Geschwindigkeit ist bei der Turbinen-
berechnung notwendig. Man schiebt den nach unten weisenden Vertikalstrich dieses Zeichens über den auf der Skala Q aufgesuchten Gefällswert H
in Metern und liest auf der Skala D den Ziffernwert ab, den der nach oben
weisende Vertikalstrich anzeigt. Dieser letztere Wert, mit 10 dividiert,
gibt die Geschwindigkeit $\sqrt{2gH}$ in Metern pro Sekunde (berechnet
mit $g = 9{,}81$ m/s²).

I. Kapitel.

Projektierung einer Turbine.

§ 3. Bestimmung des Turbinensystems.

Zur Beurteilung einer Wasserkraft dienen in erster Linie das Nettogefälle H und die Nutzwassermenge Q. Aus diesen beiden Faktoren
läßt sich unter Zugrundelegung eines Turbinenwirkungsgrades $\eta_t = 0,75$
sofort die ungefähre Leistung der Wasserkraft bestimmen aus:

$$N_{\text{eff}} = 10 \cdot Q \cdot H \text{ in PS} \quad \ldots \ldots \ldots \quad (1)$$

Bei Beginn der Projektierungsarbeiten ist im allgemeinen das
Nettogefälle H noch unbekannt und muß erst aus dem Bruttogefälle
berechnet werden. Als Bruttogefälle bezeichnet man den betriebs-

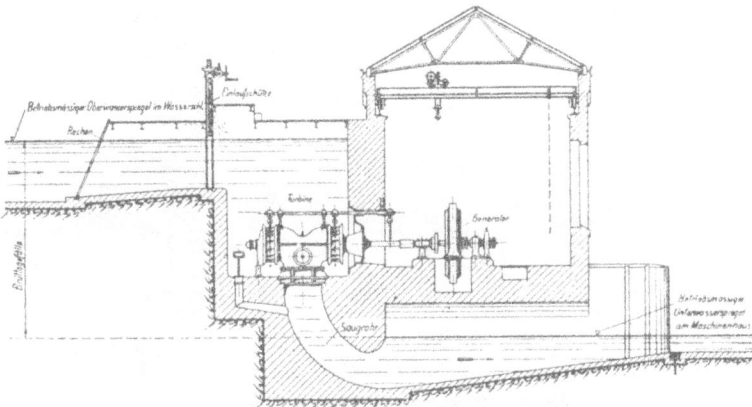

Fig. 3. Francisturbine im offenen Schacht.

mäßigen Höhenunterschied zwischen Oberwasserspiegel im Wasserschloß,
Vorbecken u. dgl. und zwischen Unterwasserspiegel am Maschinenhaus
(vgl. Fig. 3, 4 und 5). Der Ausdruck „betriebsmäßig" bedeutet, daß für
beide Spiegel die Höhenlage bei normalem Wasserdurchfluß im Ober-

und Unterwasserkanal in Rechnung zu setzen ist. Aus diesem Bruttogefälle muß man das Nettogefälle berechnen und hat dabei folgende
drei Fälle zu unterscheiden:

Fall   I.   Francisturbinen im offenen Schacht (Fig. 3).[1])

Fall   II.   Francisturbinen im geschlossenen Gehäuse, denen das
             Wasser durch eine Druckrohrleitung zugeführt wird
             (Fig. 4).

Fall III.   Freistrahlturbinen, · denen das Wasser ebenfalls durch
             eine Druckrohrleitung zugeführt wird (Fig. 5).

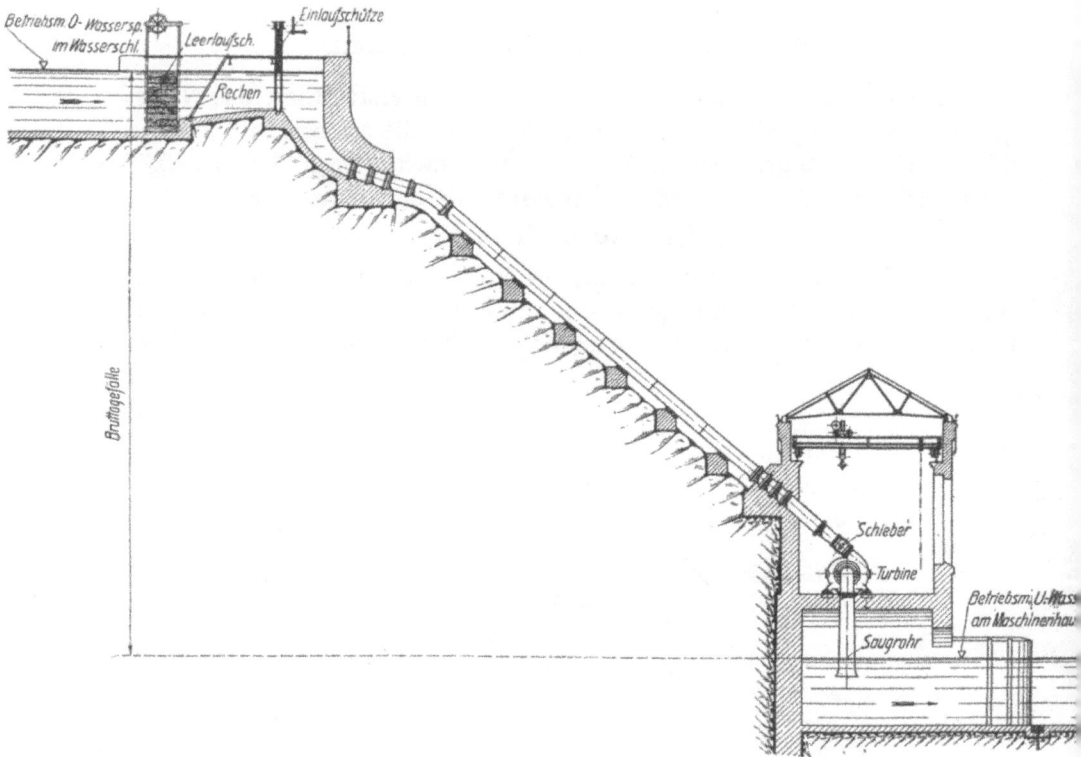

Fig. 4.   Francisturbine im geschlossenen Gehäuse.

Im ersten Fall (Fig. 3) ist das Nettogefälle gleich dem Bruttogefälle
abzüglich der Spiegelsenkung, welche entsteht, wenn das Wasser mit
normaler Geschwindigkeit den Rechen im Wasserschloß passiert.

---

[1]) Fall I gilt auch für Schnelläuferturbinen, insbesondere Kaplanturbinen.

Das Nettogefälle im zweiten Fall (Fig. 4) ist gleich dem Bruttogefälle weniger folgende Gefällsverluste:

1. Gefällsverlust durch Passieren des Rechens.
2. Gefällsverlust durch die Widerstände beim Passieren des Rohreinlaufs.
3. Druckverlust verursacht durch die Reibung des strömenden Wassers in der Druckrohrleitung vom Wasserschloß bis zum Abschlußorgan vor der Turbine.
4. Druckverlust verursacht durch Passieren der in der Rohrleitung vorkommenden Krümmer.
5. Druckverlust verursacht durch Passieren des Abschlußorgans vor der Turbine (Drosselklappe, Wasserschieber).

Die Bestimmung aller dieser Verluste wird später eingehend erörtert werden.

Im dritten Fall (Fig. 5) hat man vom Bruttogefälle wieder die obenerwähnten Druckverluste 1—5 abzuziehen; außerdem kommt aber hier im allgemeinen noch ein weiterer Verlust in Abzug:

6. Gefällsverlust durch Freihängen der Turbine.

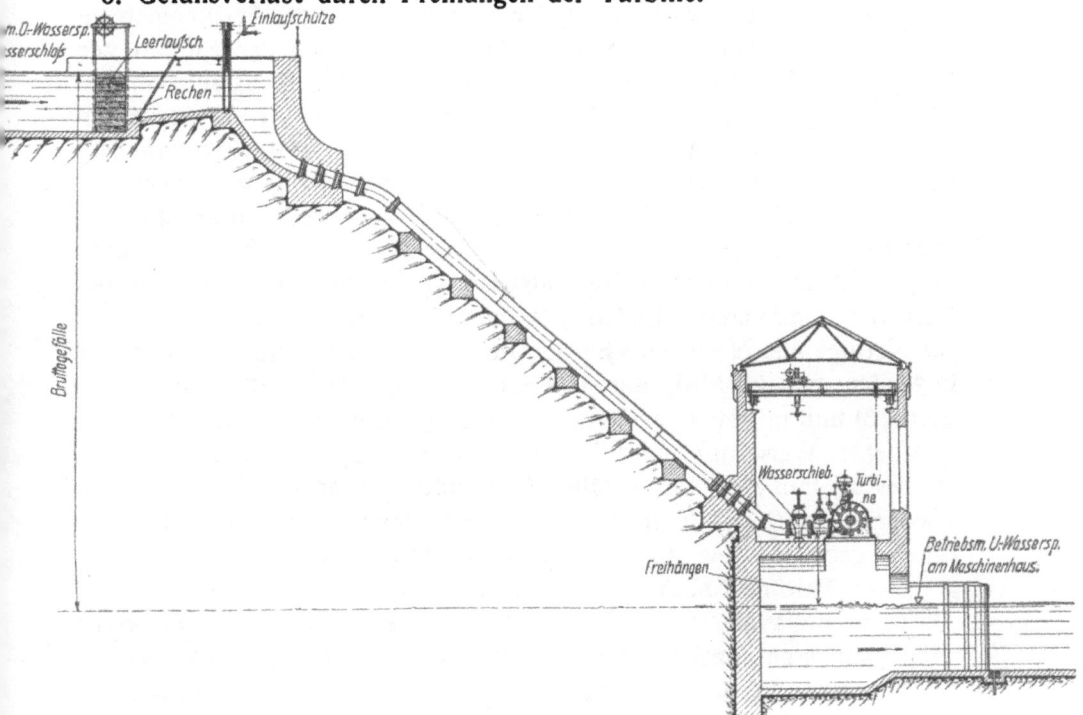

Fig. 5. Freistrahlturbine mit Druckrohrleitung.

Unter Freihängen versteht man den Abstand von Düsenmündung bis Unterwasserspiegel. Da bei Projektarbeiten die genaue Höhenlage der Düsen gewöhnlich noch nicht bekannt ist, so vernachlässigt man den geringen Unterschied in der Höhenlage von Düse und Maschinenhausflur und setzt für das Freihängen vorläufig die Entfernung von Maschinenhausflur bis Unterwasserspiegel in Rechnung. Daß dieser sechste Verlust hier noch hinzukommt, rührt daher, daß die Freistrahlturbine im Gegensatz zur Francisturbine gewöhnlich ohne Saugrohr arbeitet. Das Saugrohr ermöglicht in den beiden Fällen I und II (Fig. 3 u. 4) die Ausnützung auch der Gefällsstrecke von der Turbine abwärts bis zum Unterwasser. Bei der Freistrahlturbine ist dies im allgemeinen nicht angängig, weil hier infolge Wegfalls des inneren Überdruckes eine zwangsweise Führung des Wassers zwischen Laufrad und Unterwasser fehlt und durch das Ansteigen des Unterwassers in einem Saugrohr infolge des Rückdruckes auf die Laufschaufeln erhebliche Störungen im Arbeitsprozeß auftreten würden (sogen. Waten des Turbinenlaufrades). Es muß daher hier diese Gefällsstrecke als Verlust aufgefaßt werden. Man kann allerdings auch im Falle III durch besondere Konstruktion des Ausgußschachtes Saugwirkung erzielen und dadurch erreichen, daß ein Teil des Freihängens als Sauggefälle zur Wirkung kommt. Hiebei ist jedoch der Einbau von Belüftungsvorrichtungen erforderlich, der die Turbinenkonstruktion wieder kompliziert. Es wird daher meist von der Ausnützung der Saugwirkung abgesehen, umsomehr als bei den hier in Betracht kommenden größeren Gefällen der Freihang verhältnismäßig wenig ausmacht.

In die Fälle I, II, III lassen sich alle in der Praxis vorkommenden Turbinenprojekte einreihen. Die erste Aufgabe bei einem vorliegenden Projekt ist, an Hand des Bruttogefälles und der übrigen Daten zu untersuchen, welcher von den Fällen I, II und III in Betracht kommt, um dann das Nettogefälle H zu berechnen. Diese Voruntersuchung kann, wie im folgenden gezeigt wird, durch Berechnung der spez. Drehzahl (siehe Seite 13) und mit Hilfe der Tafeln II und III, oder in einfacher und übersichtlicher Weise mit dem Turbinenrechenschieber ausgeführt werden.

Es sei nun das Nettogefälle H gefunden, ferner sei die sekundliche Wassermenge Q der Turbine und die von ihr verlangte Umdrehungszahl n gegeben; gewünscht ist Auskunft über System und Wirkungsgrad der Turbine. Man verfährt folgendermaßen:

Man stellt die Zunge des Turbinenrechenschiebers mit Oberseite nach oben so ein, daß der Wert H Meter (Hauptskala H) genau über den gegebenen Wert Q Liter pro Sekunde (Hauptskala Q) zu stehen kommt; dann nimmt die Hauptskala n gegenüber den Systembildern eine solche

Lage ein, daß unter bzw. über jedem Systembild die zur bezüglichen
Turbinenart passenden Umdrehungzahlen stehen. Man sucht also auf
der Hauptskala n den Wert n Umdr./Min. auf, schiebt den Strich des
Läufers darüber und sieht nach, welche Systemfigur und welcher Systemzug vom Läuferstrich durchschnitten wird. Dieser Strich schneidet
meistens eine ganze Reihe von Systemzügen, und zwar, wie man sofort
erkennt, in Punkten von verschieden guter Systemlage. Man hat nun,
nachdem man aus der Bezeichnung des in Frage kommenden System-
bilds das für den vorliegenden Fall passende Turbinensystem erkannt hat,
unter den verschiedenen sich darbietenden Systemzügen zu wählen
einerseits so, daß der Wirkungsgrad der Turbine ein möglichst guter wird,
d. h. so, daß der gewählte Systempunkt möglichst nahe dem großen Stern
seines Zuges oder wenigstens noch innerhalb des Sterngebiets liegt;
anderseits ist jedoch zu beachten, daß in allen Systembildern diejenigen
Züge, welche am nächsten der Skala n liegen, den Vorzug verdienen,
denn sie geben die konstruktiv einfachsten Maschinen. Z. B. gibt, wie aus
den Inschriften Tafel I, Fig. 1 hervorgeht, der erste Strich über n die
Einstrahlpeltonturbine beziehungsweise die einfache Francisturbine;
beim zweiten Strich hat man Maschinen mit Zweiteilung der Wassermenge:
Zweistrahlpeltonturbine und Doppel- oder Zwillingsfrancisturbine, beim
dritten Strich die Dreistrahlpeltonturbine und die dreifache Francisturbine
usw. Wenn nun auch in manchen Fällen Teilung des Wassers, namentlich
Zweiteilung bei Francisturbinen, ganz zweckmäßig sein kann, so empfiehlt
es sich doch, mit der Unterteilung der Wassermenge nicht zu weit zu gehen,
weil sonst die Maschinen und ihre Reguliervorrichtungen zu kompliziert
werden. Aus diesem Grunde wird man sich häufig mit Systempunkten
begnügen, die nicht mehr am großen Stern liegen, und eventuell bei
weniger wichtigen Fällen auch mit Lagen außerhalb des Sterngebiets vor-
liebnehmen, wenn man hierdurch billigere und einfachere Maschinen erhält[1]).
    Die Art der Untersuchung mittels des Rechenschiebers bzw. das
Auffinden des passenden Turbinensystemes für einen bestimmten Fall
gründet sich auf die von Ingenieur Holl veröffentlichten Untersuchungen
über die Anwendungsgebiete von Turbinen, insbesondere von Freistrahl-
und Francisturbinen[2]). Die Art jeder Turbine ist hiernach bestimmt

---

    [1]) Die konstruktive Durchbildung der Freistrahlturbinen und Francisturbinen
sowie deren Abarten ist heute so weit vorgeschritten, daß man für alle Fälle Turbinen
günstigen Wirkungsgrades bauen kann und daher nur ausnahmsweise auf die Grenz-
lagen zurückgreifen muß. Auch geht man selten über Freistrahlturbinen mit 4 Strahlen
oder Francisturbinen mit 4 Laufrädern hinaus.
    [2]) Näheres hierüber siehe Holl, „Die Wasserturbinen", Sammlung Göschen,
Band I und II.

durch ihre „Systemziffer", d. h. eine nur von den Bestimmungselementen einer Turbine Q, H und n abhängige Verhältniszahl, durch welche die Grenzen der praktisch ausführbaren Konstruktionen, unter besonderer Berücksichtigung der Umfangsgeschwindigkeit, des Laufraddurchmessers u. dgl. gekennzeichnet werden.

Die Größe der Systemziffer ergibt sich nach Holl zu:

$$S = \frac{n\sqrt{Q}}{\sqrt[4]{H^3}} = n_I\sqrt{Q_I} \quad \cdot \quad \cdot \quad \cdot \quad \cdot \quad \cdot \quad \cdot \quad (2)$$

wenn mit n_I und Q_I die auf das Gefälle 1 m bezogene Umdrehungszahl und Wassermenge bezeichnet werden[1]).

Für die einstrahlige Peltonturbine werden innerhalb der Grenzen $S_{min} \cong 0,4$ und $S_{max} \cong 12$ noch brauchbare Wirkungsgrade erreicht. Für mehrstrahlige (n-strahlige) Turbinen ergeben sich gleiche Verhältnisse wie bei der einstrahligen Turbine bei einer um das $\sqrt{n}$fache erhöhten Systemziffer.

An das Gebiet der Freistrahlturbinen schließt sich heute unmittelbar das Gebiet der Francisturbinen an. Für die Francisturbine mit einem Laufrad ergeben Systemziffern von 14 bis über 130 brauchbare Wirkungsgrade, und zwar entsprechen die kleineren Systemziffern den langsam laufenden Turbinen (kleines n_I) die höheren Systemziffern den schnell laufenden Turbinen (großes n_I). Für Turbinen mit mehreren (m) Laufrädern erhöhen sich die Systemziffern wieder um das $\sqrt{m}$ fache gegenüber gleichen Turbinen mit einem Laufrad.

Turbinen mit höheren Systemziffern als 130 bezw. mit höherer spezifischer Drehzahl als 420 werden als Schnelläuferturbinen bezeichnet. Sie erstrecken sich über das Gebiet von $S = 130$ bis etwa 400 und sind in erster Linie durch Kaplan, sodann durch Escher, Wyss, Voith, Lawaczeck u. a. entwickelt worden. Auch in Amerika wurden entsprechende Typen ausgebildet. Eine größere Bedeutung erlangten hievon die Flügel- oder Propeller-Turbinen, sowie die eigentlichen Kaplan-Turbinen, die sich von den Propeller-Turbinen durch eine etwas geringere Schaufelzahl, hauptsächlich aber durch die Drehbarkeit der Laufschaufeln unterscheiden. Diese Turbinen werden in der Regel mit nur einem Laufrad gebaut. Sie eignen sich wegen ihrer hohen Schnelläufigkeit besonders für niedrige Gefälle.

---

[1]) Im folgenden bedeutet der einer Größe angefügte Index *I* stets, daß sich dieselbe auf eine Turbine mit einem Rad bzw. mit einem Strahl und mit dem Gefälle 1 m bezieht.

Die einzelnen Turbinensysteme mit ihren Systemziffern sind in Tafel I, Fig. 2 übersichtlich dargestellt. Gleichzeitig ist in dieser Figur der neuerdings ausschließlich zur Verwendung gelangte Begriff, die sogenannte „spezifische Umdrehungszahl", zum Ausdruck gebracht, der von Prof. Camerer in die Turbinentechnik eingeführt wurde. Man bezeichnet hiemit diejenige Umdrehungszahl, welche von einer Turbine erreicht wird, welche im Gefälle von 1 m die Leistung 1 PS besitzt. Die spezifische Umdrehungszahl ergibt sich hiernach zu

$$n_s = \frac{n}{H} \sqrt{\frac{N}{\sqrt{H}}} = n_I \sqrt{N_I} \quad \ldots \ldots \quad (3)$$

wobei n_I wieder die auf 1 m Gefälle bezogene Umdrehungszahl, N_I die auf 1 m Gefälle bezogene Leistung in PS bedeutet.

$$\left(N_I = \frac{N}{H\sqrt{H}} \right).$$

Über die Höhe der spezifischen Umdrehungszahl für die einzelnen Turbinenarten liegen aus der neueren Praxis zahlreiche Angaben[1]) vor. Es ergab sich, daß Freistrahlturbinen mit guten Wirkungsgraden bei Wahl geeigneter Becher, richtig gewählter Scheibendurchmesser und Strahlabstände noch mit spezifischen Drehzahlen bis 40 konstruiert werden können. Diese Zahl kann natürlich bei mehrstrahligen Turbinen entsprechend höher gewählt werden.

Für Francisturbinen haben sich spezifische Drehzahlen unter 50 nicht bewährt, da diese langsam laufenden Turbinen mit sehr kleinem Überdruck arbeiten und durch die infolgedessen auftretenden Wirbelbildungen nicht nur geringe Wirkungsgrade besitzen, sondern auch leicht durch Anfressungen angegriffen werden.

Man wird daher in Fällen, bei welchen man auf spezifische Drehzahlen zwischen 30 und 50 kommt, mehrstrahlige Freistrahlturbinen wählen und zum Francissystem erst bei spezifischen Drehzahlen über 50 greifen.

Mit den normalen Francis-Konstruktionen sind spezifische Drehzahlen bis etwa 400 erreichbar. Darüber hinaus bis auf etwa 1200 werden wie oben erwähnt die Propeller- und Kaplanturbinen angewendet. Die Anwendung höherer spezifischer Drehzahlen als 1200 ist zwar möglich, jedoch stellen sich bei hoch getriebenen Drehzahlen ungünstige Erschei-

---

[1]) Siehe die von Prof. E. Reichel und Prof. W. Wagenbach vorgenommenen Versuche an Becherturbinen, Zeitschr. d. Vereines deutscher Ingenieure 1913, Heft 12 bis 14 und 1918, Heft 47 bis 48, ferner: Fortschritte im Bau der Wasserturbinen von Prof. Wagenbach, Zeitschr. d. V. d. Ing. 1915, Heft 45 bis 52, Wasserkraftjahrbuch 1924.

nungen ein, die hauptsächlich durch das Absaugen des Wassers von den Schaufeln entstehen nnd die mit dem Namen „Kavitationserscheinungen" bezeichnet werden. Durch die hiebei entstehenden Hohlräume werden Wirbel erzeugt und eine unter Umständen erhebliche Verminderung des Wirkungsgrades hervorgerufen. Die Hohlraumbildung hat ferner Anfressungen der Schaufeln zur Folge. Man wird daher mit der spezifischen Drehzahl möglichst unter der oberen Grenze bleiben.

In der Praxis werden folgende spezifische Drehzahlen angewandt:

Freistrahl-Turbinen (Pelton-Turbinen) $n_s =$ 2—   40

langsamlaufende Francis-Turbinen   ,, $=$ 50— 150

normallaufende   ,,   ,,   ,, $=$ 150— 300

schnellaufende   ,,   ,,   ,, $=$ 250— 400

Propeller-Turbinen und ähnl. Bauarten ,, $=$ 300— 800

Kaplan   ,,   ,,   ,,   ,,   ,, $=$ 600—1200

Die langsamlaufenden Francisturbinen sind gleichzeitig meist verhältnismäßig schmale Turbinen mit kleiner Eintrittsbreite, z. B. Spiralturbinen; die schnellaufenden Francisturbinen sind verhältnismäßig breit und besitzen am Austritt stark verbreiterte Laufräder. Die Laufräder der Propeller- und Kaplanturbinen erhielten auf Grund vieler Versuche besondere Formen: Die Schaufeln sind flügel- bzw. propellerähnlich und ihre Zahl ist zur Verminderung der bei den hohen Umlaufzahlen sehr schädlichen Reibungsverluste so weit als möglich herabgesetzt.[1]

Die spezifische Drehzahl und die Systemziffer stehen nach obigem in bestimmter Beziehung zu einander, es ist nämlich

$$\frac{n_s}{S} = \frac{\sqrt{N_1}}{\sqrt{Q_1}} = 3{,}65\sqrt{\eta} \quad \ldots \ldots \ldots \text{(4)}$$

wenn mit η der Wirkungsgrad der Turbine bezeichnet wird. Bei den üblichen Wirkungsgraden mit ca. 80% wird

$$n_s \cong 3{,}25\, S \ldots \ldots \ldots \text{(4')[2]}$$

und es ergeben sich hiernach die bereits erwähnten und in Tafel I gekennzeichneten Anwendungsgebiete sowohl bei Benützung der nur von den Elementen Q, H, n abhängigen Systemziffern als auch der noch vom Wirkungsgrad abhängigen spez. Drehzahl.

---

[1] Nähere Angaben über schnellaufende Turbinen sind in den Jahrgängen 1921—1926 der V. D. J.-Zeitschrift, der Wasserkraft u. a. in großer Zahl enthalten.

[2] Das Zeichen $\cong$ bedeutet: „gleichrund" und soll ausdrücken, daß das Rechnungsergebnis nicht mathematisch scharf, sondern nur näherungsweise richtig ist.

§ 4. Bestimmung der Turbinenanordnung.

Wahl der Umdrehungszahl.

Nach endgültiger Wahl des Systemzugs kennt man von der projektierten Turbine das System, die Unterart und die Systemlage (Lage des Systempunkts auf dem Systemzug), und aus der Systemlage geht der ungefähre Wirkungsgrad, bei dessen Abschätzung man aber, wie früher bemerkt, auch auf die Größe der Turbine Rücksicht nehmen muß, hervor.

Aus dem vorstehenden ergibt sich ohne weiteres, wie man die zur Bestimmung des Nettogefälles notwendige Voruntersuchung bei einem Turbinenprojekt vorzunehmen hat. Da es sich hierbei in erster Linie um die Systembestimmung handelt, so führt man die Systemuntersuchung mit einem aus dem Bruttogefälle vorläufig geschätzten Wert für das Nettogefälle H aus, indem man das geschätzte H über Q schiebt und bei n das Turbinensystem abliest. Kommt man hier auf die Freistrahlturbine, so liegt der Fall III, Fig. 5, Seite 9 vor, und man hat dementsprechend den genauen Wert für das Nettogefälle zu berechnen. Kommt man auf das Francissystem, so liegt, wenn das Gefälle gleich oder höher als ca. 20 m ist, der Fall II, Fig. 4, Seite 8 vor; bei Gefällen von ca. 20 bis herunter auf ca. 5 m kann je nach den örtlichen Verhältnissen sowohl die Anordnung von Fall II als die von Fall I, Fig. 3, Seite 7 getroffen werden, und für kleinere Gefälle als 5 m bleibt im allgemeinen nur Fall I übrig, wobei entweder Francisschnelläufer oder eine der neueren Formen (Kaplanturbine) verwendet werden kann.

Die Anordnung der Rohrleitung und des Gehäuseeinlaufes in den Fig. 4 und 5 kann die mannigfaltigsten Formen zeigen. Die Figuren sind daher nur als schematische Skizzen aufzufassen.

Sehr häufig ist bei Turbinenprojekten die Umdrehungszahl n nicht, wie bis jetzt angenommen, gegeben. Man möchte im Gegenteil erst wissen, welche Umdrehungszahlen etwa in Betracht kommen können. In solchen Fällen läßt sich die Antwort vom Turbinenrechenschieber in einfachster Weise ablesen: Man stellt die Zunge wieder so ein, daß Q und H übereinanderstehen und hat dann durch die gegenseitige Lage der Skala n und der Systembilder einen vollständigen Überblick darüber, was bei den verschiedenen Turbinensystemen an Umdrehungszahl überhaupt erreichbar ist und welche Umdrehungszahlen empfehlenswert sind. Für die endgültige Wahl von n sind einerseits die Rücksichten auf den vorliegenden Zweck und anderseits die Rücksichten auf den aus der Wahl von n sich ergebenden Wirkungsgrad und die Systemlage der Turbine maßgebend.

Man hat also wieder zu beachten, was früher über den Wert der Systemzüge und Systemlagen gesagt wurde. Außerdem kommt aber hier noch
der wirtschaftliche Standpunkt in Betracht. Bei gegebenem Q und H sinkt
das Gewicht und damit auch bis zu einem gewissen Grade der Preis der
Maschine mit dem Vorrücken der Systemlage von der unteren nach der
oberen Grenze des gewählten Systemzuges. Diese Tatsache hat die Wirkung,
daß das Gebiet der **wirtschaftlich günstigsten** Maschine nicht am
großen Stern liegt, sondern vom großen Stern aufwärts bis gegen den oberen
kleinen Stern hin. Man wird also, wenn sonst kein Hindernis entgegensteht,
mit Vorliebe dieses Gebiet mit der guten Materialausnützung verwenden.

Bei Wahl des Turbinensystems und der Turbinenart, insbesondere
der Umdrehungszahl, ist selbstverständlich von größter Bedeutung auch
die durch die Turbine anzutreibende Maschine. In den meisten Fällen
dienen die Turbinen zum Antrieb elektrischer Generatoren, und zwar
Drehstromgeneratoren mit 50 Perioden für die allgemeine Licht- und
Kraftversorgung oder Einphasengeneratoren mit $16\frac{2}{3}$ Perioden für die
Versorgung elektrischer Bahnen. Näheres hierüber siehe III. Kapitel.

Man erkennt aus vorstehendem, daß es von größter Wichtigkeit ist,
bei jedem Projekt zunächst auf Grund des Gefälles zu untersuchen,
welche Konstruktionen in Frage kommen. Die Freistrahl- und Francisturbinen sind auf dem Schieber bis zu achtfacher Unterteilung des Wassers
dargestellt. Eine größere Unterteilung würde zu keinen praktischen Ergebnissen führen; man ist im Gegenteil bestrebt, über die 4fache Unterteilung nicht hinauszugehen. Da man die Laufräder von Becherturbinen
(Freistrahlturbinen) wegen der Strahlrückwirkung nicht gerne mit mehr
als 2—3 Strahlen beaufschlagt, führt die 4fache Unterteilung zur Anordnung von 2 Laufrädern mit je 2 Düsen (Zwillingsfreistrahlturbine).
Die mehrfache Francisturbine wird als Zwillings- oder Doppelturbine
bei Anordnung von 2 Laufrädern sowie als Vierfachturbine, seltener
als Sechsfachturbine bei Anordnung von 4 bzw. 6 Laufrädern auf einer
Welle gebaut. Ergibt sich bei einem Projekt die Notwendigkeit einer
größeren Unterteilung als in 4—6 Teile, empfiehlt es sich, eine größere
Zahl von Turbinensätzen anzuwenden.

Durch die Ausbildung der schnellaufenden Turbinentypen hat man,
wie die praktische Anwendung der Tabelle Seite 14 zeigt, größeren Spielraum in der Wahl der Turbinen als bisher. Insbesondere besteht die
Möglichkeit, ohne allzugroße Unterteilung auch verhältnismäßig niedrige
Gefälle günstig auszunützen und einfache Turbinenanordnungen anzuwenden. Die Schnelläufer-Turbinen dürften daher hauptsächlich bei der
Nutzbarmachung der Flußläufe im Flachland eine Rolle spielen.

Wenn von einer Turbine nur das Gefälle H (Meter) und die verlangte Leistung ab Turbinenwelle N (Pferdestärken) bekannt ist, so berechnet man die sekundliche Wassermenge (Liter pro Sekunde) am einfachsten zunächst aus der Formel (1), Seite 7 und geht mit der erhaltenen Wassermenge vor wie früher. Dabei findet man im allgemeinen einen von 0,75 verschiedenen Wirkungsgrad η_{turb} und hat nun nach Vornahme einer kleinen Korrekturrechnung die Untersuchung zur Kontrolle zu wiederholen.

Bei Erregerturbinen, bei denen gewöhnlich nur die elektrische Leistung N_{er} der angetriebenen Dynamomaschine in Kilowatt gegeben ist, ergibt sich zunächst Q mit 85% Wirkungsgrad der Dynamomaschine und 75% Wirkungsgrad der Turbine aus der Formel

$$Q_{0,75}^{liter/sec} \cong 160 \cdot \frac{N_{er}^{Kilowatt}}{H^m} \quad . \quad . \quad . \quad . \quad . \quad (5)$$

welcher die allgemeine Formel:

$$Q^{liter/sec} = \frac{102}{\eta_{er} \cdot \eta_{turb}} \cdot \frac{N_{er}^{Kw}}{H^m} \quad , \quad . \quad . \quad . \quad (6)$$

mit η_{er} als Wirkungsgrad der Dynamomaschine zugrunde liegt.

Mit der Wassermenge $\underset{0,75}{Q}$ wird die Turbine wieder vorläufig untersucht, und sodann eine Korrekturrechnung nach Gleichung (6) vorgenommen.

Zur Umwandlung von Pferdestärken in Kilowatt und umgekehrt dient auf Grund der Beziehung

$$1 \text{ Kw} = \frac{1}{0,736} \text{ PS}$$

die Formel
$$N^{KW} = 0,736 \, N^{PS} \quad . \quad . \quad . \quad . \quad . \quad . \quad (7)$$

bzw.
$$N^{PS} = \frac{1}{0,736} N^{KW} \quad . \quad . \quad . \quad . \quad . \quad (7')$$

Zum Ausrechnen der Generatorleistung in Kw aus der Turbinenleistung in PS und umgekehrt ist noch der Generatorwirkungsgrad η_{el} zu berücksichtigen. Man erhält demnach:

$$N^{KW} = 0,736 \, \eta_{el} \, N^{PS} \quad . \quad . \quad . \quad . \quad . \quad (8)$$

bzw.
$$N^{PS} = \frac{1}{0,736 \cdot \eta_{el}} N^{KW} \quad . \quad . \quad . \quad . \quad (8')$$

Handelt es sich um Drehstromgeneratoren mit induktiver Belastung, ausgedrückt in Kilovoltampere, so ändern sich die Formeln (8) und (8') der Phasenverschiebung cos φ wegen wie folgt:

$$N^{\text{KVA}} = \frac{0,736 \cdot \eta_{\text{el}}}{\cos \varphi} \cdot N^{\text{PS}} \quad \cdots \cdots \quad (9)$$

$$N^{\text{PS}} = \frac{\cos \varphi}{0,736 \cdot \eta_{\text{el}}} \cdot N^{\text{KVA}} \quad \cdots \cdots \quad (9')$$

Soll eine zu projektierende Turbine einen Dreh- oder Wechselstrom-generator unmittelbar antreiben, so ist zu beachten, daß die Umdrehungs-zahl n sich nach der Periodenzahl des Stroms und nach der Polzahl des Generators zu richten hat. Man hat dafür bekanntlich die Beziehung

$$n = 120 \frac{\text{sekundliche Periodenzahl}}{\text{gesamte Polzahl}} \quad \cdots \cdots \quad (10)$$

und erhält damit umstehende Tabelle für die möglichen Umdrehungs-zahlen.

Es ist zu beachten, daß nicht alle der darin angeführten Polzahlen von den elektrotechnischen Firmen bei ihren normalen Konstruktionen verwendet werden. Namentlich gehören 10- und 14polige Maschinen meist zu den abnormalen Typen, was durch Einklammerung dieser Polzahlen in der Tabelle angedeutet ist. Die gebräuchlichen Umdrehungs-zahlen bei den in Deutschland verwendeten Maschinen mit 50 und $16^2/_3$ Perioden sind unterstrichen.

Umdrehungszahlen von Dreh- und Wechselstromaggregaten.

Gesamte Polzahl des Generators =	2	4	6	8	(10)	12	(14)	16	20	24	28	32	36	40	48	56	64	72	80
Sekundliche Periodenzahl = 60 — Minutliche Umdrehungszahl der Generatorwelle =	3600	1800	1200	900	720	600	514,3	450	360	300	257,1	225	200	180	150	128,6	112,5	100	90
Sekundliche Periodenzahl = 50 — Minutliche Umdrehungszahl der Generatorwelle =	3000	1500	1000	750	600	500	428,6	375	300	250	214,3	187,5	166,7	150	125	107,1	93,7	83,3	75
Sekundliche Periodenzahl = 25 — Minutliche Umdrehungszahl der Generatorwelle =	1500	750	500	375	300	250	214,3	187,5	150	125	107,1	93,7	83,3	75	62,5	53,5	46,8	41,6	37,5
Sekundliche Periodenzahl $16^2/_3$ — Minutliche Umdrehungszahl der Generatorwelle =	1000	500	333	250	200	167	143	125	100	83	71,5	62,5	55,6	50	42	35,7	31,2	27,8	25

II. Kapitel.

Vorläufige Dimensionierung der projektierten Turbine.

§ 5. Bestimmung der Laufradabmessungen.

Häufig ist es erwünscht, beim Projektieren rasch Aufschluß über die ungefähre Größe der projektierten Turbine zu bekommen. Einen Anhalt hierfür erhält man, indem man die Hauptdimension D_1 der Turbine bestimmt. D_1 ist bei Francisturbinen der Eintrittsdurchmesser, bei Freistrahlturbinen der Strahlkreisdurchmesser, d. h. der Durchmesser des Kreises, welcher die Strahlmitte berührt (vgl. Fig. 6 u. 7).

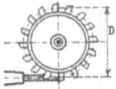

Fig. 6. Freistrahlturbine.

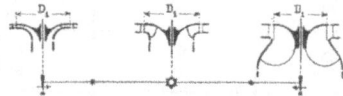

Fig. 7. Francisturbine.

Für den Durchmesser D_1 ergibt sich bei einer Umfangsschnelligkeit u_1[1]) die Gleichung:

$$D_1 = \frac{60\sqrt{2g}}{\pi} u_1 \frac{\sqrt{H}}{n} = 84{,}6\, u_1 \frac{\sqrt{H}}{n} \quad \ldots \quad (11)$$

wobei D_1 und H in Meter einzusetzen sind.

Die Umfangsschnelligkeit schwankt in praktischen Fällen bei Freistrahlturbinen zwischen 0,43 und 0,52, im Mittel 0,44, bei Francisturbinen zwischen 0,60 und 1,2, im Mittel 0,75, wobei die letzteren Werte Turbinen mit besten Wirkungsgraden ergeben. Bei Kaplanturbinen steigt der Wert u_1 bis 2,5 und mehr.[2])

Der Durchmesser D_1 kann gleichzeitig auch in Beziehung zur Wassermenge Q_I gesetzt werden:

$$D_1^m = k_1 \sqrt{Q_I^{cbm/sec}} \quad \ldots \ldots \quad (12)$$

[1]) Über den Begriff „Umfangsschnelligkeit" vergleiche Zeitschrift für das gesamte Turbinenwesen, April—Mai 1908.

[2]) Die Umfangsgeschwindigkeit $\frac{\pi D_1 n}{60}$ entspricht bei Freistrahlturbinen etwa der Hälfte der Geschwindigkeit des frei austretenden Wasserstrahls. Bei den Überdruckturbinen ist die Geschwindigkeit infolge des Überdruckes größer, am größten bei der Kaplanturbine.

wobei k_1 einen Proportionalitätsfaktor bedeutet, der sich bei den Francis-turbinen in den praktischen Grenzen 3,7 bis 0,75 bewegt. Bei Freistrahl-turbinen ist der Strahlkreisdurchmesser D_1 weniger von der Wassermenge abhängig, sondern es ist in erster Linie — abgesehen von der Gültigkeit der Gleichung (11) — das Verhältnis

$$\frac{D_1}{d_{st}} \quad (d_{st} = \text{Strahldurchmesser bei runder Düse})$$

für die Dimensionierung maßgebend. Dieses Verhältnis darf für praktische Ausführungen weder zu klein noch zu groß werden, da sich sonst entweder viel zu kleine oder viel zu große Laufräder mit schlechten Wirkungsgraden ergeben. Setzt man

$$\mathfrak{d}_1 = \frac{D_1}{d_{st}} \quad \text{oder} \quad D_1 = \mathfrak{d}_1 \cdot d_{st} \quad \ldots \quad \ldots \quad (13)$$

so bewegt sich die Verhältniszahl $\mathfrak{d}_1$ bei praktischen Ausführungen zwischen 165 und 7, im Mittel etwa 20.

Für den Strahldurchmesser ist zu setzen:

$$d_{st}^m = \sqrt{\frac{Q^{\text{cbm/sec}}}{\frac{\pi}{4} c_1 \sqrt{2gH}}} \quad \ldots \quad \ldots \quad (14)$$

wobei $c_1 \sqrt{2gH}$ die Geschwindigkeit des frei austretenden Strahles bedeutet. Mit $c_1 = 0,95$ wird

$$d_{st} = 0,545 \sqrt{Q_1} \quad \ldots \quad \ldots \quad (15)$$

Wird statt der kreisförmigen Düse eine rechteckige verwendet, was heute nur noch ausnahmsweise vorkommt, so muß der Flächen-inhalt der rechteckigen Austritts-öffnung gleich $\frac{\pi d_1^2}{4}$ sein.

d_1 bedeutet hier den lichten Durchmesser der Düsenöffnung. Die-ser Durchmesser muß etwas größer als der Strahldurchmesser d_{st} sein, da

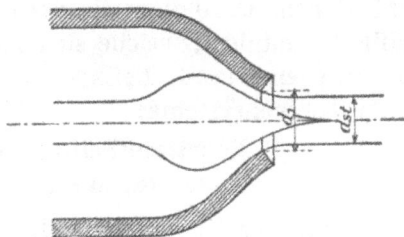

Fig. 8. Freistrahldüse.

der Strahl beim Austritt eine Kontraktion erleidet, welche je nach der Formgebung der Düse und der Düsennadel und je nach der Menge des durchfließenden Wassers verschieden ist (Fig. 8). Bei geeigneter Düsenform und normaler Durchflußmenge kann der Kontraktionskoeffizient mit 0,85 bis 0,95 angenommen werden.   Hieraus ergibt sich im Mittel:

$$d_1 \cong \frac{d_{st}}{\sqrt{0,9}} \cong 1,05 \, d_{st} \cong 0,575 \, \sqrt{Q_I} \quad . \quad . \quad . \quad . \quad (16)$$

Zur Bestimmung der weiteren Laufraddimensionen dienen die auf den folgenden Tafeln II und III verzeichneten Dimensionierungsdiagramme mit ihren Kurven und Formeln. Zu jedem Turbinensystem gehört ein Dimensionierungsdiagramm. Die Kurven dieser Diagramme sind je über einer Basis verzeichnet, welche eine genaue Nachbildung des Systemzuges in dem betreffenden Hauptsystembild ist. Die Benutzung der Diagramme ist wie folgt. Man überträgt mechanisch die Systemlage der projektierten Turbine vom Hauptsystembild auf die Diagrammbasis des in Betracht kommenden Dimensionierungsdiagramms. Die zugehörige Ordinate schneidet die Diagrammkurven in einer Reihe von Punkten, welche laut den seitlich angebrachten Skalen bestimmte Werte der verschiedenen Verhältniszahlen (Dimensionsziffern) zukommen. Aus diesen Dimensionsziffern ermitteln sich nach den auf den Tafeln selbst angegebenen Formeln die übrigen Laufraddimensionen, deren Bedeutung aus den jeweils der Tafel beigegebenen Figuren hervorgeht.

Auf den Tafeln sind noch die Systemziffern und spezifischen Umdrehungszahlen angegeben sowie die bei normalen Verhältnissen und Ausführungen zu erwartenden Wirkungsgrade[1]), so daß die Tafeln eine schnelle und übersichtliche Klärung bezüglich der jeweils in Betracht kommenden Turbinenkonstruktion ermöglichen.

Die Größe D_1 läßt sich in einfacher Weise auch aus dem Schieber entnehmen. Dazu dient die vierte Hauptskala, die Skala D und die kleinen Hilfssystembilder, welche sich zwischen den Hauptskalen n und H auf der Zungenoberseite befinden und je nur aus einem Systemzug für die zwei Tubinensysteme:

Freistrahl(Pelton)turbine bezeichnet mit P,
Francisturbine bezeichnet mit F

bestehen. Die Verwendung dieser Hilfssystemzüge geschieht in folgender Weise.

Nachdem man von der für ein gegebenes (Q, H, n) projektierten Turbine System und Systemlage bestimmt hat, schiebt man n (Haupt-

---

[1]) Die angegebenen Wirkungsgrade entsprechen nicht den höchst erreichbaren, sondern stellen lediglich Durchschnittswerte dar, welche unter günstigen Verhältnissen erheblich überschritten werden.

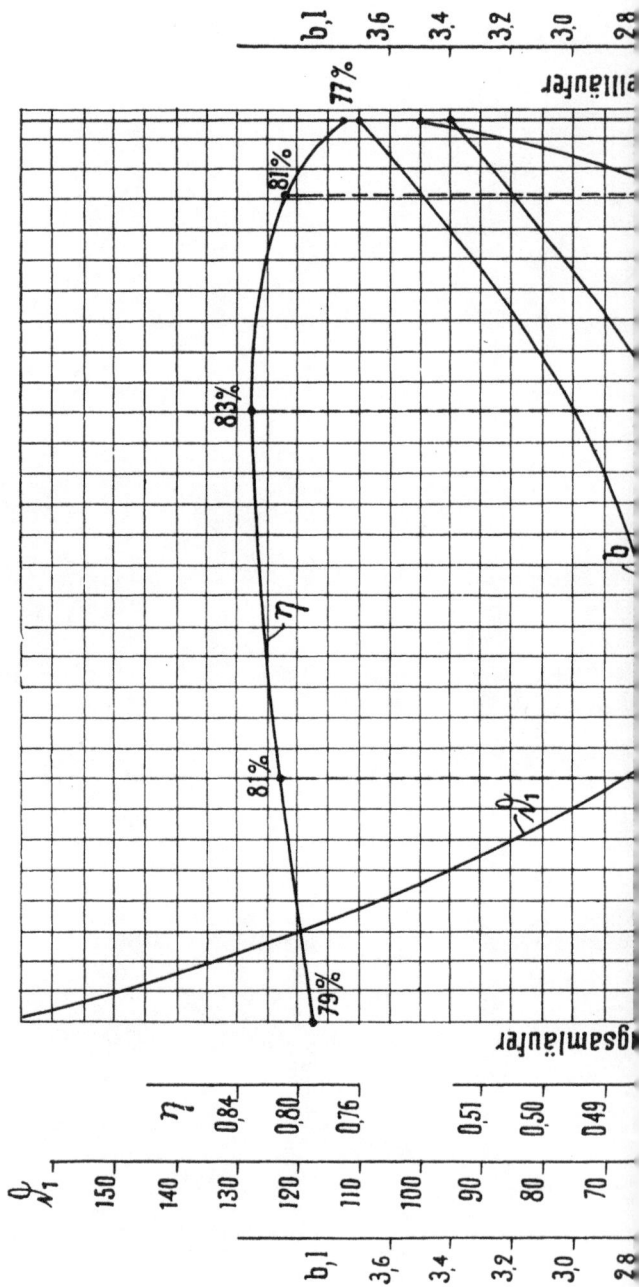

Holl-Glunk, Turbinen- und Wasserkraftanlagen.

Tafel II.

Freistrahlturbine (Peltonturbine).

d_{st} = Strahldurchmesser bei runder Düse $\quad = 0{,}545 \sqrt{Q_t}$

D_1 = Strahlkreisdurchmesser $\left[= 84{,}6\, u_1\, \sqrt{\dfrac{H}{n}} \right]$

B = Schaufelbreite $\qquad = b_1 \cdot d_{st}$

$\qquad\qquad\qquad\qquad = b \cdot d_{st}$

L = Schaufellänge $\qquad = l \cdot d_{st}$

u_1 = Umfangsschnelligkeit am Kreise D_1.

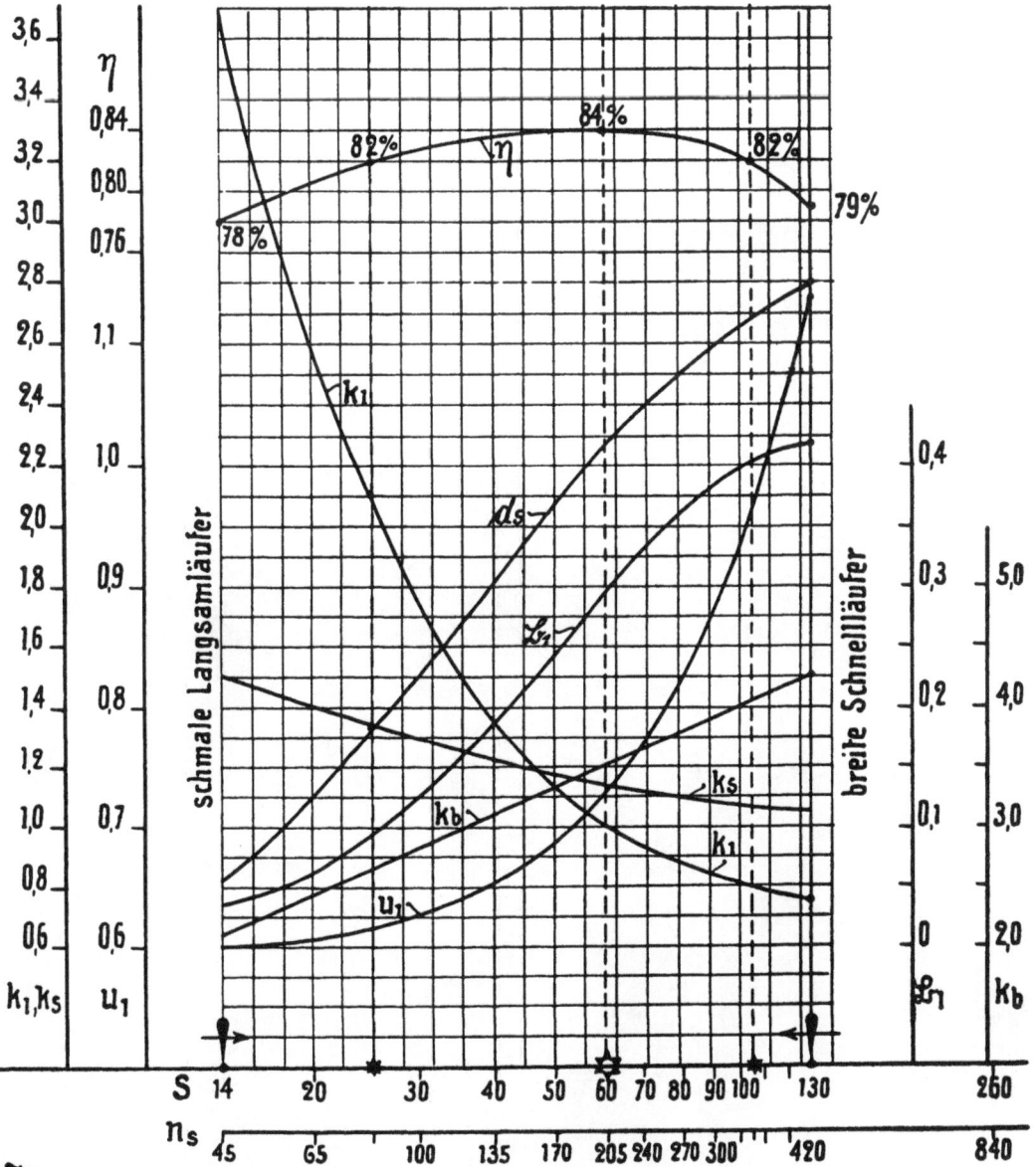

Francisturbine.

D_1 = Eintrittsdurchmesser $\left[= 84{,}6\, u_1 \dfrac{\sqrt{H}}{n}\right] = k_1 \sqrt{Q_l}$ $\mathfrak{B}_1 = \dfrac{b_1}{D_1}$ = Breiteverhältnis

D_s = Saugrohrdurchmesser $= k_s \sqrt{Q_l}$ $d_s = \dfrac{D_s}{D_1}$ = Durchmesserverhält-

b_1 = Eintrittsbreite $= \mathfrak{B}_1 \cdot D_1 = \dfrac{\sqrt{Q_l}\,^1)}{k_1 k_b}$ u_1 = Umfangsschnelligkeit [nis

     am Kreise D_1.

Bemerkung: Bei vorhandener Saugrohrversperrung durch Wellen u. dgl. ist bei D_s ein die Versperrung ausgleichender Zuschlag zu machen.

¹) Der Koeffizient k_b ist ein Proportionalitätsfaktor für die Eintrittsgeschwindigkeit in das Laufrad (Eintritt auf der Ringfläche $\pi[D_1 b_1)$: $k_b = \dfrac{1}{[b_1 D_1} \dfrac{Q_l}{}$; er gibt damit gleichzeitig ein Bild über die Größe der Ringfläche für eine gegebene Wassermenge.

skala) über das Nettogefälle H, genommen auf Skala Q;
dann geht man mit dem Läufer unter Beachtung des vorliegenden
Turbinensystems in den in Frage kommenden Hilfssystemzug ein,
überträgt die vom Hauptsystembild abgelesene Systemlage der Turbine
auf diesen Hilfszug und liest senkrecht über der hier gefundenen
Stelle den Durchmesser D_1 auf der Skala D ab, und zwar unmittelbar in Millimetern. Beim Francissystem sind zur Erleichterung
des Übergangs vom Haupt- auf das Hilfsbild auf den Hauptzügen
und auf dem Hilfszuge F kleine einander entsprechende Vertikalstriche
angebracht.

Die nach dem vorstehend angegebenen Verfahren erhaltenen Maße
sind nicht definitiv; sie sollen nur als Anhaltswerte dienen beim Projektieren; denn für eine Reihe von Faktoren, die sich von Turbine zu Turbine
ändern, ist bei dieser Darstellungsart nur eine rohe Berücksichtigung
durch Einführung konstanter Mittelwerte in die den Kurven zugrunde
liegenden Rechnungen möglich. Der leitende Gesichtspunkt bei Festlegung der Diagrammkurven war, überall auf diejenigen Laufräder
hinzuführen, welche unter den unendlich vielen möglichen Variationen
den besten Wirkungsgrad ergeben. Wenn man eine Verschlechterung
des Wirkungsgrades in Kauf nimmt, kann man, um leichtere Maschinen
zu bekommen, von dieser Regel abweichen. Man kann nämlich bei
allen Systemen in den höheren Systemlagen die vom Schieber abgelesene Größe D_1 um 5 bis 10% verringern. Dies gilt namentlich
für die Francisturbine. Viel gewonnen wird damit aber nicht; denn
was am Durchmesser gespart wird, muß an anderen Dimensionen zu-
gegeben werden.

Die definitive Festlegung der Turbinendimensionen bleibt immer
Sache des Turbinenkonstrukteurs, der dabei außer einer genauen Durch-
rechnung der Turbine noch mancherlei Dinge im Auge behalten muß,
wie z. B. abgerundete Maße, vorhandene Modelle usw. Die mit Hilfe der
Dimensionierungsdiagramme bestimmten Werte genügen aber vollständig
für Projektarbeiten, und es wird durch diese einfachen Operationen und
elementaren Rechnungen jedermann instand gesetzt, sich einen Überblick über Größe und Gewicht der projektierten Maschine zu verschaffen
und einen Einblick zu gewinnen, wie bei gegebenem Q und H Größe
und Gewicht der Maschine sich ändern mit der Wahl der Umdrehungszahl. Laien im Turbinenbau werden allein schon durch Ablesung des
Wertes D_1 davor bewahrt, Turbinen zu projektieren, die zwar theoretisch
richtig, aber wegen zu kleiner oder zu großer Dimensionen praktisch
unausführbar sind.

§ 6. Sonstige Gesichtspunkte bei Festlegung der Turbinenabmessungen.

Bei Wahl der Turbinen bzw. Festlegung der Turbinengröße sind noch folgende allgemeine Gesichtspunkte zu beachten:

Große Turbinen arbeiten unter sonst gleichen Umständen günstiger als kleine. Turbinen mit guter Wasserführung, glatten Kanälen, kleinen Geschwindigkeiten und kleinen Austrittsverlusten sind anzustreben.

Freistrahlturbinen sind, soweit es sich um normale Konstruktionen handelt, durchwegs stark überlastbar. Sie sind gegen Belastungsschwankungen sehr unempfindlich und eignen sich daher zum Antrieb von Kraftmaschinen mit stark wechselnder Belastung. Der Wirkungsgrad der Freistrahlturbinen nimmt zu bei Verkleinerung der Becher und entsprechender Vergrößerung der Becherzahl; es darf jedoch hierbei nicht über praktische Grenzen hinausgegangen werden.

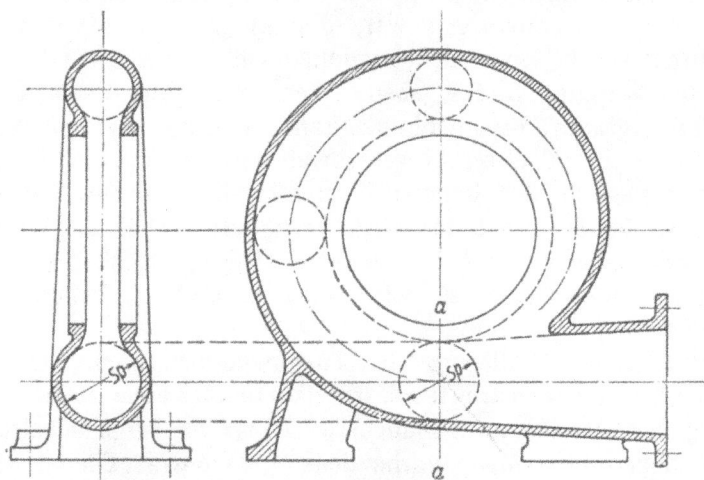

Fig. 9. Spiralgehäuse.

Francisturbinen und deren schnellaufende Abarten sind nur in geringem Maße überlastbar, sie fallen bei wesentlicher Veränderung in den Grundbedingungen im Wirkungsgrad ab. Sie sind deshalb auch gegen Belastungsschwankungen erheblich empfindlicher als die Freistrahlturbinen, zeigen jedoch in dem Bereich zwischen Halb- und Vollast höhere Wirkungsgrade als jene. Bei Francisturbinen ist besonders auf gute Wasseraustrittsverhältnisse zu achten. Schlank erweiterte Saugrohre erhöhen den Wirkungsgrad, was in erster Linie bei Schnelläufern zu berücksichtigen ist. In dieser Hinsicht verdienen die Turbinen mit vertikaler Welle den Vorzug vor denen mit horizontaler Welle, weil bei jenen Krümmungen in den Saugrohren vermieden werden können. Wie sehr die Form des Saugrohres den Gang und den Wirkungsgrad der Turbine beeinflußt, geht aus den neueren deutschen und amerikanischen Ausführungen hervor, bei welchen gerade durch die besondere nach unten stark erweiterte Form der Saugrohre eine erhebliche Steigerung des Wirkungsgrades insbesondere bei Teilbelastungen erzielt wurde[1]).

Francisturbinen mit höherem Gefälle (über 30 m) werden im allgemeinen als Spiralturbinen ausgebildet, wobei die Spiralgehäuse je nach Gefällsdruck und Größe aus Gußeisen, Schmiedeeisen oder Stahlguß hergestellt werden (Fig. 9).

Die Spiralturbinen ergeben wegen ihrer günstigen Wasserführung die besten Wirkungsgrade. Man kann in den Gehäusen eine hohe Wassergeschwindigkeit zulassen und wählt die Schnelligkeit im Querschnitt a—a mit $c_{sp} = 0,15 \div 0,25$, im Mittel mit 0,20. (Bei überseeischen Turbinen kann man bis auf 0,30 und mehr gehen und erhält dann kleinere Abmessungen und Gewichte bei größeren Reibungsverlusten.) Da

$$Q = \frac{D_{sp}^2 \pi}{4} \cdot c_{sp} \sqrt{2gH} \quad \ldots \ldots \ldots \ldots \quad (17)$$

wird

$$D_{sp} \cong 0,55 \sqrt{\frac{Q}{c_{sp}\sqrt{H}}} \quad \ldots \ldots \ldots \quad (18)$$

im Mittel

$$\cong 1,25 \sqrt{\frac{Q}{\sqrt{H}}} \cong 1,25 \sqrt{Q_1}.$$

Q ist in diesen Gleichungen auch bei Doppelturbinen mit der vollen Wassermenge einzusetzen.

Die lichte Weite des vor dem Spiraleinlauf befindlichen Absperrschiebers wird meist um etwa 50 bis 100 mm größer gewählt als der Durchmesser D_{sp}. An den Absperrschieber schließt sodann der Einlaufkonus an, der die Turbine mit der Druckrohrleitung verbindet (siehe auch Fig. 4).

§ 7. Turbinenserien.

Um nicht für jede neu zu bauende Turbine neue Modelle für Laufrad und Leitapparat anfertigen zu müssen, sind die meisten Turbinenfirmen zum Serienbau übergegangen.

---

[1]) Siehe Zeitschr. d. Vereins deutscher Ingenieure 1921, Nr. 2, 16, 26, Wasserkraftjahrbuch sowie zahlreiche neuere Einzelveröffentlichungen.

Die Turbinen einer Serie sind dadurch gekennzeichnet, daß sie alle, abgesehen von Wellenstärke, Wandstärken und Schaufelzahl, unter sich ähnliche Raumgebilde sind. Man kann daher von vornherein normale Modelle in verschiedenen Größen anfertigen; dieselben werden gewöhnlich so ausgeführt, daß die einzelnen Laufraddurchmesser D_1 eine stetig ansteigende Reihe darstellen. Man kann unendlich viele Serien aufstellen und unterscheidet hauptsächlich beim Francissystem: Schnelläuferserien, Normalläuferserien, Langsamläuferserien, und entsprechend beim Freistrahlsystem: Starkstrahlserien, Normalstrahlserien und Schwachstrahlserien; doch ist zu beachten, daß jede Turbinenfirma ihre eigenen Serien hat.

Eine richtig durchkonstruierte Turbinenserie zeichnet sich dadurch aus, daß die sämtlichen dazugehörigen Turbinen annähernd gleiche Systemziffern S bzw. spezifische Umlaufzahlen n_s besitzen. Es fallen demnach auch die Systemlagen der zu einer Serie gehörigen Turbinen auf ganz bestimmte Punkte der in Betracht kommenden Systembilder des Turbinenrechenschiebers. Kennt man die Daten Q, H, n einer ausgeführten Serienturbine, so stellt man H über Q und macht senkrecht über n auf dem für die vorliegende Turbinenart in Frage kommenden Systemzug ein Zeichen. Dieses Zeichen wird auf alle übrigen Systemzüge des betreffenden Systembildes rein mechanisch mit dem Zirkel übertragen. Alle Systemzüge eines Systembildes sind nämlich unter sich kongruent, und die Spezialzeichen einer und derselben Turbinenserie müssen auf jedem Systemzug die gleiche Systemlage einnehmen, also z. B. überall gleich weit vom großen Stern entfernt liegen.

Die bei den verschiedenen Turbinenfirmen vorhandenen Turbinenserien lassen sich mittels Systemlage und Dimensionsziffern auch in das zugehörige Dimensionierungsdiagramm in Form von Punkten eintragen. Infolge der bei der Turbinendimensionierung bestehenden Freiheit werden dabei diese Punkte nicht immer gerade auf die vom Verfasser vorgeschlagenen Diagrammkurven fallen.

Als Kennziffer einer Serie kann direkt die Systemziffer S dienen, welche auf der Skala D des Rechenschiebers abgelesen werden kann; die auf dieser Skala angegebenen Zahlen (mm) sind nämlich gleichzeitig das 100 fache der Systemziffer. Die zur Reihe des großen Sterns des Francisbildes gehörige Francisserie hat z. B. die Kennzahl 60 ($n_s = 205$).

Will man eine Turbinenserie und den in ihr gewählten Arbeitsprozeß des Wassers noch näher charakterisieren, so muß man die Umfangsschnelligkeit u_1 und bei Francisturbinen außerdem noch die Dimensionsziffer $\mathfrak{B}_1$ der Eintrittsbreite (Breiteverhältnis, vgl. Tafel III) angeben.

Die Großsternfrancisserie hätte demnach folgende Charakteristik, wenn sie nach Tafel III dimensioniert wird:

Kennzahl: 60,
Umfangsschnelligkeit: 0,725,
Breiteverhältnis: 0,30.

Die Charakteristik der Francisserie am oberen kleinen Stern wäre bei Dimensionierung nach Tafel III:

Kennzahl: 105,
Umfangsschnelligkeit: 0,97,
Breiteverhältnis: 0,4.

Um die vorerwähnte verhältnismäßige Freiheit in der Turbinendimensionierung vorzuführen, sei erwähnt, daß das Streben nach größtmöglicher Materialausnützung hier zu einer anders gebauten Serie führen würde. Man kann nämlich mit der Systemlage im Hauptbild bis an den kleinen oberen Stern herangehen und im Hilfsbild doch am großen Stern stehen bleiben. Dies hat zur Folge, daß die Umfangsschnelligkeit und der Laufraddurchmesser erheblich kleiner werden als bei der oben charakterisierten Serie. Die Eintrittsbreite und ihre Dimensionsziffer wird dafür aber erheblich größer. Die Charakteristik dieser Serie, welche der Urform der bekannten amerikanischen Turbinenserie entspricht, ist ungefähr:

Kennziffer: 100 bis 105,
Umfangsschnelligkeit: 0,75,
Breiteverhältnis: rund 0,65.

Zu verwerfen ist diese Serie durchaus nicht. Wenn es sich darum handelt, recht billige Maschinen zu bauen, so ist sie wohl am Platze und wird vielfach angewendet. Es sei deshalb hier besonders auf sie hingewiesen, weil der Turbinenrechenschieber entsprechend seinem Grundsatz, unter den möglichen Turbinenformen immer die besten auszuwählen, sie ignoriert.

III. Kapitel.

Projektierung von Turbinenanlagen für Elektrizitäts-
betrieb.

§ 8. Wahl der Antriebsturbinen für Stromerzeuger unter Berücksichtigung verschiedener Stromarten.

In neuerer Zeit dienen die Wasserkraftanlagen meist der Erzeugung elektrischen Stromes, seltener werden die Turbinen zum direkten Antrieb von Sägewerken, Schleifereien, Mühlen, Pumpenanlagen u. dgl. verwendet. Bei Wahl der Turbinenzahl, ihrer Art, Größe, Umdrehungszahl usw. ist nun von vornherein auf die Art des Stromes und die Konstruktion der Stromerzeuger Rücksicht zu nehmen. Um die hierbei zu berücksichtigenden Verhältnisse zu kennzeichnen, soll nachstehend etwas näher auf die Errichtung elektrischer Anlagen eingegangen werden.

Stromart.

In den zwei letzten Jahrzehnten hat der Drehstrom die anderen Stromarten an Bedeutung bei weitem übertroffen, da er sich als besonders geeignet für die Versorgung der Industrie, der Städte und der Überlandwerke mit Licht und Kraft erwiesen hat. Es wird deshalb in den meisten Wasserkraftanlagen Drehstrom mit 50 Perioden erzeugt. Daneben findet Gleichstrom Verwendung zum Betrieb von städtischen Straßenbahnen sowie für die chemische Industrie. Für Straßenbahnzwecke wird der Gleichstrom meist durch Umformung aus Drehstrom gewonnen, während die chemische Großindustrie, insbesondere diejenigen Werke, in welchen mit Elektrolyse gearbeitet wird, wie z. B. Aluminiumfabriken, den Gleichstrom direkt in Wasserkraftanlagen erzeugt.

In neuerer Zeit gewinnt eine weitere Stromart, d. i. der Einphasen-Wechselstrom mit $16\frac{2}{3}$ Perioden. an Bedeutung. Diese Stromart ist wegen der günstigen Eigenschaften der durch sie betriebenen Motoren besonders geeignet zum Betriebe elektrischer Bahnen. Sie ist deshalb auch für die Elektrisierung der Bahnen Deutschlands, der Schweiz sowie einiger anderer Länder vorgesehen, und da zweifellos im Laufe der Jahre sämtliche Bahnen Deutschlands zum elektrischen Betriebe übergeführt werden, handelt es sich hierbei um die Erzeugung gewaltiger Kraftmengen, an welcher die Wasserkräfte Deutschlands einen bedeutenden Anteil haben werden.

Für die Herstellung des Einphasen-Wechselstromes kommt sowohl die direkte Erzeugung in besonderen Wechseltromanlagen in Betracht, als auch die Umformung des in den allgemeinen Versorgungskraftwerken erzeugten Drehstromes mittels besonderer Umformeranlagen. Im letzteren Falle hat man den Vorteil, sowohl für die Überlandwerke als auch für den Bahnbetrieb nur e i n e Art von Kraftanlagen und Leitungsnetzen ausführen zu müssen, man muß hierbei jedoch die Errichtung besonderer Umformeranlagen und die hierbei entstehenden Verluste in Kauf nehmen, und vor allem auch damit rechnen, daß die starken Schwankungen, welche durch den Bahnbetrieb verursacht werden, sich auf das Drehstromnetz und damit auch auf den Licht- und Kraftbetrieb in störender Weise übertragen.

Bei Errichtung besonderer Einphasen-Wechselstromanlagen hat man den Vorteil getrennten Betriebes zwischen der allgemeinen Licht- und Kraftversorgung und der Bahnversorgung, man muß allerdings hierbei sowohl besondere Stromerzeugungsanlagen, als auch besondere Leitungsnetze für jede Stromart ausbauen. Selbstverständlich ist es möglich, die Kraftanlagen in der Weise aufzuteilen, daß ein Teil der Maschinen für die Erzeugung von Drehstrom, der andere für die Erzeugung von Wechselstrom dient, und es ist ferner möglich, hierbei gemeinsame Reserven an den baulichen und maschinellen Einrichtungen zu schaffen. Beispiele hierfür bieten das Walchenseekraftwerk und die Kraftwerke der Mittleren Isar, welche beiden Anlagen einen Teil des Ausbaues der großbayerischen Wasserkräfte darstellen.

Allgemeine Gesichtspunkte für die Wahl der Antriebsturbinen.

Als Antriebsturbinen für Drehstrom- und Wechselstromanlagen kommen sowohl Freistrahlturbinen als auch Francisturbinen in Frage. Bei der Entscheidung über die Turbinenart ist die geforderte Umdrehungszahl von ausschlaggebender Bedeutung. Für 50 periodige Drehstromgeneratoren können im allgemeinen beliebige Umdrehungszahlen verwendet werden, da der Bau dieser Generatoren bei der hohen Periodenzahl keinerlei Schwierigkeiten verursacht und man deshalb bei den praktisch vorkommenden Drehzahlen meist auf normale Maschinenmodelle zurückgreifen kann. Man wird im allgemeinen die hohen Umdrehungszahlen vorziehen und deshalb für den Antrieb von Drehstromgeneratoren den Francis- oder Schnelläuferturbinen den Vorzug geben, soweit nicht besonders hohe Gefälle oder andere Umstände dagegen sprechen. Für den Antrieb von Einphasen-Wechselstrommaschinen mit $16\frac{2}{3}$ Perioden ist der Spielraum weit kleiner, da die niedrige Periodenzahl bei höheren Umdrehungszahlen eine starke Verringerung der Polzahl bedingt. Es ist nämlich nach Gleichung (10):

$$p = \frac{120 \cdot v}{n},$$

wobei p die Polzahl, v die Periodenzahl und n die Umdrehungszahl pro Minute bedeutet[1]).

Die Verringerung der Polzahl führt unter Umständen zu schwierigen abnormalen Konstruktionen, und es kann deshalb erwünscht sein, die Umdrehungszahl der Stromerzeuger niedriger zu halten, d. h. zum Antrieb durch Freistrahlturbinen zu greifen. Die Anwendung der Freistrahlturbinen für den Bahnbetrieb hat noch den weiteren Vorteil, daß dieselben gegen starke Überlastungen, wie sie im Bahnbetrieb häufig vorkommen, unempfindlicher sind als die Francisturbinen. Die Freistrahlturbinen können ferner derart gebaut werden, daß sie bei kleineren Belastungen noch gute Wirkungsgrade besitzen, so daß ihr Wirkungsgrad über einen großen Belastungsbereich ziemlich gleichmäßig ist.

Bestimmung der Turbinenart und -größe.

Nach Abschluß der vorstehenden allgemeinen Erwägungen kann nunmehr die spezielle Festlegung des Turbinensystems, der Unterteilung der Zentralenleistung, der Drehzahlen usw. in Angriff genommen werden.

Zu diesem Zwecke wird vorgegangen, wie in den früheren Kapiteln gezeigt wurde, wobei als Hilfsmittel der Turbinenrechenschieber wie folgt verwendet werden kann.

Die gesamte in einer Wasserkraftanlage zu verarbeitende sekundliche Wassermenge betrage $\varSigma Q$ Liter; das für die in der Zentrale aufzustellenden Turbinen in Frage kommende Nettogefälle sei zu H Meter ermittelt. Es soll nun auf Grund von $\varSigma Q$ und H entschieden werden, welches Turbinensystem zu wählen ist, auf wieviel Aggregate die Gesamtleistung der Zentrale zu verteilen ist und welche Umdrehungszahlen und Leistungen die Turbinen und die elektrischen Einheiten haben werden.

---

[1]) Siehe auch Tabelle Seite 19.

Man stellt die Zunge des Schiebers so ein, daß H über ΣQ steht und kann nun für jede beliebige Drehzahl n durch Eingehen in die Systembilder senkrecht über oder unter n ablesen, wieviel Peltonstrahlen, wieviel Francislaufräder notwendig sind, damit das Wasser mit einer bestimmten vorgeschriebenen oder angenommenen Ausnutzungsgüte verarbeitet wird. Es bietet keine Schwierigkeit, die Leistung eines solchen Strahls oder Laufrades zu berechnen; man kann dann die Leistung einer jeden „hydraulischen Primäreinheit" durch eine elektrische Einheit absorbieren lassen und hat eine dementsprechende Anzahl von Aggregaten. Wenn die Leistung der hydraulischen Primäreinheit zu klein ist, um eine rationelle elektrische Einheit hierfür konstruieren zu können, so baut man mehrere Peltonstrahlen bzw. mehrere Francislaufräder zu einer selbständigen Maschine zusammen und hat dann entsprechend dieser vergrößerten hydraulischen „Sekundäreinheit" größere elektrische Einheiten und eine entsprechend kleinere Anzahl von Aggregaten. Die Anzahl der hydraulischen Primäreinheiten gibt in diesem Fall die Primärunterteilung der Zentrale an, während die Anzahl der selbständigen Turbinen die Sekundärunterteilung der Zentrale darstellt.

Die Bestimmung von Drehzahl und Größe der elektrischen Einheiten kann so Hand in Hand und unter gleichzeitiger Berücksichtigung der hydraulischen Gesichtspunkte vorgenommen werden, und die Übersichtlichkeit des Verfahrens ermöglicht es, in kurzer Zeit die beste aller Varianten herauszufinden.

Wenn die Skala der Wassermengen für ΣQ nicht ausreicht, dann geht man mit der Hälfte von ΣQ ein, bestimmt die Hälfte der Zentrale und verdoppelt die Anzahl der gefundenen Aggregate. Ebenso geht man vor, wenn nach Einstellung von H über ΣQ das Gebiet der brauchbaren Umdrehungszahlen über die Systembilder hinausfällt. Sobald dies eintritt, weiß man, daß die Zentrale eine mehr als achtfache Primärunterteilung nötig hat. Das Nettogefälle H wird, wie früher angegeben, zunächst aus dem Bruttogefälle geschätzt und nach einer Voruntersuchung, in welcher das Turbinensystem festgelegt wird, genau bestimmt.

Unter Anwendung vorstehender Grundlagen ist es jeder elektrotechnischen Firma ermöglicht, bei Projektierung hydroelektrischer Anlagen die Größe und die Umdrehungszahl der Generatoren in Anpassung an die entsprechenden Daten der Turbinen festzulegen. Der Wasserturbinenkonstrukteur kann ja im allgemeinen jede beliebige Umdrehungszahl zulassen, von den niederen Zahlen der Wasserräder bis zu den Drehzahlen der Dampfturbinen. Bei Maschinen für moderne elektrische Zentralen trifft dies aber nicht zu. In Anbetracht der hohen Anforderungen an Wirkungsgrad, Regulierfähigkeit und Betriebssicherheit ist hier nur das Einfachste gut genug, und das sind **Freistrahlturbinen und schnell- oder langsamlaufende Francisturbinen in guter Systemlage, ohne oder mit mäßiger Unterteilung der Wassermenge, wenn möglich direkt gekuppelt mit dem Stromerzeuger.**

Die Konstruktion der Freistrahl- und Francisturbinen ist heute soweit vorgeschritten, daß es in den meisten praktischen Fällen möglich ist, die direkte Kupplung anzuwenden, wobei man allerdings im allgemeinen nicht über 4 Strahlen bei Freistrahlturbinen bzw. über 4 Räder bei Francisturbinen hinausgeht. Es ist sodann zu prüfen, ob die Maschinenaggregate horizontale oder vertikale Wellen erhalten sollen. Die horizontale Anordnung ergibt gegenüber der vertikalen Aufstellung eine bessere Übersicht, einfachere Bedienung, günstigeren Anschluß der Stromerzeuger, einfachere Montage u. dgl. Die vertikale Anordnung gibt, besonders bei Francisturbinen, günstigere hydraulische Verhältnisse und daher etwas höhere Wirkungsgrade, ferner bessere Abflußverhältnisse. Sie gestattet die hochwasserfreie Aufstellung der Generatoren, ergibt kleinere Grundflächen — allerdings bei größerer Gesamthöhe — und ermöglicht auf einfache Weise den Ausgleich der Axialschübe und der Lagerdrücke, auf welchen insbesondere bei großen, wichtigen Anlagen zu achten ist. Bei horizontaler Anordnung sucht man den Ausgleich durch Anwendung der Doppel- oder der Zwillingsturbine herbeizuführen.

In kleineren Anlagen, insbesondere bei niedrigen Gefällen kommt für den Antrieb der Stromerzeuger neben der direkten Kupplung auch der Antrieb mittels Zahnradübersetzung, Riementrieb, Seiltrieb in Betracht. Derartige Übersetzungen sind erforderlich, wenn die Antriebsturbinen niedrige Umdrehungszahlen besitzen und deshalb die direkte Kupplung zu große und zu teure Generatoren bedingen würde. Bei Anwendung der Zahnradübersetzung werden meist Kegelradgetriebe benützt in der Weise, daß das größere (Holzkamm-) Rad auf der vertikalen Turbinenwelle und das kleinere (Eisen-) Rad auf der horizontalen Generatorwelle sitzt. Neuerdings werden für die Übertragung mittlerer Kräfte auch gekapselte Präzision-Stirnradgetriebe verwendet. Diese ermöglichen bei ruhigem stoßfreiem Gang große Übersetzungen. Bei Bemessung der Übersetzungs- und Übertragungseinrichtungen ist auf die später erörterte Schleuderfähigkeit der Turbinen Rücksicht zu nehmen.

§ 9. Turbinenregulierungen.

Von größter Wichtigkeit für den elektrischen Betrieb ist die Regulierung der Turbinen, von welcher das Parallelarbeiten der Stromerzeuger bzw. zusammenarbeitender Wasserkraftwerke abhängt. Die Geschwindigkeitsregulierung erfolgt bei den hydroelektrischen Anlagen fast ausschließlich durch selbsttätige, mittels Drucköl gesteuerte Regler. Diese wirken auf die eigentlichen Regulierorgane der Turbinen ein, durch deren Bewegung der Wasserdurchfluß durch die Leitapparate vermehrt oder vermindert wird. Bei der Freistrahlturbine wird zu diesem Zweck die Düsennadelregulierung angewandt, bei welcher die Nadeln der verschiedenen Düsen einer Turbine gleichmäßig rückwärts (auf Öffnen) oder vorwärts (auf Schließen) verstellt werden. Bei der Francisturbine wird die Finksche Drehschaufelregulierung verwendet, welche meist als Außenregulierung ausgebildet wird und bei welcher die Leitschaufeln gleichmäßig geöffnet oder geschlossen werden.

Diese Regelung gelangt auch für die Propeller- und Kaplanturbinen zur Anwendung. Bei den Schnelläufer-Turbinen ist jedoch zu beachten, daß der Wirkungsgrad mit sinkender Belastung wegen der starken Änderung der Strömungsbedingungen schnell abnimmt; Propeller-Turbinen sind deshalb für schwankende Belastungen im allgemeinen wenig geeignet. Kaplan hat daher bei seiner Turbine auch die Laufschaufeln drehbar ausgestaltet, so daß deren Stellung den der jeweiligen Belastung entsprechenden Wasserströmungen angepaßt werden können. Die Drehung der Laufschaufeln wird durch den Regulator bewirkt, die Kaplan-Turbinen besitzen somit eine Doppelregulierung und weisen über den ganzen Bereich von $1/2$ bis voller Belastung günstige Wirkungsgrade auf.

Mittels der Reguliereinrichtungen sollen die durch Belastungsschwankungen verursachten Drehzahlschwankungen sowie die Spannungsschwankungen der Stromerzeuger auf ein für den Betrieb unschädliches Maß zurückgeführt werden. Die Höhe der zulässigen Schwankungen wird zweckmäßig mit dem Turbinenlieferanten vereinbart. Die Schwankungen sollen im allgemeinen möglichst klein gehalten werden, doch kann es bei Anlagen mit älteren unempfindlichen Turbinen zweckmäßig sein, die Reguliergarantien nicht zu scharf zu halten. Für praktische Fälle mag folgende Tabelle als Anhalt dienen:

Drehzahlschwankungen bei Freistrahl-(Pelton-)Turbinen:

Plötzliche Belastungsänderung bezogen auf normale Leistung	$+ 25\%$	$\mp 50\%$	$- 100\%$
Vorübergehende Drehzahlschwankung .	$+ 2$ bis 6% $- 3$,, 8%	$+ 4$ bis 10% $- 4$,, 12%	$+ 10$ bis 25%
Dauernder Drehzahlunterschied	1 ,, 3%	1 ,, 4%	2 ,, 5%

Drehzahlschwankungen bei Francisturbinen:

Plötzliche Belastungsänderung bezogen auf normale Leistung	$+\!\!-\, 25\%$	$-\!\!+\, 50\%$	$-\, 100\%$
Vorübergehende Drehzahlschwankung .	$+ 2$ bis 5% $- 2$,, 6%	$+ 3$ bis 8% $- 3$,, 10%	$+ 6$ bis 18%
Dauernder Drehzahlunterschied	1 ,, 3%	1 ,, 4%	2 ,, 5%

Die kleineren Zahlen gelten hierbei für gute Regulierverhältnisse (normale Turbinenkonstruktion, kurze Druckrohrleitung oder offener Schacht); die größeren Zahlen für Turbinenkonstruktionen, welche von den normalen abweichen, für im Verhältnis zum Gefälle lange Rohrleitungen u. dgl.

Sollen mehrere Stromerzeuger von verschiedener Leistung oder mehrere Wasserkraftanlagen parallel miteinander arbeiten, so sind die einzelnen Ungleichförmigkeitsgrade[1]) gegenseitig abzustimmen in der Weise, daß diejenige Turbine mit der größten Empfindlichkeit bzw. mit dem kleinsten Ungleichförmigkeitsgrad ausgerüstet wird, welche in erster Linie zur Aufnahme der Belastungsschwankungen bestimmt wird. In der Regel dient hierzu die größte Turbine. Die kleineren Turbinen erhalten dann größere Ungleichförmigkeitsgrade bzw. kleinere Empfindlichkeit. Es wird hierdurch vermieden, daß während des Parallellaufens bei Belastungsschwankungen die kleineren Turbinen mehr Last aufnehmen als die großen und daß hierdurch Pendelungen der einzelnen Maschinen auftreten. Die gleiche Regel gilt entsprechend für zusammengekuppelte Kraftwerke. Das tonangebende (größte) Kraftwerk ist mit Turbinen hoher Empfindlichkeit (mit ca. 2% Ungleichförmigkeit) auszurüsten. Die mit diesem parallelarbeitenden kleineren Kraftwerke erhalten in Abstufungen Ungleichförmigkeitsgrade von 3, 5 und mehr Prozent.

Erforderlichenfalls müssen die Turbinen kleinerer Kraftwerke zur Vermeidung von Pendelungen mit Hubbegrenzern versehen werden, durch welche der Regulatorhub nach oben in der Weise begrenzt wird, daß die gesteuerte Turbine nicht mehr als eine genau bestimmte Last aufnehmen bzw. abgeben kann.

Sowohl die Regulatoren als auch die Hubbegrenzer müssen einstellbar sein, so daß es jederzeit möglich ist, ohne besondere Demontierungsarbeit die Empfindlichkeit des Regulators bzw. die Hubbegrenzung beliebig zu verändern.

---

[1]) Dauernder Drehzahlunterschied zwischen Leerlauf und Vollast, ausgedrückt in Prozenten der normalen Drehzahl.

Jeder Regulator ist — abgesehen von den selbsttätigen Betriebseinrichtungen — noch mit einer Verstellvorrichtung zu versehen, mittels welcher die Drehzahl von Hand oder durch einen kleinen Elektromotor, der zweckmäßig von der Schalttafel aus gesteuert wird, verändert werden kann. Diese Vorrichtung ist beim Parallelschalten von Maschinen erforderlich, um die Gesamtlast der Zentrale auf die einzelnen Aggregate den Betriebserfordernissen entsprechend verteilen zu können. Selbstverständlich ermöglicht die Vorrichtung auch eine Korrektur des Ungleichförmigkeitsgrades der Turbine. Die Verstellvorrichtung wird gewöhnlich so eingerichtet, daß die normale Drehzahl um ca. 5% erhöht, und daß der Leitapparat der Turbine nach Belieben geschlossen und geöffnet werden kann.

Bei Turbinen, welche an Druckrohrleitungen angeschlossen sind, ist es wichtig, daß bei Belastungsschwankungen Druckstöße in der Rohrleitung vermieden oder wenigstens auf ein unschädliches Maß herabgesetzt werden. Zu diesem Zwecke wird außer der Geschwindigkeitsregulierung eine Druckregulierung angeordnet.

Bei Freistrahlturbinen werden beide Aufgaben in einfachster Weise durch Anwendung der Doppelregulierung erfüllt. Dieselbe beruht in der Hauptsache darauf, daß bei raschen Entlastungen der Turbine die arbeitenden Wasserstrahlen nicht plötzlich durch die Nadelverschiebung verkleinert werden, sondern daß zunächst die Strahlen durch besondere Ablenker vom Laufrad abgewiesen werden und gleichzeitig der Düsenquerschnitt und damit auch die austretende Wassermenge langsam verringert wird. Es treten demnach zuerst die Ablenker in Tätigkeit, und erst dann folgt die eigentliche Nadelregulierung. Die Ablenker werden nach Beendigung des Reguliervorganges selbsttätig soweit zurückgeführt, daß sie am Rande des jeweiligen Strahles stehen, um bei Eintreten weiterer Entlastungen sofort in Wirksamkeit treten zu können. Die Doppelregulierung bedingt 2 getrennte Steuerzylinder, sie wird jedoch von einem Pendel aus betätigt.

Bei Francisturbinen ist die Anwendung einer Doppelregulierung nicht möglich, sondern man muß hier besondere Druckregler vorsehen, welche bei größeren Anlagen hydraulisch bzw. mit Drucköl gesteuert werden. Der Druckregler[1]) ist ein in der Zuleitung zur Turbine eingesetzter Nebenauslaß, der bei raschem Schließen des Leitapparates vom Gestänge des Geschwindigkeitsregulators aus ungefähr so weit geöffnet wird, daß durch ihn etwa ebensoviel Wasser ausströmt, als durch den sich schließenden Leitapparat abgesperrt wird. Der Druckregler schließt wieder ab,

---

[1]) Siehe Zeitschr. d. Vereins deutscher Ingenieure 1919, Seite 911: Druckregler von Voith, Heidenheim.

sobald die Regulierbewegung aufhört; seine Bewegung erfolgt jedoch so langsam, daß eine nennenswerte Erhöhung des Druckes in der Rohrleitung ausgeschlossen ist. In der Regel wird die höchstzulässige Drucksteigerung bei plötzlicher voller Entlastung der an die Rohrleitung angeschlossenen Turbinen mit ca. 10% angenommen.

Bei Anlagen mit nicht zu großen Belastungsschwankungen, in welchen mehrere Turbinensätze installiert sind, kann auch ein Reguliersystem angewendet werden, wie es in neuerer Zeit durch Poebing ausgebildet wurde. Die sogen. „Esibe" — oder „staulose" Regulierung.[1]) Hiebei wird ein Teil der Turbinensätze ohne automatische Regulierung lediglich für den Betrieb mit Vollast eingerichtet und nur eine oder zwei Turbinen erhalten automatische Regulierung der normalen Konstruktion. Das bei Entlastungen überschüssige Wasser wird durch einen Verteilschieber zu einem Nebenauslaß abgeführt.

Zur Einhaltung der bei Errichtung einer Kraftzentrale vorgesehenen Reguliervorschriften müssen die Turbinen mit den nötigen Schwungmassen ausgerüstet werden, welche durch ihr Beharrungsvermögen auf die während der Belastungsschwankungen auftretenden Geschwindigkeitsänderungen dämpfend einwirken (s. hierüber IV. Kapitel, § 20). Bei direkt gekuppelten Stromerzeugern werden die erforderlichen Schwungmassen meist in den Rotoren der Stromerzeuger untergebracht; der Schwungmassenbedarf ist hierfür den elektrotechnischen Fabriken vom Turbinenlieferanten anzugeben.

Maßnahmen gegen Durchgehen.

Ein bei der Projektierung von Wasserkraftzentralen besonders zu beachtender Umstand ist, daß infolge der Eigenart des Wasserbetriebes die Geschwindigkeitsregulierung versagen kann trotz sorgfältigster Ausführung aller Teile. Es kann nämlich sowohl bei Freistrahlturbinen als bei Francisturbinen vorkommen, daß Fremdkörper sich im Leitapparat festklemmen und hierdurch der Regulator bei plötzlichen Entlastungen nicht imstande ist, die Turbine zu schließen. In diesem Falle tritt eine erhebliche Drehzahlsteigerung ein, welche die Turbine zum Durchgehen bringt. Dieselbe beginnt hierbei zu schleudern und erreicht dabei Umdrehungszahlen, welche bei Freistrahl- und normalen Francisturbinen das 1,8—1,85fache, bei Propeller- und Kaplanturbinen das 2—2,5fache der normalen Drehzahl betragen. Eine weitere Steigerung ist, soferne nicht auch eine Gefällssteigerung hinzukommt, nicht möglich,

---

[1]) Siehe „Wasserkraft" 1921 Heft 17; 1922 Heft 21.

da bei der erhöhten Drehzahl das Wasser mit so starken Verlusten arbeitet, daß seine volle Energie schon zum Leerlauf aufgebraucht wird. Da die hohe Drehzahl und die hierbei auftretende Schleuderung sich auch auf die angetriebenen Maschinen erstreckt, sind entsprechende Schutzmaßnahmen erforderlich. Diese bestehen am einfachsten darin, daß die Stromerzeuger mit etwa angebauten Erregermaschinen und sonstigen sich drehenden Teilen schleudersicher gebaut werden. In der Regel wird dies den Generatorenfabriken zur Bedingung gemacht. Sollte die Schleudersicherheit jedoch nicht erreichbar sein, was bei Antrieb durch Propeller- und Kaplanturbinen meist der Fall ist, so ist der Einbau entsprechender Sicherheitsapparate unerläßlich. Derartige Vorrichtungen sind beispielsweise:

1. Ein Schnellschlußregulator mit Wasserablenkung. Derselbe wird durch ein besonderes Zentrifugalpendel betätigt, welches bei einer — einstellbaren — Überschreitung der zugelassenen Höchstdrehzahl den Wasserzulauf zur Turbine absperrt und nötigenfalls seitwärts ableitet.

2. Anordnung einer Bremsdüse, welche bei unzulässiger Drehzahlsteigerung einen stark bremsenden Wasserstrahl auf die Rückseite der Laufradschaufeln wirft (hauptsächlich für Freistrahlturbinen geeignet).

3. Anordnung einer Bremsturbine auf der Welle der Hauptturbine. Dieses Mittel wird jedoch sehr selten angewandt.

4. Anwendung eines Verteilschiebers mit Nebenauslaß gemäß der „staulosen" Regulierung.

§ 10. Sonstige Gesichtspunkte beim Entwurf hydroelektrischer Anlagen.

Nebeneinrichtungen.

Schließlich sind noch die bei elektrischen Zentralen besonders wichtigen Nebeneinrichtungen der Turbinenanlage zu erörtern. Zu beachten ist, ob das Arbeitswasser Sand, Unreinigkeiten, Schwemmstücke u. dgl. mit sich führt und ob Gefahr besteht, daß dieselben in die Turbinen mit hereingerissen werden. In diesem Falle ist für eine ausreichende Reinigung des Wassers durch Grobrechen, Feinrechen, Klärbecken ev. auch durch Siebanlagen[1]) Sorge zu tragen. Chemische Beimengungen zum Wasser sind bei Wahl des Materials für die Leitapparate, Laufräder usw. zu berücksichtigen.

Bei der konstruktiven Anordnung aller Teile ist vorzusehen, daß das Innere der Turbinen zur Untersuchung und Reinigung leicht zugänglich

---

[1]) Ein Beispiel einer besonders sorgfältig angelegten Siebanlage bietet das Kraftwerk bei Chippis, Schweiz. Bauzeitung 1911, Band 58, Nr. 8, 9 und 11.

ist. Die Montage und Demontage einzelner Teile, insbesondere der Leit-
schaufeln, Düsen, Laufräder, Deckel, Reguliergetriebe usw., muß ohne
Schwierigkeiten und ohne bauliche Änderungen möglich sein. In dieser
Beziehung ist auch auf den richtigen Zusammenbau mit den angetriebenen
Stromerzeugern Rücksicht zu nehmen. Ferner muß sowohl bei Anordnung
der Gesamtanlage als auch bei Konstruktion der einzelnen Turbinen
beachtet werden, daß ein übersichtlicher Betrieb und eine bequeme
Bedienung aller Teile der Anlage erreicht wird. Hierbei ist auf richtige
Gruppierung der Meßinstrumente und Anzeigevorrichtungen zu sehen,
damit dieselben vom Bedienungsplatz der An- und Abstellapparate aus
übersehen und abgelesen werden können.

Die Lageranordnung und die Dimensionierung der Welle muß im Ein-
vernehmen mit dem Fabrikanten des Stromerzeugers erfolgen. Es sind
hierbei die Gewichte der Turbinen, der Generatorenteile sowie die Belastung durch das strömende Wasser in Betracht zu ziehen. Vibrationen
der Welle sollen bei allen Belastungen vermieden sein. Die Durchbiegungen. der Welle müssen bei großen Aggregaten berücksichtigt werden.

Bei größeren Turbinen und höheren Gefällen ist darauf zu achten,
daß die Bauteile durch das aus den Schächten der Freistrahlturbinen
sowie aus den Druckreglern und Saugrohren mit großer Heftigkeit aus-
strömende Wasser nicht angegriffen werden. Die Schächte der Freistrahlturbinen sind deshalb mit einer kräftigen Panzerung zu versehen. Die
Auftreffflächen der Wasserstrahlen sind ebenfalls durch entsprechende
Maßnahmen zu schützen. Ein dauerhafter Schutz hierfür besteht in dem
Einbringen eines kräftigen Granitpflasters, in besonderen Fällen kann auch
eine Panzerung aus Blechplatten vorgesehen werden.

Absperrvorrichtungen.

Zu erwähnen ist noch, daß am Einlauf zu jeder Turbine eine Absperrvorrichtung angebracht sein muß. Bei Niederdruckwerken werden
Schützen angewandt, welche bei kleineren Anlagen von Hand und bei
größeren Anlagen elektrisch bewegt werden. Bei Anlagen mit Druckrohr-
zuleitung wird in jedem Turbinenabzweig ein Absperrschieber eingesetzt, der bei größeren Abmessungen hydraulisch oder elektrisch betätigt
wird. Die Schieber sind zwecks Entlastung mit einer reichlich bemessenen
Umlaufleitung zu versehen.

Zubehör und Reserveteile.

Zur Erreichung eines vorteilhaften Betriebes darf an den erforderlichen Zubehör- und Reserveteilen nicht gespart werden. Die Anlagen

müssen mit ausreichenden und guten Schmiervorrichtungen versehen werden, welche während des Betriebes bequem und gefahrlos nachgesehen und bedient werden können. Zwecks Filtrierung des Regulatordrucköles empfiehlt sich bei größeren Anlagen die Aufstellung einer Ölfiltriereinrichtung.

Sofern in einer Anlage mehrere gleichartige Turbinen aufgestellt sind, empfiehlt es sich, die Ölpumpen der verschiedenen Regler durch eine gemeinsame Rohrleitung zu verbinden, so daß bei Versagen einer Pumpe die Ölzufuhr durch eine andere Pumpe erfolgen kann.

Für alle Teile der Turbinen und Rohrleitungen, welche bei Stillstand nicht von selbst leerlaufen, sind Entleerungsvorrichtungen vorzusehen, diese dürfen auch bei Druckrohrleitungen, Schiebern usw. nicht vergessen werden.

Für Bedienungs-, Untersuchungs- und Auswechslungsarbeiten müssen die erforderlichen Hilfswerkzeuge, Schraubenschlüssel und Reserveteile vorhanden sein. Die Hilfswerkzeuge und Schraubenschlüssel müssen von den Turbinenlieferanten in der erforderlichen Anzahl und Ausführung geliefert werden, damit kleinere Auswechslungsarbeiten vom Betriebspersonal selbst durchgeführt werden können.

An Reserveteilen für die Freistrahlturbinen kommen in Frage:

Reservebecher mit Schrauben und Keilen; Düsenmundstücke und Nadelspitzen; Lagerschalen für die Lager; Reserveteile für den hydraulischen Geschwindigkeitsregler; Dichtungen für Stopfbüchsen und Flanschen; Schmiergefäße.

Für die Francisturbinen kommen in Frage:

Eine Anzahl Leitschaufeln mit Büchsen, Lenkern und Zapfen; Einsatzringe für einen Leitapparat; Ventilsitze für den Druckregler; im übrigen die entsprechenden Reserveteile wie bei den Freistrahlturbinen.

An Meßeinrichtungen sind ein Tachometer zum Ablesen der Umdrehungszahl sowie Manometer und Vakuummeter zum Ablesen des Wasserdruckes vor der Turbine bzw. des Unterdruckes in den Saugrohren und Freistrahlschächten vorzusehen.

IV. Kapitel.

Ausgestaltung der Einzelheiten bei Projektierung von Wasserkraftanlagen.

In den vorhergehenden Kapiteln wurde die Projektierung der in Wasserkraftanlagen aufzustellenden Turbinen erläutert; im Anschluß hieran soll nachstehend die Projektierung der übrigen Hauptteile einer Wasserkraftanlage behandelt werden.

§ 11. Wasserhaushalt.

Bestimmend für die Größe, den Umfang und die Anordnung einer Wasserkraftanlage ist, wie schon früher erwähnt, in erster Linie die zur Verfügung stehende Wassermenge und das ausnutzbare Gefälle. Nun sind aber diese beiden Größen niemals konstant, sondern starken Veränderungen unterworfen, und zwar sowohl innerhalb der Jahreszeiten eines einzelnen Jahres als auch in verschiedenen aufeinanderfolgenden Jahren. Die Schwankungen sind im allgemeinen periodisch, jedoch unregelmäßig und hängen von den örtlichen und klimatischen Verhältnissen ab.

Man unterscheidet während eines Jahres Hochwasser- und Niederwasserperioden, diese verschieben sich wieder in aufeinander folgenden Jahren sowohl zeitlich als auch in bezug auf Intensität. Im Gebirge treten die Hochwasserperioden gewöhnlich im Frühjahr und anfangs Sommer nach der Schneeschmelze ein, während im Winter Niederwasser herrscht. Im Flachland treten Hochwasserperioden im Herbst und anfangs Winter als Folge der Herbstregen ein. Selbstverständlich bestehen Mischungen und Übergänge, unvermutete Hochwasser können nach langandauernden Regenperioden, bei Eintritt plötzlichen Tauwetters u. dgl. zu jeder Jahreszeit entstehen. Außer den Schwankungen der Wassermenge treten auch Schwankungen im Gefälle auf, und zwar ist meist das kleinste Gefälle während der Hochwasserperioden, das größte Gefälle während der Niederwasserperioden vorhanden.

Was die absolute Größe der Wasserführung betrifft, so haben die Gebirgsflüsse im allgemeinen geringe Wassermengen, dafür aber große Relativgefälle; man bezeichnet deshalb die Anlagen an solchen Flüssen als „Hochdruckanlagen". Die Flüsse des Flachlandes führen größere Wassermengen, haben aber meist geringes Relativgefälle; man bezeichnet daher derartige Anlagen als „Niederdruckanlagen".

Die Kenntnis der „Charakteristik" eines Flusses ist vor der Projektierung einer Wasserkraftanlage unerläßlich. Um eine Übersicht über die Verhältnisse der in den einzelnen Ländern vorhandenen Flußläufe zu erhalten, haben die Behörden aller Kulturländer schon seit vielen Jahren einen entsprechenden Flußüberwachungsdienst eingerichtet. Es werden zu diesem Zwecke fortlaufend Beobachtungen und Messungen über Wassermengen, Gefälle, Hoch- und Niederwasserverhältnisse, Veränderungen in den Flußläufen usw. durch die hydrotechnischen Ämter gesammelt und in Form von Kurven, Tabellen, Berichten usw. ausgewertet. In neuerer Zeit haben außerdem manche Länder eingehende Untersuchungen über die Ausbauwürdigkeit der in ihrem Gebiet befindlichen Flüsse angestellt und für die Verwertung dieser Untersuchungen besondere Ämter errichtet. Vorbildlich in dieser Beziehung ist Bayern, welches in seiner Abteilung für Wasserkraftausnützung und Elektrizitätsversorgung wertvolles Material zur Ausnützung der bayerischen Wasserkräfte gesammelt und verarbeitet hat.

Die in den hydrotechnischen Ämtern gesammelten Unterlagen ermöglichen einen ersten Überblick über die in einer Flußstrecke anzulegende Wasserkraft, genauere Messungen und Aufnahmen sind vor Eintritt in die Detailprojektierung erforderlich.

Als weitere Hilfsmittel kommen in neuerer Zeit für die Projektierung in Betracht: Lichtbildaufnahmen, welche ein genaues von oben aufgenommenes Bild des für eine Wasserkraftanlage in Betracht kommenden Geländes geben; ferner Reliefkarten, welche insbesondere bei Talsperrenanlagen ein wertvolles Hilfsmittel bilden.

Nach Festlegung der während eines Durchschnittsjahres wechselnden Wassermengen eines Flusses ist zu überlegen, für welche Wasserausnützung die Anlage errichtet werden soll. Man hat sich früher im allgemeinen auf die Ausnützung der günstigsten Gefällsstufen einer Flußstrecke beschränkt und die Anlage nach derjenigen Wassermenge bemessen, welche im Mittel während 9 Monaten im Jahre vorhanden war. Die neuere Zeit mit ihrem Energiehunger hat jedoch in dieser Beziehung

Wandel geschaffen, man nützt heute nicht nur die günstigsten, sondern alle Gefällsstufen einer Strecke aus und rechnet noch mit Wassermengen, welche nur während 6 Monaten, in besonderen Fällen nur während 3 Monaten und weniger vorhanden sind. Die Möglichkeit der Ausnützung derartiger Wassermengen hängt in erster Linie davon ab, für welche Zwecke die Anlage ausgebaut wird und in welcher Weise dieselbe arbeiten soll. Beispielsweise kann sich die chemische Industrie in ihrem Kraftbedarf den wechselnden Wassermengen und Leistungen durch entsprechende Unterteilung vollständig anpassen; andere Betriebe können sich entweder ebenfalls durch Unterteilung der Maschinenaggregate oder durch geeignete Zusammenschaltung von Hoch- und Niederdruckanlagen, durch Hinzufügung von Wasserspeichern, durch Errichtung von Wärmekraftreserven u. dgl. helfen.

Ein weiterer Fortschritt in dieser Hinsicht ist in der neueren Zeit durch Schaffung großer Hochspannungsüberlandleitungen erzielt worden, mittels welcher es möglich ist, weit auseinandergelegene Hochdruckkräfte und Niederdruckkräfte miteinander zu verbinden und hierdurch, namentlich bei Mitbenützung von Speichern, zu erreichen, daß sowohl die Winterhochwasser der Flachlandflüsse als die Sommerhochwasser der Gebirgsflüsse ausgenützt werden können.

Besonders günstig liegen die Verhältnisse in denjenigen Fällen, in welchen eine Wasseraufspeicherung möglich ist. Diese kommt in erster Linie bei Hochdruckanlagen in Frage, jedoch ist die Speicherung bei Niederdruckanlagen nicht ausgeschlossen. Bei letzteren wird eine solche durch Anlage von Talsperren[1]), seltener durch Speicherweiher[2]), erzielt. Bei Hochdruckanlagen werden entweder natürliche Gebirgsseen zur Aufspeicherung benützt[3]) oder es werden ebenfalls Talsperren angelegt, wobei die oberhalb derselben gelegenen Gebirgsschluchten, Talerweiterungen u. dgl. zu Stauseen umgewandelt werden[4]). Die Aufspeicherung von Wasser kann zum Ausgleich der während eines oder mehrerer Tage entstehenden Belastungsschwankungen dienen; in diesem Falle handelt es sich um den bei Niederdruckanlagen häufigsten Fall des Tagesausgleiches. Günstiger liegen die Verhältnisse bei Hochdruckanlagen, bei welchen oft größere Stauräume zur Verfügung stehen, so daß sich ein Jahresausgleich erzielen läßt. In diesem Falle können nicht nur die ein-

---

[1]) Klönnetalsperre, Möhnetalsperre, Ennepetalsperre, Edertalsperre, Talsperre an der Mauer u. a.
[2]) Mittlere Isar.
[3]) Walchenseewerk, schweizerische, norwegische, finnländische Werke.
[4]) Murgwerk, Saalachwerk, schweizerische, norwegische und andere Werke.

zelnen täglichen Belastungsschwankungen ausgeglichen werden, sondern auch die jährlichen großen Schwankungen in der Wassermenge. Je größer das Staubecken bemessen werden kann, desto mehr ist die Gewähr vorhanden, daß kein Tropfen Wasser während eines Jahres für die Ausnützung verlorengeht (siehe Beispielsammlung: „Walchenseewerk", Seite 160).

Bei Projektierung von Speicheranlagen sind genaue Wasserwirtschaftspläne unter Zugrundelegung der Zu- und Abflüsse zum Staubecken, der durch Versickerung und Verdunstung entstehenden Wasserverluste, der Wasservermehrung durch Niederschläge u. dgl. aufzustellen. Sie gestatten die Aufstellung einer Maschinenleistung, welche ein Vielfaches der Durchschnittsleistung beträgt. Sie sind, insbesondere die Werke mit Jahresausgleich, außerordentlich wertvoll zur Deckung der täglichen und jährlichen Belastungsspitzen sowie zur Abgabe größerer Kraftmengen während der Zeit der Niederwasserperioden, und es ist hierbei möglich, die Wärmekraftreserven stark zu vermindern oder ganz wegfallen zu lassen. (Beispiel: Walchenseewerk, dessen installierte Leistung etwa das 5 fache der Durchschnittsleistung beträgt.) Bezüglich der jährlichen Kraftausbeute ist zu bemerken, daß dieselbe bei Speicheranlagen im allgemeinen, soweit von der Ausnützung der Hochwässer abgesehen wird, nicht größer ist, als der durchschnittlich zufließenden Wassermenge entspricht. Der Hauptwert liegt demnach nicht in einer Vermehrung der erzeugten Kraftstunden, sondern darin, daß die in den verschiedenen Zeiten zufließenden schwankenden Wassermengen, welche zu Zeiten niedriger Belastung, besonders in der Nacht, oft weit über den Bedarf hinausgehen, aufgespart und in den Zeiten hoher Belastung und niedrigen Wasserstands verwertet werden können.[1]

Bei Talsperrenanlagen, bei welchen sich das Krafthaus in der Talsperre selbst oder in deren Nähe befindet, ist zu beachten, daß das Gefälle mit dem Inhalt des Staubeckens veränderlich ist. Je tiefer der Wasserspiegel im Becken sinkt, d. h. je größer die Wasserentnahme zur Zeit des Niederwassers ist, desto kleiner wird das Gefälle. Es trifft hier demnach im Gegensatz zu den Flußanlagen die kleinste Wassermenge mit dem kleinsten Gefälle, und (bei gefülltem Becken) die größte Wassermenge mit dem größten Gefälle zusammen. Die zur Verfügung stehende Leistung ist demnach bei derartigen Talsperrenanlagen stark veränderlich, und es muß die Turbinenanlage entsprechend unterteilt werden, auch ist die Konstruktion der Turbinen den besonderen Verhältnissen anzupassen.

---

[1] Eingehende Untersuchungen über die Bedeutung der Wasserwirtschaft und die Auswirkung von Speichern für Wasserkräfte, insbesondere für größere Kraftversorgungsanlagen siehe „Schönberg-Glunk, Landeselektrizitätswerke," Oldenbourg 1926.

Es ist ferner zu beachten, daß die angeschlossenen Kraftverbraucher sich in ihren Wünschen nach der Veränderlichkeit der Kraftabgabe zu richten haben. Günstiger liegen die Verhältnisse in denjenigen Fällen, in welchen neben dem Gefälle des Staubeckens noch ein größeres konstantes Transportgefälle besteht, in welchem also an das Staubecken noch ein Stollen oder eine Druckrohrleitung oder beides anschließt. Hier spielt die Veränderlichkeit des Staubeckenspiegels gegenüber dem Transportgefälle eine unerhebliche Rolle, und es kann deshalb durch entsprechende Unterteilung der Turbinen den Betriebsrücksichten und den Wünschen der angeschlossenen Verbraucher weitgehendst entgegengekommen werden.

Nebenbei sei erwähnt, daß die Talsperrenanlagen sowohl im Gebirge wie im Flachland außer für die Wasserkraftausnützung noch nutzbar gemacht werden können zur Regulierung der Abflußverhältnisse, insbesondere des Hochwasserabflusses, zur Bewässerung für landwirtschaftliche Zwecke, zur Wasserversorgung von Stadt- und Landgebieten u. dgl.

Im Zusammenhang mit den vorstehend erörterten Fragen sei noch auf die Möglichkeit der hydraulischen Akkumulierung hingewiesen. Dieselbe besteht darin, daß bei Niederdruckwerken zu Zeiten schwacher Belastung, in welchen das zufließende Wasser ungenützt durch die Leerschüsse abgeführt würde, dieses Wasser dazu benützt wird, Pumpen anzutreiben, welche dasselbe in hochgelegene Speicherbecken fördern. Der Inhalt dieser Speicherbecken wird in den Hauptbelastungszeiten zur Erzeugung von Zusatzkraft ausgenützt. Die Pumpen werden naturgemäß meist nachts oder Sonntags betrieben. Zu bemerken ist allerdings, daß der Betrieb mit hydraulischer Akkumulierung sehr kompliziert wird. Die Maschinenanlage wird umfangreich und teuer, der Wirkungsgrad liegt meist unter 60%, so daß die Erstellung einer derartigen Anlage nur bei Vorliegen besonders günstiger örtlicher Verhältnisse in Erwägung gezogen werden kann.

§ 12. Allgemeine Gesichtspunkte für die Errichtung einer Wasserkraftanlage.

Wie schon erwähnt, wurden früher Wasserkraftanlagen mit Rücksicht auf die Konkurrenz mit der Kohle und den hierdurch bedingten Zwang zu möglichst geringem Kostenaufwand nur an besonders günstigen Gefällsstufen errichtet, während man die schwieriger auszubauenden Flußstrecken unberücksichtigt ließ. Eine planmäßige Bearbeitung eines Flusses fand demnach nicht statt, und es ergab sich schließlich, daß verschiedene Wasserkraftanlagen teils in kleinerer, teils in größerer Entfernung voneinander sich befanden und daß die Neuerrichtung von Wasserkräften ohne Störung oder Eingriffe in vorhandene Rechte selten möglich war. Naturgemäß hatte dieses Vorgehen auch eine erhebliche Verschwendung an Wassermenge und an Gefälle zur Folge.

Diese systemlose Wirtschaft mit den Wasserkräften läßt sich heute nicht mehr durchführen, sondern es müssen alle in Betracht kommenden Stellen zusammenwirken, um unter Aufwand kleinster Mittel eine möglichst große Ausnützung der vorhandenen Wassermengen und Gefälle durchzuführen. Zu beachten sind hiebei hauptsächlich folgende Punkte:

1. Die zur Aufstauung und Ableitung des Wassers erforderlichen Stauwehre müssen auf die zulässig kleinste Zahl beschränkt werden, um die Kosten für die teueren Wehranlagen nach Möglichkeit auf verschiedene Stufen zu verteilen.

2. Die Staustufen und Kanäle sind so anzulegen, daß das Baurisiko möglichst herabgesetzt wird, Schäden durch Hochwasser vermieden werden und die Anlagekosten sowie der Aufwand für Unterhaltung ein Minimum werden.

3. Die auszunützende Flußstrecke ist so aufzuteilen, daß die einzelnen Staustufen dem jeweiligen Bedürfnis entsprechend nacheinander ausgebaut werden können.

4. Die Ausnützung der Wassermengen und der Gefälle muß so hoch als möglich getrieben werden. Zu diesem Zweck sollen die Gefällsverluste in den Kanälen möglichst klein gehalten werden; wenn nötig, soll der Kanal mit einer wasserdichten Betonauskleidung versehen werden.

5. Die maschinelle Anlage soll große Maschineneinheiten erhalten und derart angeordnet werden, daß sie einen geringstmöglichen Raumaufwand erfordert.

6. Die Anlage ist möglichst mit einer Speicherung, wenigstens für Tagesausgleich zu verbinden, so daß die jährliche Kraftstundenleistung möglichst hoch getrieben werden kann.

7. Bei größeren Kanälen ist gegebenenfalls auf die Schiffahrt Rücksicht zu nehmen.[1]

Diese Punkte gelten in erster Linie für Niederdruckanlagen, sind jedoch auch für Hochdruckanlagen sinngemäß anzuwenden.

Beispiele von neueren Anlagen dieser Art sind die Lechwerke am Lech sowie vor allem das Kraftwerk der Mittleren Isar, welches die Isarstrecke von München bis unterhalb Moosburg mittels eines Wehres ausnützt. Zu beachten ist bei Anlagen mit mehreren Stufen, daß die einzelnen Kraftwerke miteinander verbunden sind und deswegen nicht

---

[1] Siehe auch Hallinger 1916 „Unsere Niederdruckwasserkräfte, ihre Erschließung und Verwertung".

unabhängig voneinander betrieben werden können. Es ist deshalb für zweckmäßige Reguliereinrichtungen, Ausgleichs- und Leerlaufvorrichtungen u. dgl. Sorge zu tragen.

§ 13. Wehre.

Sowohl bei Hochdruck- als auch bei Niederdruckanlagen ergibt sich im allgemeinen folgender Aufbau:

  a) Stauwerk mit Wasserfassung,
  b) Zuleitung des Wassers vom Flusse zum Krafthaus (Wassertransportanlage),
  c) Verarbeitung des Wassers in den Turbinen,
  d) Ableitung des Wassers in sein natürliches Abflußgerinne (Unterwasserkanal).

Hierzu kommen noch die erforderlichen Nebeneinrichtungen, wie Leerläufe, Umläufe, Überläufe, Reguliereinrichtungen, Absperrvorrichtungen usw.

Die Wasserfassung geschieht fast ausschließlich durch Einbau eines Wehres in das Flußgerinne oder durch Anlage einer Talsperre. Seltener kann ein natürlicher Wasserfall oder ein hochgelegener See direkt ausgenützt werden, wobei lediglich der Einbau von Regulierschleusen für den Abfluß erforderlich ist. Vom Wehr oder von der Talsperre aus wird das Wasser durch ein Einlaufbauwerk in einen Oberwasserkanal oder in einen Stollen eingeleitet und läuft bis zum Vorbecken oder Wasserschloß, von wo aus das Wasser bei Niederdruckanlagen direkt ins Krafthaus, bei Hochdruckanlagen in die Druckleitung übergeführt wird. Vom Krafthaus aus wird das Wasser durch den Unterwasserkanal wieder abgeführt.

Die Wasserfassung gestaltet sich bei Niederdruckanlagen, wo es sich meist um größere, breite Flüsse handelt, umfangreich und kostspielig, daher wird der Einbau von Wehren an solchen Flüssen möglichst beschränkt. Bei Hochdruckanlagen handelt es sich meist um die Ausnützung kleinerer Flüsse, es ist daher die Wehranlage hier einfacher und kleiner, sofern sie nicht als Talsperre ausgebildet wird. Mit der Wasserfassung ist fast immer ein Aufstau des Wassers verbunden, teils zur Gewinnung von Gefälle, teils um die erforderliche Druckhöhe zur Fortleitung des Wassers zu erhalten.

Nach der Art des Einbaues der Wehre in das Wasser unterscheidet man Grundwehre und Überfallwehre, und zwar je nachdem der Unterwasserspiegel höher oder tiefer als die Wehrkrone liegt. Wehre ohne Aufstau sind die Zeilenwehre und die Streichwehre. Die Wehre gliedern sich im allgemeinen in einen festen und in einen beweglichen Teil. Der feste Teil wird als gewöhnliches Überfallwehr ausgebildet und senkrecht oder schief zur Flußachse gestellt. Neben dem festen Teil sitzen die beweglichen Teile, welche zur Ableitung des Hochwassers sowie als Grundablaß zur Abführung von Geschieben, Kies, Eis usw. dienen. Auf Abführung von Geschieben ist insbesondere bei Gebirgsanlagen zu achten. Außer diesen bei einer Wehranlage stets notwendigen Teilen sind je nach den örtlichen Verhältnissen noch ein Fischpaß, eine Floßgasse, eine Schiffsschleuse, Durchleitung von Kanalisationsleitungen, Einrichtungen für Wasserentnahme zu landwirtschaftlichen und Gebrauchszwecken, Schutzeinrichtungen gegen Hochwasser, Überführung von Straßen u. dgl. vorzusehen.

Bezüglich der Konstruktion und Ausführung der Einzelteile einer Wehranlage sei auf die Spezialliteratur (Ludin, Koehn, Rümelin, Lueger usw.) verwiesen und nachstehend nur das Wichtigste angeführt. Der feste Wehrteil wird heute fast ausschließlich aus Beton, in besonderen Fällen aus Eisenbeton hergestellt. Für die beweglichen Teile haben sich eine Reihe von Konstruktionen herausgebildet, welche je nach den örtlichen und Betriebsverhältnissen zur Anwendung gelangen. Für einfachere kleinere Wehre werden zum Verschluß der verschiedenen Wehröffnungen (Grundablaß, Hochwasserabführung, Floßgasse, Kanaleinlauf usw.) einfache Gleitschützenkonstruktionen mit eisenarmierten imprägnierten Fichten- oder Föhrenholztafeln angewandt. Die Schützen werden bei kleineren Dimensionen von Hand, bei größeren Dimensionen sowohl von Hand als auch mittels Elektromotoren betrieben; sie sind meist in 2 oder 3 Felder unterteilt. Bei größeren Öffnungen und größeren Wasserdrücken reicht die Festigkeit einfacher Schützentafeln nicht mehr aus, es muß daher zu kräftigeren Konstruktionen gegriffen werden. Hierfür kommen das Stoneywehr, das Rollenschützenwehr und das Walzenwehr in Betracht. Diese Wehre können für jede beliebige Wasserhöhe und für jede Spannweite gebaut werden. Das erstgenannte Wehr wurde früher für hohe Wasserdrücke häufig angewandt und beruht auf dem Gedanken, daß der eiserne Verschlußkörper gegen Rollwagen angedrückt wird, welche bifilar in den Mauernischen der Wehrpfeiler aufgehängt sind und beim Aufziehen den halben Weg des Verschlußkörpers zurücklegen. Die Dichtung wird durch einen Gußeisenstab bewirkt. Die Rollenschützen bestehen ebenfalls aus eisernen Verschlußkörpern. Dieselben sind mit Stahlrollen versehen, welche auf gehobelten Führungsschienen laufen und dadurch ein leichtes Bewegen der Schützen ermöglichen. Die Rollenschützen werden bei großer Stauhöhe mehrteilig ausgebildet. Sie haben sich bei Spannweiten bis zu 20 m und bei Stauhöhen bis 15 m bewährt[1]). Am meisten anpassungsfähig an stark wechselnde Verhältnisse, insbesondere bei Vorhandensein größerer Geschiebemengen, bei starker Eisbildung u. dgl., sind die von der Maschinenfabrik Augsburg-Nürnberg in Werk Gustavsburg ausgeführten Walzenwehre. Dieselben gestatten, große Wehröffnungen ohne Einbau von Zwischenpfeilern durch einen einzigen Verschlußkörper derart abzuschließen, daß einerseits eine technisch vollkommene Dichtung erzielt wird, anderseits bei geöffnetem Verschluß die Abfuhr von Hochwasser, Geschieben, Eis usw. ohne Verstopfung und Anstauung möglich ist. Die Walzenwehre gestatten weitesten Spielraum bezüglich der Spannweite, sie sind in Deutschland, Schweden, Norwegen, Finnland usw. bis zu 50 m Spannweite und bis zu 10 m Stauhöhe ausgeführt[2]). Die vorbeschriebenen Schützen werden ebenfalls für Elektromotorenbetrieb eingerichtet, jedoch müssen alle Wehre bei Versagen des Motorengetriebes auch von Hand bedienbar sein.

In neuerer Zeit wurden außerdem zahlreiche Sonderkonstruktionen ausgebildet, die für die verschiedensten klimatischen Verhältnisse anpassungsfähig sind. Die wichtigsten sind die Klappenwehre und die Sektorwehre[3]), die meist selbsttätig eingerichtet werden und ohne Motore nur durch den Wasserdruck selbst bewegt werden. Hierher gehören ferner die Trommelwehre, Segmentwehre u. dgl., auf die hier nicht näher eingegangen werden soll[4]).

Neben den Wehren sind als Notverschlüsse geeignete Dammbalkenverschlüsse vorzusehen. Die Dammbalken bestehen bei kleineren Spannweiten aus Holz, bei größeren werden sie aus Formeisen, aus Blechträgern oder aus Fachwerk hergestellt. In den Baukörpern sind die für die Dammbalken erforderlichen Nuten vorzusehen.

Talsperren[5]) werden an Stelle der Wehre dort angelegt, wo mit der Anstauung des Wassers eine Aufspeicherung desselben oder eine größere Erhöhung des Gefälles oder beides verbunden werden soll. Talsperrenmauern sind bis zur Höhe von 100 m ausgeführt worden. Sie werden als geschüttete Staukörper (Erd- oder Steindämme) oder aus Beton

---

[1]) Beispiele: Anlage Laufenburg a. Rh., Anlage Augst-Wyhlen a. Rh., Anlage Murgwerk mit Doppelschützen.

[2]) Walzenwehranlagen in Schweinfurt, Mainaschaff, Hanau, Saalachwehr, Trolhättan i. Schweden, Glommen in Norwegen u. a.

[3]) Z. B. Wehranlage in der Weser bei Bremsen mit 54 m. l. W. bei 4,5 m Stauhöhe.

[4]) Über selbsttätige Stauvorrichtungen siehe Schweizerische Wasserwirtschaft 1919, Heft 15 bis 18.

[5]) Siehe hierüber auch Seite 42 u. f., Einzelheiten siehe „Ziegler, Talsperrenbau".

oder Mauerwerk, oder in aufgelöster Bauweise errichtet[1]). Ihre Abdichtung wird durch geeignete Dichtungseinlagen oder durch äußeren Anstrich mit bituminösen Anstrichmitteln erzielt[2]).

Für Abführung überschüssigen Wassers ist durch Einbau ausreichender Überfälle, für Entleerung des Staubeckens durch Entleerungsleitungen Sorge zu tragen, ferner sind die erforderlichen Sickerungen und sonstigen Nebeneinrichtungen anzulegen.

§ 14. Kanaleinlauf.

Seitlich des Wehres wird der Kanaleinlauf derart angeordnet, daß die vom Fluß mitgeführten Geschiebe und Kiesmengen nicht in den Kanal gelangen können. Man legt zu diesem Zweck den Kanaleinlauf möglichst an die Innenseite der Flußkrümmungen und gründet die Einlaufschwelle um 1—2 m höher als die Flußsohle. Ferner wird durch geeignete Maßnahmen dafür gesorgt, daß tote Räume vor der Einlaufschwelle, welche zur Wirbel- und Walzenbildung Veranlassung geben könnten, vermieden werden. Der Kanaleinlauf soll möglichst nahe an den Grundablaß herangerückt und zur Verminderung der Wassergeschwindigkeit ($v = 0,4$ bis $0,8$ m/sek) möglichst breit gemacht werden.

Trotz aller dieser Maßnahmen läßt es sich nicht vermeiden, daß im Laufe der Zeit Geschiebe, Sand und Kies in den Kanal hineingelangen. Es wird deshalb hinter dem Kanaleinlauf ein Klärbecken angelegt, in welchem sich die noch mitgeführten Sinkstoffe niedersetzen können. Das Klärbecken wird möglichst groß gewählt, so daß keine größere Wassergeschwindigkeit als $0,2$—$0,3$ m/sek in demselben herrscht. Am Ende des Klärbeckens ist ein Grund- oder Spülauslaß vorzusehen, durch welchen das Becken nach dem Unterwasser zu ausgespült werden kann[3]). Die Klärung des Wassers ist von erheblicher Wichtigkeit bei Hochdruckanlagen, deren Wasser meist sandhaltig ist, insbesondere dann, wenn dasselbe direkt in Stollen übergeführt wird. In solchen Fällen werden noch Grob- und Feinrechen zur Abhaltung von fremden Körpern angeordnet (Murgwerk). Reichen diese Vorrichtungen nicht mehr aus, so

---

[1]) Eine der größten neueren Betontalsperren ist die 109 m hohe Schräh-Sperre des Wäggitalwerkes in der Schweiz, siehe Schweiz. Bauztg. 1921 und Elektrojournal 1922, Heft 11/12. Eine geschüttete Sperre von 60 m Höhe wird im Sorpetal (Deutschland) errichtet.

[2]) Besonders gute Dichtung wird durch das „Torkretverfahren" (Zementspritz- oder Betonspritzverfahren) erzielt.

[3]) Eine neue Konstruktion zur Abhaltung von Geschieben und Sand vom Kanaleinlauf wurde von Dr. H. Thoma angegeben: Die Ausführung von Kanaleinläufen mit gespülter Schwelle. Hierbei sollen Sand und Geschiebe durch besondere unter dem Einlauf liegende Spülkanäle in das Unterwasser abgeführt werden.

muß zu einer Siebung oder Filtrierung des Wassers gegriffen werden, da sonst bei hohem Druck die Turbinen durch den vom Wasser mitgeführten Sand in kürzester Zeit ausgeschliffen werden[1]).

Um den Wasserzufluß zum Kanal regulieren zu können, wird der Einlauf durch ein- oder mehrfache Absperrschützen abgeschlossen, wobei größere Einläufe in mehrere Felder unterteilt werden. Die Schützen sind meist einfache hölzerne oder eiserne Fallenschützen, da es sich beim Kanaleinlauf selten um höhere Wasserdrücke handelt. Sie werden durch Hand oder durch einen fahrbaren Motorwagen bedient.

Bei größeren Niederdruckanlagen tritt häufig an Stelle des Kanaleinlaufs das Turbinenhaus. Auch hier werden zum Abschluß Schützenanlagen mit Grundablässen, Eisfällen, Leerschüssen usw. und zur Reinigung des Wassers geeignete Rechen- und Kläranlagen angeordnet. Bei solchen Anlagen werden jedoch die Schützen größer und umfangreicher; sie bilden hier häufig gleichzeitig die Stauanlage.

§ 15. Kanäle.

An die Einlaufeinrichtungen schließt sich der Oberwasserkanal an, welcher je nach den örtlichen Verhältnissen als offenes Gerinne oder als Stollen oder als Kombination zwischen beiden Arten ausgeführt wird. Die sekundliche Wassermenge Q und die Wassergeschwindigkeit v im Kanal bestimmen den nötigen wasserbenetzten Querschnitt F des Kanalprofils; die Geländeverhältnisse bestimmen die Form des Profils; der Rauhigkeitsgrad von Kanalsohle und Kanalwänden bestimmt zusammen mit der Wassergeschwindigkeit und der Profilform das sich im Kanal einstellende Spiegel- oder Rinngefälle h_r, welches nötig ist, um das Wasser im Kanal zu transportieren. Dieses Rinngefälle ist für die Kraftausnützung naturgemäß nicht verwertbar und stellt einen Verlust dar, der im Interesse der Wirtschaftlichkeit möglichst klein zu halten ist, der aber anderseits im richtigen Verhältnis zum Wert der gewinnbaren Kraft stehen muß. Je weiter und glatter die Kanäle gehalten werden, desto kleiner ist der Gefällsverlust, desto höher sind aber auch die Baukosten. Kleinere Wassermengen brauchen mehr, größere Mengen weniger Gefälle. Man treibt heute die Gefällsausbeute möglichst hoch, wendet höhere Wassergeschwindigkeiten als früher an und versieht die Kanäle, falls sich eine wirtschaftliche Ausbeute mit Erdkanälen nicht mehr erreichen läßt, mit einer glatten und dichten Betonauskleidung über

---

[1]) Beispiel einer umfangreichen Siebanlage: Werk Chippis der Aluminiumindustrie-A.-G., beschrieben in der Schweizerischen Bauzeitung 1911, Band 58, Nr. 8, 9, 11.

das ganze Profil und auf der ganzen Länge der Kanäle. Zu beachten ist, daß der Wasserspiegel und die Wassermenge in den Kanälen weniger veränderlich ist wie im Flusse selbst, da durch die Kanaleinlaufschleusen eine beliebige Regulierung der Wasserverhältnisse im Kanal möglich ist.

Die Wassergeschwindigkeit kann angenommen werden:

in Erdkanälen mit $v = 0{,}5{-}1{,}0 {-}1{,}25$ m/sek,

in Betonkanälen mit $v = 1{,}0{-}1{,}25{-}1{,}6$ m/sek,

wobei die erstere Ziffer ungefähr die Wassergeschwindigkeit bei Niederwasser, die letztere Ziffer diejenige bei der größten den Kanal durchfließenden Wassermenge darstellt. Bei sehr großen Wassermengen werden zwecks Verringerung des Kanalquerschnittes bei glatter Auskleidung des Kanals Geschwindigkeiten bis 2 m/sek angewandt. Unter 0,4—0,5 m/sek soll die Geschwindigkeit auch bei Niederwasser nicht sinken, weil sonst im Kanal Ablagerungen von Sand und Schlamm entstehen, welche häufige Reinigungen notwendig machen, und weil hierbei mit stärkerer Eisbildung zu rechnen ist. Bei stark sandhaltigem Wasser müssen bei längeren Kanälen nicht nur am Kanalanfang und am Kanalende, sondern auch auf der Strecke mit Leerschützen versehene Sandfänge angeordnet werden, damit der Sand Gelegenheit findet, sich an Stellen abzulagern, an welchen er durch Aufziehen der Schützen leicht entfernt werden kann. Die Geschwindigkeit in solchen Sandfängen kann mit 0,2—0,3 m/sek gewählt werden. In ähnlicher Weise ist für Eisabführung Sorge zu tragen, wozu eine Geschwindigkeit von über 1,2 m/sek erforderlich ist.

Das Rinngefälle oder Spiegelgefälle kann

bei Erdkanälen mit 0,1—1,0⁰/₀₀, d. s. 0,1—1 m auf 1 km Kanallänge,

bei Betonkanälen mit 0,05—0,2⁰/₀₀, d. s. 0,05—0,2 m auf 1 km Kanallänge

vorgesehen werden. Die niedrigeren Ziffern gelten für größere, die höheren für kleinere Kanäle.

Aus der Wassermenge Q und der gewählten Geschwindigkeit v ergibt sich nun der erforderliche Kanalquerschnitt F zu

$$F^{qm} = \frac{Q^{cbm/sec}}{v^{m/sec}} \quad \cdot \quad \cdot \quad \cdot \quad \cdot \quad \cdot \quad \cdot \quad \cdot \quad (19)$$

Die Form des Kanalquerschnitts ist möglichst günstig zu wählen, d. h. so, daß der benetzte Umfang p möglichst klein und damit der Profilradius $R = \dfrac{F}{p}$ möglichst groß wird. Die jeweiligen örtlichen und baulichen Verhältnisse, etwaige Eis- und Schlammgefahr, sind bei Wahl der Querschnittsform entsprechend zu berücksichtigen.

Offene Kanäle sind meist trapezförmig, wobei die Neigung der Böschungen sich nach der Festigkeit der Kanalwände richtet. Bei Erdkanälen müssen demnach im allgemeinen flachere Böschungen angewendet werden als bei verkleideten Kanälen, und zwar wählt man bei Erdkanälen im allgemeinen Böschungen von 1:2 bis 1:1,5, bei befestigten Kanälen 1:1,5 bis 1:1. Gemauerte Kanäle, wie sie in der Nähe von Kunstbauten (Brücken u. dgl.), von Ortschaften, bei besonders engen Stellen u. dgl. vorkommen, werden mit stark geneigten oder mit senkrechten Wänden ausgeführt. Für sanfte allmähliche Übergänge zwischen den verschiedenen Profilen einer Kanalstrecke ist Sorge zu tragen.

Die Tiefe der Kanäle kann im allgemeinen bei Erdkanälen mit 2—4 m, bei befestigten Kanälen mit 3—8 m vorgesehen werden. Bei Tiefen über 2 m wird eine starke Verminderung der Eis- und Algenbildung erzielt, daher sollen, wenn möglich, eher größere als kleinere Tiefen gewählt werden. Die Wahl der Tiefe hängt allerdings erheblich von den örtlichen Verhältnissen ab. Bei großen Wassermengen kann über die angegebenen Zahlen noch hinausgegangen werden.

Zur Befestigung sowie zur Erzielung der Dichtigkeit der Kanalsohle und der Kanalwände kann außer Betonverkleidung auch Ausmauerung mit Bruchsteinen oder Ziegelsteinen, Pflasterung, Kiesbelag, Verkleidung mit Holz u. dgl. in Betracht kommen. Erdkanäle werden zwecks Dichtung mit einem Lettenschlag oder mit einer Sandschüttung überdeckt. Kanäle in gutem Felsen können ohne Verkleidung ausgeführt werden. Auf Anordnung von Sickerungen und Drainagen, Dehnungsfugen bei Betonverkleidungen u. dgl. sei hingewiesen.

Die endgültige Bestimmung der Form des Kanals, der Sohlenbreite, der Tiefe, der Böschungen, der Verkleidung usw. kann erst nach Berücksichtigung aller in Frage kommenden Faktoren vorgenommen werden. Es ist zu diesem Zweck notwendig, mehrere Kontrollrechnungen mit den vom Kanal zu führenden verschiedenen Wassermengen Q (Niederwasser, Normalwasser, Höchstwasser) durchzuführen und hierbei die auftretenden Gefällsverluste zu untersuchen.

Bei einem bestimmten Kanalprofil mit dem Wasserquerschnitt F qm, dem benetzten Umfang p in m und dem Profilradius $R = \dfrac{F}{p}$ in m herrscht zwischen Geschwindigkeit v in m/sek und dem Ringgefälle J_r pro Längeneinheit die allgemeine Beziehung für gleichförmigen Ablauf des Wassers:

$$v = k \cdot \sqrt{R \cdot J_r} \quad \ldots \ldots \ldots \ldots \quad (20)$$

worin mit k der sogenannte Rauhigkeitskoeffizient bezeichnet wird.

Der Gefällsverlust (Druckhöhenverlust) h_v bzw. der Rauhigkeitskoeffizient k ist von verschiedenen Forschern wie Weisbach, Bazin, Kutter, Blasius, Lang, Biel u. a. auf empirischem Wege durch eine große Anzahl von Versuchen bestimmt worden, welche in verschiedenen Formeln ausgewertet wurden. Von diesen sind heute am gebräuchlichsten die Formel von Kutter, welche den Rauhigkeitskoeffizient k und diejenige von Biel, welche den Druckverlust h_v angeben.

Die Formeln lauten wie folgt:

Kuttersche Formel:

$$k = \frac{23 + \dfrac{1}{n} + \dfrac{0,00155}{J_r}}{1 + \left(23 + \dfrac{0,00155}{J_r}\right) \cdot \dfrac{n}{\sqrt{R}}} \quad \ldots \ldots \ldots \quad (21)$$

hierin bedeutet:

J_r das Rinngefälle pro Längeneinheit,

R den Profilradius in m,

n den sogenannten Rauhigkeitsgrad,

welcher von der Beschaffenheit der Kanalwände abhängig ist und für Erdkanäle mit etwa 0,025, für Betonkanäle mit etwa 0,015 eingesetzt werden kann (s. Tabelle Seite 55).

Die Bestimmung des Rauhigkeitskoeffizienten nach dieser Formel ist ziemlich umständlich und erfordert mehrere Annäherungsrechnungen; Kutter hat deshalb eine vereinfachte Formel aufgestellt, welche allerdings nur verwendbar ist, wenn $J_r \gtreqless 0,0005$. In diesen Fällen bestimmt sich der Rauhigkeitskoeffizient:

$$k = \frac{100 \sqrt{R}}{m + \sqrt{R}} \quad \ldots \ldots \ldots \ldots \ldots \quad (22)$$

Hierin bedeutet m einen von der Beschaffenheit der Kanalwände abhängigen (von n zu unterscheidenden) Rauhigkeitsgrad, der mit 1 bis 2 bei Erdkanälen und mit 0,3 bis 0,5 bei Betonkanälen (s. Tabelle Seite 55) angenommen werden kann.

Der Druckverlust h_v ergibt sich sodann für eine Kanalstrecke von L^{Meter} zu:

$$h_v^m = J_r \cdot L^m = \frac{L^m v^2}{R} \cdot \frac{1}{k^2} \quad \ldots \ldots \ldots \quad (23)$$

und mit den Kutterschen Beziehungen für k:

$$h_v^{\text{Meter}} = \frac{L^{\text{Meter}} v^2}{R} \cdot \left[\frac{1 + \left(23 + \dfrac{0,00155}{J_r}\right) \cdot \dfrac{n}{\sqrt{R}}}{23 + \dfrac{1}{n} + \dfrac{0,00155}{J_r}} \right]^2 \quad \ldots \quad (24)$$

bzw. soferne $J_r \geqq 0,0005$:

$$h_v'^{\text{Meter}} = \frac{L^{\text{Meter}} v^2}{R} \cdot \frac{\left(1 + \dfrac{m}{\sqrt{R}}\right)^2}{10000} \quad \ldots \ldots \ldots \ldots \quad (25)$$

Bielsche Formel:

Nach Biel ergibt sich der Druckverlust $h_v{}^{\text{Meter}}$ für die Kanalstrecke L^{Meter} direkt zu:

$$h_v = \frac{L\, v^2}{1000\, R} \left[0,12 + \frac{f}{\sqrt{R}} + \frac{0,0003}{(f + 0,02)\, v \sqrt{R}} \right] \quad \ldots \quad (26)$$

wobei f wieder einen von der Beschaffenheit der Kanalwände abhängigen empirischen Koeffizienten darstellt, der mit 0,4 bis 0,5 bei Erdkanälen und mit 0,05 bis 0,15 bei Betonkanälen einzusetzen ist (s. Tabelle Seite 55).

Für die meisten praktischen Fälle genügt eine vereinfachte Form:

$$h_v' = \frac{L\, v^2}{1000\, R} \left(0,12 + \frac{f}{\sqrt{R}} \right) \quad \ldots \ldots \ldots \ldots \quad (26')$$

Die Formeln von Kutter und Biel sind auf gleichartigen Versuchen aufgebaut und führen mit richtig eingesetzten Koeffizienten zu annähernd gleichen Ergebnissen. Die Bielsche Formel ist einfacher in der Anwendung und wird daher neuerdings häufig benützt.

Die Rauhigkeitsgrade n, m und f können entsprechend der geplanten Bauart des Kanals aus folgender Tabelle entnommen werden.

Auf den Unterwasserkanal wird genau dieselbe Berechnungsweise angewandt wie auf den Oberwasserkanal und so der bei Betrieb sich einstellende Spiegelstau H'_{ka} Meter vom Flußspiegel an der Mündung des Unterwasserkanals bis zum Unterwasserspiegel am Maschinenhaus berechnet. In der Summe aus H_{ka} und H'_{ka} (gleich ΣH_{ka}) hat man den gesamten Gefällverlust für Transport des Wassers im Oberwasserkanal von der Länge L_{ka} und im Unterwasserkanal von der Länge L'_{ka} (vgl. Fig. 10).

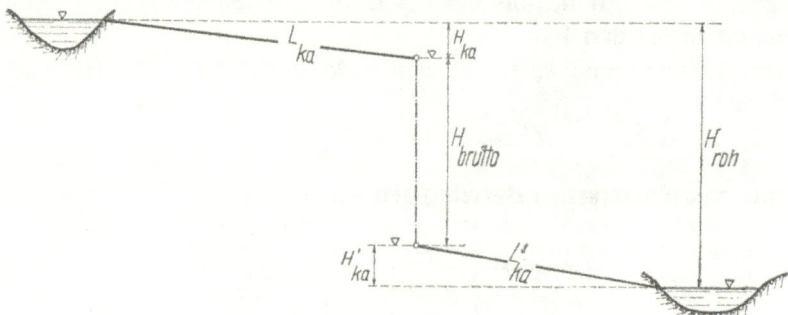

Fig. 10. Roh- und Bruttogefälle.

Mittelwerte der Rauhigkeitszahlen in den Gleichungen von Kutter und Biel.

Beschaffenheit der Wände und Sohle	Kutter allgemein n	Kutter vereinfacht m	Biel f
Sehr glattgeputzter Beton, glattgehobeltes Holz, neue eiserne Rohrleitungen	0,010	0,15	0,015
Gutgefügte Bretter, glattgeputzter Beton, glattes Quadermauerwerk, geschweißte ältere eiserne Rohrleitungen, Eisenbetonleitungen	0,012	0,20	0,03
Gewöhnliche Bretter, Beton, glattes Ziegelmauerwerk, genietete ältere eiserne Rohrleitungen	0,013	0,25	0,06
Bohlenwände, gewöhnliches Ziegelmauerwerk, älterer Beton	0,015	0,35	0,08
Gutes Bruchsteinmauerwerk, Mörtelmauerwerk, rauher Beton	0,016	0,50	0,15
Gewöhnliches Bruchsteinmauerwerk, Betonkanäle mit etwas Sohlenschlamm	0,017	0,60	0,20
Rauhmauerwerk mit schlammiger Sohle, gutes Pflaster	0,020	0,75	0,30
Älteres Mauerwerk mit schlammiger Sohle, gewöhnliches Pflaster	0,022	1,00	0,40
Felsige Wände mit rauher Sohle	0,025	1,5	0,45
Sehr ebener Erdkanal ohne Pflanzen	0,025	1,5	0,45
Erde mit schlammiger oder steiniger Sohle, wenig Pflanzen; rauher Fels	0,027	1,75	0,50
Erde mit Schlamm und Wasserpflanzen, grober Kies, sehr schlechtes Mauerwerk	0,030	2,00	0,75
Schlechter Erdkanal mit viel Pflanzen, Kanal mit grobem Geschiebe, Eis u. dgl.	0,035	2,50	1,05

Oberwasserkanal und Unterwasserkanal sind vollständig gleichartige Bestandteile einer Wasserkraftanlage. Es hängt nur von den örtlichen Verhältnissen ab, wie sich die Länge $\Sigma L_{ka} = L_{ka} + L'_{ka}$ auf Oberwasserkanal und Unterwasserkanal verteilt. In Ausnahmefällen kann man sogar den Oberwasserkanal dadurch ganz zum Verschwinden bringen, daß man eine Flußerweiterung als Wasserschloß ausbaut; ebenso kann der Unterwasserkanal ganz verschwinden, dadurch daß man das Turbinenhaus direkt an den Fluß baut.

Durch die Kanaleinlaufanlagen, Rechen usw. entstehen weitere Gefällsverluste, welche zu ΣH_{ka} zu addieren sind.

Den Höhenunterschied von Flußspiegel an der Wasserfassung bis Flußspiegel an der Mündung des Unterwasserkanals bezeichnet man als Rohgefälle der Anlage. Aus diesem Rohgefälle, das durch Messung festzustellen ist, ergibt sich das Bruttogefälle der Anlage durch Abziehen von ΣH_{ka} und der Kanaleinlaufverluste.

Wenn im Ober- oder Unterwasserkanal vollaufende oder nicht vollaufende Stollen vorkommen, so ändert sich in der vorstehend angegebenen Berechnung des Bruttogefälles nichts. Bei guter Ausführung der Stollenwände setzt man hier den Rauhigkeitsgrad m gleich 0,5 bis 0,25; im übrigen empfiehlt es sich, bei Bestimmung von m nicht den günstigen Anfangszustand der Kanäle und Stollen, sondern den Zustand, der sich nach längerer Betriebsdauer einstellt, zugrunde zu legen.

Düker aus Blechrohren, welche gelegentlich bei Unterführungen oder Überführungen in die Kanäle eingeschaltet werden müssen, werden mit etwa 1,2 bis 2,2 m/sek Wassergeschwindigkeit in gleicher Weise berechnet wie Rohrleitungen (s. Seite 69). Das Anfangsrohr und das Endrohr solcher Düker muß als stark erweitertes konisches Trichterrohr ausgeführt werden.

Bei der Festsetzung der Kanalquerprofile ist zu beachten, daß beim Oberwasserkanal an der Wasserfassung und beim Unterwasserkanal an der Mündung die Wassertiefe durch Flußspiegel und Flußsohle festgelegt ist; man muß daher hier die Einlaufbreite bzw. Mündungsbreite so groß machen, daß der der Kanalgeschwindigkeit v_{ka} bzw. v'_{ka} entsprechende Durchtrittsquerschnitt für das Wasser vorhanden ist.

§ 16. Stollen.

Die Stollen werden an Stelle der Kanäle dort angewandt, wo die Wasserfernleitung im offenen Gelände nicht möglich ist, bzw. zu große Umwege erfordert, oder wo es sich um Durchleitung durch Gebirgsstöcke handelt, oder schließlich wo das Wasser aus Stauweihern und Talsperren in größerer Tiefe entnommen wird. Man unterscheidet Freispiegelstollen, welche gewöhnlich nicht ganz vollaufen und deshalb keinen inneren Überdruck besitzen, und Druckstollen, welche einem dem vor dem Stollen herrschenden Wasserspiegel entsprechenden Überdruck ausgesetzt sind. Bei den Freispiegelstollen ist für gute Entlüftung zu sorgen, dagegen ist bei den Druckstollen darauf zu achten, daß im normalen Betrieb keine Luft in den Stollen eindringen kann, da sonst Störungen und Verluste beim Durchfluß des Wassers entstehen würden.

Als Querschnittsform wird zweckmäßig der Kreis oder eine dem Kreis angenäherte Form gewählt, doch ist auf bequeme Begehbarkeit Rücksicht zu nehmen. Die Stollen werden je nach ihrer Verwendung und je nach der Art des Gesteins, welches sie durchdringen, mit oder ohne Ausmauerung versehen. Druckstollen sind, wenn sie nicht gerade durch sehr festes Granitgestein führen, stets auszumauern, und zwar erhalten sie im allgemeinen eine Auskleidung aus Beton von 30 bis 50 cm Stärke. Gefährliche Druckstellen sind mit verstärkter Ausmauerung zu versehen und erforderlichenfalls mit Eisenbeton zu armieren. Freispiegelstollen erhalten in schlechterem Felsgestein ebenfalls eine Auskleidung mit 25 bis 35 cm Stärke. Sehr zweckmäßig zur Erzielung einer festen Auskleidung ist auch die Aufbringung einer genügend starken Torkretschicht, was neuerdings vielfach angewendet wird. Bei Druckstollen ist die Auskleidung stets mit einem guten und dichten Zementglattstrich zu versehen.

Die Ausmauerung muß, insbesondere bei Druckstollen, satt an den Felsen anschließen. Verwitterte Stellen und Hohlräume werden vor der Ausmauerung mit fettem Beton oder Zementmörtel abgedichtet. Die Auskleidung ist an der Sohle und an den Seiten fest und sorgfältig zu stampfen. Am Scheitel des Stollengewölbes ist naturgemäß ein sorgfältiges Stampfen sehr schwierig, man kleidet daher bei wichtigen Stollen den Scheitel mittels Formsteinen aus Beton oder aus Klinkern auf eine Bogenlänge von etwa 1½ bis 2 m aus. Diese Formsteine werden dann noch mit Beton hinterstampft und zur größeren Sicherheit nach Fertigstellung der Ausmauerung durch unter Druck eingespritzten Zement abgedichtet. Die hierfür erforderlichen Rohrleitungen sind von vornherein vorzusehen.

Für ausreichende Entwässerung ist durch Anlegung von Sickerungen unter der Sohle (Zementrohre, Tonrohre) Sorge zu tragen.

Die Druckverluste in Stollen werden nach den gleichen Formeln berechnet wie diejenigen in offenen Kanälen. Es ist demnach der Reibungsverlust im Stollen von der Länge L_{st}:

$$h_r = \frac{L_{st} \cdot v^2}{R} \cdot \frac{1}{k^2}.$$

Hiezu kommt noch die zur Erzeugung der Geschwindigkeit v nötige Druckhöhe $\frac{v^2}{2g}$ sowie der Verlust im Stolleneinlauf, der aber bei guten Übergängen vernachlässigt werden kann.

Der Gesamtverlust ist somit

$$h_{st} = \frac{v^2}{2g} + \frac{L_{st} \cdot v^2}{R} \cdot \frac{1}{k^2} \quad \cdots \cdots \cdots \quad (27)$$

Die Geschwindigkeit in Stollen wird allerdings zur Verringerung des

Querschnitts meist erheblich größer gewählt als in Kanälen, und zwar wird

in Freispiegelstollen v mit 1,5—2,5 m/sek,

in Druckstollen v „ 2,0—3,5 „

angenommen. Zur Ersparnis an Querschnitt können bei größeren Wassermengen Geschwindigkeiten bis 4 m/sek angewendet werden, doch empfiehlt sich dies mit Rücksicht auf die Gefällsverluste nur bei kurzen Stollen mit glatten Wänden. Das Sohlengefälle der Stollen kann mit 0,75 bis 2,5 %/oo je nach Größe, Wassermenge und Geschwindigkeit gewählt werden[1]).

Der Stolleneinlauf muß mit den nötigen Absperrvorrichtungen versehen werden, wobei zur größeren Sicherheit bei wichtigeren Bauten entweder 2 getrennte Vorrichtungen oder Doppelabsperrschützen angewendet werden.

Zur Abhaltung von Sand und Kies sowie Schwimmkörpern, Laub u. dgl. sind vor dem Stolleneingang entsprechende Grobrechen- und Feinrechenanlagen vorzusehen. Da es sich bei derartigen Bauten meist um größere Wassertiefen handelt, werden diese Einrichtungen sehr umfangreich und es ist von vornherein für Reinigungsmöglichkeit derselben Sorge zu tragen. Dies geschieht durch Unterteilung der Rechen sowohl nach Länge als nach Tiefe in der Weise, daß die einzelnen Rechenfelder durch Hebevorrichtungen aus dem Wasser gezogen und auf dem Lande gereinigt werden können.

Ein- und Ausgang der Stollen werden je nach den örtlichen Verhältnissen als Stollenportale ausgebildet.

§ 17. Wasserschloß und Wasserschloßausrüstung.

Am Ende der Wasserzuleitung, bei Niederdruckanlagen also vor den Turbinenkammern, bei Hochdruckanlagen vor den Einläufen zu den Druckrohren, wird ein Vorbecken oder ein Wasserschloß angeordnet. Es dient zum Ausgleich der Spiegelschwankungen im Oberwassergerinne oder Stollen, zum Ausgleich der Massenwirkungen in den Druckrohrleitungen, schließlich zur Klärung des Betriebswassers.

Bei Niederdruckanlagen ist das Wasserschloß meist ein offenes Becken, welches zur Klärung des Wassers einen so großen Querschnitt erhalten muß, daß die Wassergeschwindigkeit weniger als 0,4 m/sek beträgt. Hiernach bestimmt sich die Breite und Wassertiefe und damit

---

[1]) Beispiele: Löntschwerk: $Q_{max} = 10$ m³/sek, $v_{max} = 2,1$ m/sek, $J_r = 2,17$ %/oo; Walchenseewerk, oberer Stollen: $Q_{max} = 25$ m³/sek, $v_{max} = 2,1$ m/sek, $J_r = 0,9$ %/oo; Druckstollen: $Q_{max} = 72$ m³/sek, $v_{max} = 3,8$ m/sek, $J_r = 3$ %/oo.

auch die Formgebung der Ufer und der Sohle im Wasserschloß (Fig. 11 sowie Fig. 3, Seite 7).

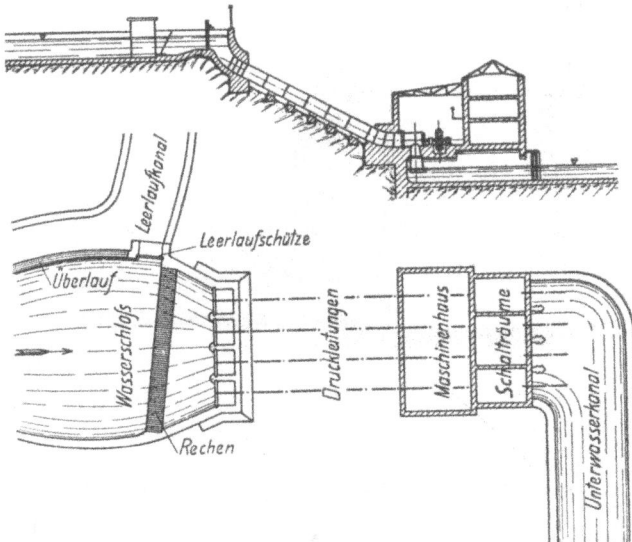

Fig. 11. Vorbecken oder Wasserschloß für Niederdruckanlagen.

Bei Hochdruckanlagen schließt sich das Wasserschloß meist direkt an einen Stollen an, dient weniger zur Klärung des Wassers als zum Druckausgleich im Stollen und in den Druckrohrleitungen. Der Inhalt des Wasserschlosses ist in diesem Falle so groß zu bemessen, daß es im Stande ist, bei plötzlich eintretenden Belastungszunahmen an den Turbinen den Bedarf an Betriebswasser solange zu decken, bis die Wassergeschwindigkeit im Stollen im erforderlichen Maße beschleunigt wurde. Andererseits muß bei plötzlichen Entlastungen das Wasserschloß als Reserve zur Aufnahme des abgebremsten Wassers dienen (Fig. 12)[1].

Das Wasserschloß wird bei Niederdruckanlagen meist aus Beton hergestellt, bei Hochdruckanlagen kommt als Baumaterial Beton oder Eisenbeton in Frage. Wo das Gelände günstig ist, und druckfester Felsen vorhanden ist, kann das Wasserschloß auch in den Felsen eingesprengt werden, wobei Seitenstollen zur Vergrößerung desselben dienen können. (Beispiel: Löntschwerk).

Um beim Stillsetzen der Turbinen Überschwemmungen zu verhindern, wird das Wasserschloß mit einem Überlauf versehen, der so

---

[1] Über Spiegelschwankungen im Wasserschloß und in Rohrleitungen siehe die Aufsätze von Prasil, Mayr, Thoma in Schw. Bauzeitung 1908, Nr. 21; Schweiz. Bauzeitung 1909, Nr. 5 und 16; Beiträge zur Theorie des Wasserschlosses, Oldenbourg 1910.

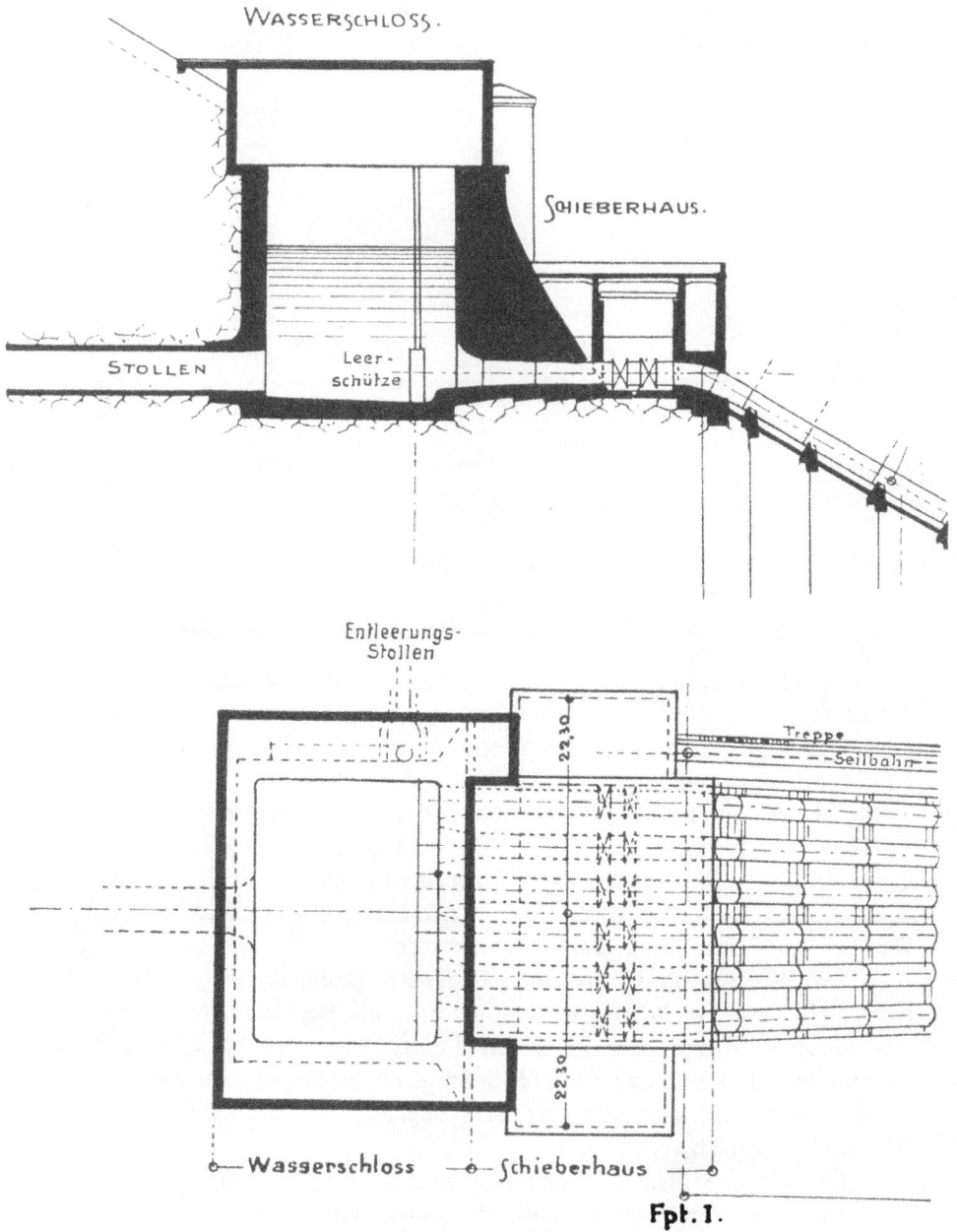

Fig. 12. Wasserschloß für Hochdruckanlagen.

bemessen sein muß, daß die maximale Betriebswassermenge ΣQ bei geringer Überstauung der Überlaufkante vollständig in den Leerschußkanal, der zum Fluß oder ins Unterwasser führt, abgeworfen werden kann. Bezeichnet man die zulässige Überstauung der Überlaufkante mit h (m), so berechnet sich die notwendige Länge l (m) der Überlaufkante aus der Näherungsgleichung:

$$b_{ü}^{(\text{Meter}} = \frac{\Sigma Q^{(\text{cbm/sec})}}{1,86 \; h_{(m)}^{'/_2}} \quad \ldots \ldots \ldots \quad (28)$$

h ist den Verhältnissen entsprechend zwischen 0,10 und 0,50 m anzunehmen.

Das Ansteigen des Wasserspiegels im Wasserschloß bei Stillstand der Zentralen um h wird häufig als lästiger Übelstand empfunden; auch bekommen die Überläufe bei großen Wassermengen ΣQ ganz beträchtliche Längen und werden sehr unbequem. Man ordnet deshalb in neuerer Zeit häufig an Stelle der Überläufe besonders konstruierte Heberleitungen an, welche imstande sind, auch die größten Wassermengen ΣQ fast ohne Spiegelsteigerung h in unschädlicher Weise ins Unterwasser abzuführen[1]).

Die Wasserschloßausrüstung umfaßt für jeden Rohreinlauf, bzw. für jede Turbinenkammer eine Absperrvorrichtung bzw. eine Einlaufschütze, einen für alle Turbinen gemeinsamen Turbinenrechen sowie die Leerlaufschütze. Die letztere dient zum Reinigen des Wasserschlosses und gelegentlich auch zum Regeln des Wasserstandes.

Die Schützen bestehen aus Gestell, Aufzugsmechanismus und Schützentafeln, die durch den Aufzugsmechanismus gehoben und gesenkt werden. Die Schützentafeln werden zweckmäßig aus Holz hergestellt. Man geht jedoch über Bohlenstärken von 250 mm nicht hinaus und muß daher bei größeren Dimensionen oder Wassertiefen zu eisernen Schütztafeln greifen.

Die wasserbenetzte Durchtrittsfläche einer Schütze wird auf Grund einer Durchflußgeschwindigkeit von 0,6 bis 1,0 m pro Sekunde berechnet. Die größere Zahl nimmt man nur bei großen Wassermengen, um die Schützendimensionen zu reduzieren. Bei Wasserkraftanlagen mit vom Wasserschloß bis zu den Turbinen geradlinigen und parallelen Druckrohrsträngen (Fig. 11) ist, wie auch bei offenen Schachtturbinen, die maximal erreichbare Breite der Schützenöffnung durch den Aggregatabstand in der Zentrale festgelegt. Man muß also in diesen Fällen die Wassertiefe so groß machen, daß man mit dieser erreichbaren Breite auskommt.

---

[1]) Ein bekanntes System ist das des Ingenieurs Heyn, wie es auch beim Murgwerk und bei anderen neueren Anlagen ausgeführt wurde.

Die Berechnung der Dimensionen der Leerlaufschütze, welche reichlich groß gemacht werden muß, damit sie ihren Zweck erfüllt, ist in der
Beispielsammlung Beispiel Nr. 20 angegeben.

Die Aufzugsmechanismen der Schützen bestehen aus Winden und
Zahnstangen. Der Antrieb erfolgt bei kleinen und mittleren Schützen
meist von Hand durch Kurbel oder Handrad. Bei größeren Schützen
und wenn in Anlagen mit Rohrleitungen kein Absperrorgan unmittelbar
vor der Turbine angeordnet ist, wird die Schützenwinde zweckmäßig
elektrisch angetrieben. Die maximale Leistung N (Pferdestärken), für
welche der antreibende Elektromotor zu bemessen ist, berechnet sich
bei hölzernen Schützentafeln unter Zugrundelegung der ungünstigsten
Verhältnisse (Anhebung der geschlossenen Schütze bei vollem, einseitigem
Wasserdruck, gleitende Reibung, Trägheitswiderstand im ersten Moment
des Anhebens) aus folgender Näherungsformel:

$$N = \frac{b \, h_0 \sqrt{t} + 4{,}8 \, t^2}{20} \cdot v_s \, b \quad \ldots \ldots \ldots \quad (29)$$

Hierin bedeutet:

b die Tafelbreite in Metern,
h_0 die Tafelhöhe in Metern,
t die Wassertiefe in Metern,
v_s die Hubgeschwindigkeit der Schützentafel in Metern
      pro Minute.

Die normale Hubgeschwindigkeit ist 1 m pro Minute; bei großen
Schützen geht man herunter auf 0,5 m pro Minute, um nicht zu große
Motoren zu bekommen. Die Tafelhöhe h_0 ist bei Leerschützen gleich der
Wassertiefe t; bei Einlaufschützen ist sie um ca. 200 bis 500 mm größer.
Die Größe des überstehenden Randes richtet sich nach der größten zu
erwartenden Überstauung h der Überlaufkante.

Die Motoren sind nur intermittierend im Betrieb und sollen nicht
über 1000 Umdrehungen pro Minute machen; sie sind für Ferneinschaltung
mit Umkehrung der Drehrichtung einzurichten, weil auch das Senken
der Schützentafeln bei der gewöhnlichen Windenkonstruktion nur durch
äußeren Antrieb möglich ist, ferner sind selbsttätige Endausschalter
vorzusehen. Elektrisch angetriebene Leerlaufschützen muß man, wenn sie
auch zum Regulieren des Wasserschloßspiegels dienen sollen, mit einer
Anzeigevorrichtung ausstatten, so daß man ihren Stand im Maschinenhaus
erkennen kann. Der Spiegelstand im Wasserschloß muß dann auch durch
Fernzeiger im Maschinenhaus kenntlich gemacht sein.

Damit der elektrische Schützenantrieb auch bei etwaigem Festklemmen der Schützentafel, Festfrieren u. dgl. nicht versagt, müssen
die Schützenmotoren reichlich groß genommen werden. Die Formel (29)
ist daher so aufgestellt, daß reichliche Motorstärken daraus resultieren.

Auf den Leerschuß ist bei nicht speicherfähigen Anlagen besondere
Sorgfalt zu verwenden, da derselbe bei Abstellung der Turbinen die ganze
Energie des überschüssigen Wassers vernichten muß. Die Leerschußrinne
wird dementsprechend mit möglichst vielen Hindernissen (Absätzen,
Überfällen u. dgl.) sowie möglichst mit Toskammern versehen. Bei
größerem Gefälle wird häufig am Ende des Leerschusses eine besondere
Eisenkonstruktion als Wasserstrahlzerteiler oder eine Bremsturbine zur
Energievernichtung[1]) eingebaut.

Bei Hochdruckanlagen wird das Wasser vom Wasserschloß aus
möglichst geradlinig und unter Vermeidung von Druckverlusten in die
Druckrohrleitungen übergeführt. Nach dem Austritt aus dem Wasserschloß werden Absperrvorrichtungen für die Druckrohrleitungen eingebaut, welche meistens in einem besonderen an das Wasserschloß angebauten Apparatehaus untergebracht werden (s. Fig. 12). Bei wichtigeren
Anlagen werden diese Absperrvorrichtungen doppelt angeordnet, und zwar
können hierfür beliebige Kombinationen zwischen Drosselklappen und
Schiebern verwendet werden. Drosselklappen sind leichter zu betätigen,
schließen aber nicht so dicht wie Schieber. Letztere sind wesentlich teurer,
daher werden bei größeren Anlagen meist Drosselklappen angewandt.

Von den beiden Absperrvorrichtungen wird mindestens eine mit
automatischer Betätigung und Schnellschlußvorrichtung für den Fall
eines Rohrbruches versehen. Der Raum zwischen den beiden Drosselklappen ist zu entwässern, so daß etwaiges Sickerwasser, welches durch die
vordere Drosselklappe noch durchdringt, abgeführt wird. Die mit Hand
betriebene Absperrvorrichtung ist mit einem Umlauf zu versehen. Die
automatische Absperrvorrichtung wird entweder elektrisch oder durch
einen mit Drucköl betriebenen Servomotor betätigt. Die Auslösung der
automatischen Schließvorrichtung ist so vorzusehen, daß dieselbe sowohl
von Hand, als auch vom Krafthaus aus, sowie selbsttätig bei Überschreitung einer bestimmten Geschwindigkeit des Wassers in der Rohrleitung
ausgelöst wird.

Für Entlüftung und Belüftung der Druckrohre ist durch Anbringung
entsprechender Entlüftungsrohre bzw. durch geeignete Entlüftungsventile
zu sorgen.

---

[1]) Bremsturbine von Kreuter, München.

Als Gefällsverlust für das Passieren des Wasserschlosses mit Rechen und Schützen kann bei Projektierungsarbeiten 0,05 bis 0,1 m in Rechnung gesetzt werden. Hat das Wasser (bei Hochdruckanlagen) Drosselklappen oder Schieber zu durchfließen, so sind die hier entstehenden Gefällsverluste noch besonders zu berücksichtigen (s. hierüber Seite 70). Zur Vermeidung unnötiger Gefällsverluste ist darauf zu achten, daß bei Einmündung des Oberwasserkanals bzw. Stollens in das Wasserschloß sowie beim Einlauf in die Druckrohre stetige Querschnittsübergänge erreicht werden, so daß Wirbel- und Trichterbildung möglichst vermieden sind. Auch muß dafür gesorgt werden, daß Einsaugung von Luft in die Rohre oder Turbinen auch bei tiefen Wasserständen ausgeschlossen ist.

Mit Rücksicht auf Fischereiinteressen ist nötigenfalls ein Fischpaß am Wasserschloß (bei Niederdruckanlagen) vorzusehen.

Zur Anzeige des Wasserspiegelstandes im Wasserschloß dient ein besonderes leicht sichtbares Instrument, dessen Angaben durch eine Fernmeldevorrichtung auch im Krafthaus sichtbar sein müssen. Zweckmäßig wird zur fortlaufenden Aufzeichnung des Wasserstandes ein registrierender Anzeiger im Maschinenhaus vorgesehen.

Zur selbsttätigen Einstellung des Wasserstandes können auch Fernschwimmer, welche vom Krafthaus aus durch Hand oder durch den Turbinenregler zu betätigen sind, eingebaut werden; ihre Anwendung empfiehlt sich jedoch nur in besonderen Fällen.

Andere Vorrichtungen zum Druckausgleich.

Ähnlichen Zwecken dienend, jedoch geringwertiger als das Wasserschloß, sind die Standrohre oder Standschächte, welche bei kleineren Anlagen oder bei beschränktem Raum angewandt werden[1]).

§ 18. Sonstige Einrichtungen.

a) Überläufe und Übereiche.

Außer dem Wasserschloß müssen auch längere Kanäle, Stollen u. dgl. eine oder mehrere Überlaufstellen erhalten, durch welche das Wasser bei Wasserstauungen, Betriebsstörungen, Dammbrüchen, Wassereinbrüchen u. dgl. selbsttätig und rasch abgeführt wird. Hierzu dienen Streichwehre und Heber. Die Streichwehre sind bis jetzt am häufigsten angewandt, obgleich sie wesentlich teurer und wesentlich weniger leistungsfähig sind als Heber. Die letzteren sind daher, soweit ihre

---

[1]) Beispiel: Kanderwerk in der Schweiz (El.-Werk Spiez).

Anwendung sich nicht wegen Eisgefahr u. dgl. verbietet, vorzuziehen (Anwendung beim Wasserschloß s. Seite 59).

Bei Bemessung der Überläufe ist darauf Rücksicht zu nehmen, daß Wasserstauungen oft sehr plötzlich erfolgen, daher müssen dieselben reichlich dimensioniert werden. Die Überlaufkante ist so anzuordnen, daß das Wasser nicht zu früh abfließt und hierdurch Verluste entstehen.

Die Berechnung erfolgt nach der Weisbachschen Formel für vollkommene Überfälle:

$$Q = \frac{2}{3}\mu \cdot b \cdot h \cdot \sqrt{2g \cdot h} \ldots \ldots \ldots \ldots (30)$$

wobei Q die Wassermenge in cbm/sek,

b die Überfallbreite in m,

h die Überfallhöhe in m angibt und $\frac{2}{3}\mu$ im Mittel mit 0,42 eingesetzt werden kann.

Für Heber mit dem Querschnitt F (qm) und mit der wirksamen Saughöhe h (m) gilt die Beziehung:

$$Q = \mu \cdot F \cdot \sqrt{2gh} \ldots \ldots \ldots \ldots (31)$$

wobei μ im Mittel mit etwa 0,5 anzunehmen ist.

b) Rechenanlage.

Die Rechen sind bei allen Wasserkraftanlagen erforderlich zur Abweisung von Schwimmkörpern, Laub, Wasserpflanzen, Geschieben, Eis usw. Sie werden angebracht vor Kanaleinläufen, vor Stolleneinläufen, im Wasserschloß, vor den Einläufen in die Druckrohre bzw. vor den Einläufen in die Turbinenkammern. Von der zweckmäßigen Anlage und guten Instandhaltung hängt die Lebensdauer und gute Regulierfähigkeit der Turbinen ab. Der Rechen ist daher ein sehr wichtiger Bestandteil der Wasserkraftanlage.

Man unterscheidet Grob- und Feinrechen. Die Grobrechen dienen zum Abhalten großer Schwimmkörper, wie Treibholz, Baumstämme, größere Geschiebe, größere Eisschollen usw. Sie bestehen aus kräftigen eisernen Formstäben oder Rohren. Die Stäbe werden mit lichten Weiten von 100 bis 300 mm verschiebbar auf kräftigen eisernen Rahmen gelagert. In kälteren Gegenden werden mit Rücksicht auf die Eisgefahr auch starke hölzerne Stäbe verwendet.

Die Feinrechen dienen zur Abhaltung kleinerer Schwimmkörper, Blätter, Sägspäne u. dgl. Sie werden meist aus hochkantgestellten Flacheisenstäben von etwa 8 bis 10 mm Stärke und 80 bis 100 mm Höhe hergestellt. Die Stäbe werden zur Verminderung der Reibung und Wirbelbildung an beiden Enden zugeschärft oder sie erhalten fischbauchartige Köpfe. Noch besser sind Stäbe mit fischförmigen Profilen; jedoch lassen sich diese nur schwer gleichmäßig zusammenstellen. Die lichte Durchflußweite kann mit 25 bis 30 mm angenommen werden.

Der Druckverlust beim Durchtritt durch den Feinrechen kann je nach Ausführung des Rechens und je nach der Wassergeschwindigkeit für überschlägige Rechnungen mit

$$h_r^{(m)} = 0,01 \, v_r{}^2 \text{ bis } 0,03 \, v_r{}^2 \quad \ldots \ldots \ldots \quad (32)$$

angenommen werden, wobei v_r die Durchflußgeschwindigkeit durch den Rechen bedeutet. Dieselbe kann mit etwa 0,5 bis 1,0 m/sek angenommen werden. Die niedrige Zahl ist hierbei anzuwenden an Stellen, wo vor dem Rechen möglichst viel Sand u. dgl. abgesetzt werden soll, z. B. vor Stolleneinläufen, vor Turbinenkammern.

Für genauere Rechnungen kann gesetzt werden:

Druckverlust $\qquad h_r^{(\text{Meter})} = \dfrac{v_r{}^2 - v_0{}^2}{2\,g} \quad \ldots \ldots \ldots \ldots \quad (33)$

wobei v_0 die Wassergeschwindigkeit in m/sek kurz vor dem Rechen, v_r die Durchflußgeschwindigkeit bedeutet. Im allgemeinen kann man bei Feinrechenanlagen den Druckverlust mit 0,01 bis 0,02 m annehmen; bei Grobrechen kann der Druckverlust außer Betracht bleiben.

Wird mit

c die lichte Weite zwischen den Rechenstäben in mm,
d die Stabdicke in mm,
b die gesamte wasserbenetzte Rechenbreite in m,
l die gesamte wasserbenetzte Stablänge in m.
μ ein Kontraktionskoeffizient (gleich 0,75 bis 0,9)

bezeichnet, so ergibt sich die durch den Rechen mit der Geschwindigkeit v_r m/sek fließende Wassermenge zu

$$Q^{(\text{cbm/sec})} = v_r \cdot \mu \cdot \frac{c}{c + d} \cdot b \cdot l \quad \ldots \ldots \quad (34)$$

Aus Gl. (33) und (34) können der nutzbare Rechenquerschnitt und damit Länge und Breite des Rechens sowie die Durchflußgeschwindigkeit und damit der Druckverlust bestimmt werden.

c) Fischpässe.

Es ist noch zu erwähnen, daß häufig mit Rücksicht auf Fischereiinteressen die Anlegung von Fischpässen außer bei den Wehranlagen auch an Wasserschlössern für Niederdruckanlagen durch die Behörden vorgeschrieben wird. Es muß dann ein kleiner Leerlaufkanal, der dauernd Wasser führt und das Gefälle in kleine Stufen aufteilt, vorgesehen werden.

§ 19. Druckrohrleitungen.

Turbinen mit höherem Gefälle, etwa über 15 m, empfangen ihr Wasser, wie in Fig. 4 und 5, Seite 8 und 9 dargestellt, durch Rohrleitungen, welche vom Wasserschloß ausgehen und auf dem kürzesten Weg zum Turbinenhause führen. Sie sind mit möglichst geradliniger und möglichst gleichförmig abfallender Trasse zu projektieren, so daß Krümmungen auf eine Mindestzahl beschränkt werden. Wasserschloß und Maschinenhaus sind so nahe als möglich zusammenzurücken, damit die relative Rohrlänge den erreichbar kleinsten Wert bekommt.

Als Gefällsverlust im Wasserschloß setzt man bei Projektarbeiten für Passieren des Rechens 0,05 m in Rechnung und für den Eintritt des Wassers in den Rohreinlauf ungefähr ebensoviel. Bei Trichterbildung im Wasserschloßspiegel würde dieser letztere Verlust erheblich größer. Es ist daher, um die Trichterbildung unmöglich zu machen, beim Entwurf des Wasserschlosses darauf zu achten, daß die Rohreinläufe möglichst stetige Querschnittsübergänge zeigen und genügend tief unterhalb des Wasserspiegels liegen.

Material. Als Material wird meist Eisen, und zwar Siemens-Martin-flußeisen mit 36 bis 42 kg/qmm Festigkeit und mit mindestens 25% Dehnung verwendet. Für kleinere Drücke kommt in neuerer Zeit auch Eisenbeton, in holzreichen Gegenden Holz oder Holz mit Eisenbewehrung zur Anwendung.

Ausführung. Über die Ausführung der Rohre, insbesondere ob dieselben geschweißt oder genietet werden sollen, lassen sich bestimmte Regeln nicht aufstellen. Bei kleineren Rohrleitungen mit geringen Wandstärken ist im allgemeinen die Nietung vorzuziehen, weil diese Rohre mit Sicherheit berechnet und hergestellt werden können. Für größere Durchmesser und Wandstärken werden häufig geschweißte Rohre angewandt. Die Schweißung kann heute, soweit sie in vertrauenswürdigen Fabriken vollzogen wird (A. G. Thyssen, Mannesmann, A. G. Ferrum) mit genügender Sicherheit hergestellt werden. Diese Rohre besitzen kleinere Reibung als genietete Rohre, lassen sich besser montieren und ergeben einen glatten Rohrstrang mit wenig Nähten. Sie haben jedoch den Nachteil, daß die Festigkeit der Schweißnaht sich rechnerisch nicht sicher erfassen läßt und daß man vollständig auf die Vertrauenswürdigkeit der Schweißer angewiesen ist. Es ist deshalb unbedingt erforderlich, daß diese Rohre nach dem Schweißen ausgeglüht und einer entsprechenden Druckprobe in der Fabrik unterworfen werden. Die Prüfung erfolgt hierbei mit dem 1,5fachen Betriebsdruck, mindestens jedoch mit 10 Atmosphären. Die Rohre werden während der Probe abgehämmert.

Genietete Rohre können in jeder größeren Kesselfabrik zuverlässig hergestellt werden. Sie haben etwas größere Reibungsverluste als die geschweißten Rohre, dies macht jedoch bei größeren Gefällen wenig aus. Zur Verringerung derselben kann halbversenkte Nietung angewendet werden.

Dimensionierung. Bei Berechnung der Leitungen ist nicht nur der innere Überdruck, sondern auch die Drucksteigerung infolge von Wasserstößen sowie der äußere Überdruck im Falle des Leerlaufs zu berücksichtigen. Die Bestimmung der lichten Weite erfolgt auf Grund der größten im Betrieb vorkommenden Wasserführung Q_{ro} cbm unter Annahme einer zulässigen Wassergeschwindigkeit v_{ro} in m/sek. Wie v_{ro} zu bestimmen ist, wird später erörtert (Seite 81). Aus der Wassermenge Q_{ro} und der Geschwindigkeit v_{ro} läßt sich der lichte Rohrdurchmesser D_{ro} ohne weiteres bestimmen:

$$D_{ro}^{(\text{Meter})} = \sqrt{\frac{4}{\pi}\frac{Q_{\cdot o}}{v_{ro}}} = 1{,}13 \sqrt{\frac{Q_{ro}}{v_{\cdot o}}} \quad \cdots \cdots \quad (35)$$

Bei größeren Wassermengen und höherem Gefälle wird der Rohrdurchmesser von oben nach unten stufenweise kleiner, um im unteren Teil nicht zu große Wandstärken zu erhalten (s. auch Seite 73).

Nach Festsetzung des lichten Durchmessers D_{ro} eines Druckrohrstranges sind die in demselben auftretenden Druckverluste zu berechnen. Diese Druckverluste sind auf Seite 9 aufgeführt; sie bestehen aus:

Druckverlust durch Rohrreibung h_{ro},

Druckverlust durch Krümmer h_{kr},

Druckverlust beim Passieren des Absperrorgans vor der Turbine h_{ab}.

Der durch die Rohrreibung verursachte Druckverlust h_{ro} in den einzelnen Rohrstrecken ermittelt sich nach den gleichen Grundsätzen wie die Reibungsverluste in Kanälen und Stollen. Es können demnach hierfür die Formeln von Kutter oder von Biel verwendet werden:

Formel von Kutter:

$$h_{ro}^{(\text{Meter})} = \frac{L_{ro}^{m} \cdot v_{ro}{}^{2}}{D_{ro}^{m}} \cdot \frac{4}{k^2} \quad \cdots \cdots \cdots \quad (36)$$

wobei L_{ro} die Länge der Rohrleitungsstrecke in m, D_{ro} den lichten Durchmesser in m, k den Rauhigkeitskoeffizienten bedeutet.

Für k ergibt sich wie früher mit dem bei kreisförmigen Rohren vorhandenen Profilradius $R_{ro} = \dfrac{D_{ro}}{4}$:

$$k = \frac{100 \sqrt{D_{ro}^m}}{2m + \sqrt{D_{ro}^m}} \quad \ldots \ldots \ldots \quad (37)$$

oder mit $m = 0,25$ (s. Tabelle Seite 55):

$$k = \frac{100 \sqrt{D_{ro}}}{0,5 + \sqrt{D_{ro}}} \quad \ldots \ldots \ldots \quad (38)$$

Formel von Biel:

$$h_{ro}^{(m)} = \frac{L_{ro}^m \, v_{ro}^2}{1000 \, D_{ro}^m} \left(0,48 + \frac{8 f}{\sqrt{D_{ro}}} \right) \quad \ldots \ldots \quad (39)$$

hierbei ist f mit 0,05 bis 0,08 bei genieteten Rohren und mit 0,025 bis 0,05 bei geschweißten Rohren einzusetzen.

Die Formel von Biel ergibt insoferne klarere Verhältnisse, als sie scharf erkennen läßt, daß die Rohrreibungsverluste mit wachsendem Durchmesser kleiner werden.

Für überschlägige Rechnungen läßt sich auch die folgende Formel von Lang verwenden:

$$h_{ro}^{(m)} = \lambda \frac{L_{ro}}{D_{ro}} \frac{v_{ro}^2}{2g} \quad \ldots \ldots \ldots \quad (40)$$

wobei L_{ro}, D_{ro}, v_{ro} wieder in m bzw. m/sek einzusetzen sind. λ kann mit 0,015 bis 0,02 bei genieteten Rohren und mit 0,01 bis 0,015 bei geschweißten Rohren angenommen werden.

Bei Rohrleitungen, welche aus einzelnen Strecken mit verschiedenen Durchmessern oder verschiedener Bauart bestehen, ist, — wenn es auf größere Genauigkeit ankommt —, die Rechnung streckenweise durchzuführen, und es sind die verschiedenen Druckverluste zu addieren. Hierbei kann der Widerstandskoeffizient für Rohre gleicher Bauart gleich angenommen werden.

Beispielsweise ist nach Lang:

$$h_{ro\,gesamt} = \frac{\lambda}{2g} \cdot \left[\frac{L_{1ro} v_{1ro}^2}{D_{1ro}} + \frac{L_{2ro} v_{2ro}^2}{D_{2ro}} + \ldots \right] = \frac{\lambda}{2g} \sum \left(\frac{L_{ro} v_{ro}^2}{D_{ro}} \right) \quad (41)$$

oder, falls die Leitung aus einem genieteten und einem geschweißten Teil besteht:

$$h_{ro/gesamt} = \frac{\lambda_{niet}}{2g} \sum \left(\frac{L_{ro} v_{ro}^2}{D_{ro}} \right)_{niet} + \frac{\lambda_{schw}}{2g} \sum \left(\frac{L_{ro} v_{ro}^2}{D_{ro}} \right)_{schw} \quad (42)$$

Der hiernach bestimmte Druckverlust h_{ro} (Meter Gefällshöhe) entspricht einem Rauhigkeitsgrad der Rohrwände, wie er sich nach längerer Betriebsdauer einstellt. Die Werte gelten auch für glattgestrichene Betonrohre. Eisen- und Stahlrohre verursachen im neuen Zustand etwas weniger Druckverlust; es ist aber zweckmäßig, bei Bestimmung des Nettogefälles nicht mit dem günstigen Anfangszustand, sondern mit dem späteren Betriebszustand der Rohre zu rechnen.

Die Größe h_{kr} — Druckverlust in Metern Gefällshöhe, verursacht durch die in der Rohrtrace vorkommenden Krümmer — bestimmt man bei den üblichen Wassergeschwindigkeiten und bei den üblichen Krümmungshalbmessern von zwei- bis viermal Rohrdurchmesser oder mehr genügend genau aus der reichliche Werte ergebenden Gleichung

$$h_{kr}^{meter} \cong \frac{\Sigma \, \delta^0}{1000} \quad \cdots \cdots \cdots \cdots (43)$$

Hierin bedeutet der Ausdruck $\Sigma \delta^0$ die Summe aller Ablenkungswinkel δ, δ' usw. in Grad (siehe Fig. 13), welche in der Rohrachse vom Wasserschloß an bis zum Leitapparat der Turbine vorhanden sind.

Einer genaueren Berechnung von h_{kr} aus den Einzelwerten $\mathfrak{h}_{kr}$ der aufeinanderfolgenden Krümmer auf Grund der angewendeten Krümmungshalbmesser R_{kr} nach folgender Formel und Tabelle

$$\mathfrak{h}_{kr} = \frac{\delta^0}{90} \frac{v^2}{2\,g} \cdot \zeta \quad \cdots \cdots \cdots \cdots \cdots (44)$$

$\dfrac{R_{kr}}{D_{ro}} =$	1	1,2	1,4	1,6	1,8	2	3	4	5	6
$\zeta =$	0,294	0,223	0,183	0,164	0,152	0,145	0,134	0,132	0,1315	0,131

steht natürlich nichts im Wege.

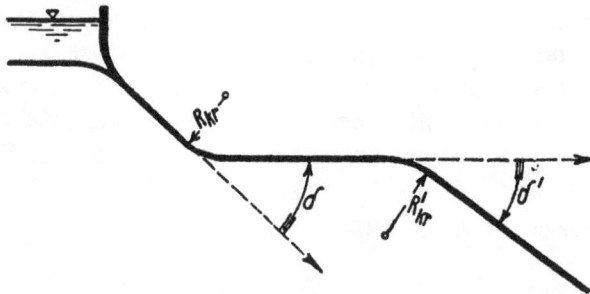

Fig. 13.

Der Druckverlust h_{ab}, verursacht durch das Absperrorgan der Turbine, richtet sich nach der Art dieses Absperrorgans. Es kommen gewöhnlich entweder Drosselklappen oder Wasserschieber in Frage und es muß in jedem einzelnen Fall geprüft werden, was zu wählen ist. Beide Arten von Absperrorganen haben ihre Vorteile und Nachteile. (s. hierüber Seite 63). Die notwendige Lichtweite wird in beiden Fällen auf Grund der zulässigen Wassergeschwindigkeit bestimmt. Da die Wasserschieber in geöffnetem Zustand dem Wasser den Weg vollständig freigeben, so kann man hier bis auf 7 bis 10 m pro Sekunde gehen. In Drosselklappen dagegen überschreitet man mit Rücksicht auf die ungünstigeren Durchflußverhältnisse die Wassergeschwindigkeit 3 bis 5 m/sek nicht und hat bei Bestimmung der Lichtweite die durch die geöffnete Klappe verursachte Raumversperrung zu berücksichtigen.

Für den Anschluß der Druckrohrleitung an die Turbine unter Zwischenschaltung des Absperrorgans hat man nun bei Spiralfrancisturbinen die in Fig. 14 dargestellte Sachlage.

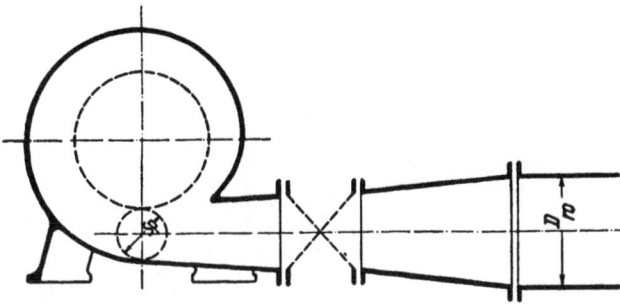

Fig. 14. Anschluß einer Spiralturbine an die Druckrohrleitung.

Die Durchmesser D_{ro} und Sp sind verschieden. Je größer das Gefälle ist, um so größer ist der Unterschied. Die Lichtweite des Absperrorgans wird ungefähr gleich dem Mittel aus beiden gewählt, doch muß kontrolliert werden, ob dabei die zulässige Wassergeschwindigkeit nicht überschritten wird. Vom Absperrorgan aus sind nach beiden Seiten konische Übergänge anzuordnen. Handelt es sich um Freistrahlturbinen, so wird die Lichtweite des Absperrorgans in ähnlicher Weise bestimmt.

Für Gefälle zwischen 10 und 30 m und große Wassermengen baut man häufig nicht Spiralturbinen, sondern sogenannte Kesselturbinen. Das sind ein- oder mehrfache Francisturbinen nach der Art offener Schachtturbinen, die aber in eine geschlossene, kesselartige oder kugelförmige Erweiterung des Rohrendes eingestellt sind (vgl. Fig. 15). Hierbei ist eine Ausnutzung der im zufließenden Wasser enthaltenen Strömungsenergie meist nicht möglich. Es empfiehlt sich deshalb, den Durchtrittsquerschnitt des Absperrorgans mindestens gleich dem Querschnitt der Rohrleitung und gegebenenfalls noch größer zu machen.

Die Entscheidung, ob in einem gegebenen Fall eine Drosselklappe oder ein Wasserschieber anzuordnen ist, hängt von Gefälle und Wassermenge und ferner auch von der Modellsammlung der offerierenden Tur-

binenfabrik ab. Bei hohen Gefällen verwendet man gewöhnlich die dicht-
schließenden Wasserschieber und läßt dabei zweckmäßig das Öffnen und
Schließen mittels hydraulischer Servomotoren durch das Wasser selbst

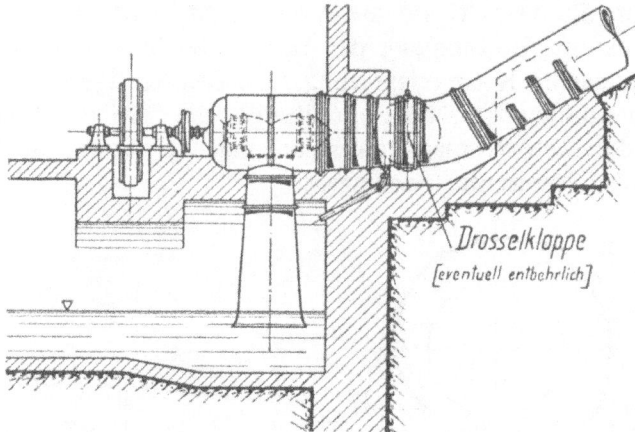

Fig. 15. Kesselturbine.

besorgen. Bei mittleren Gefällen und mittleren Durchmessern ist sowohl
Drosselklappe als Wasserschieber möglich, hier entscheidet der Preis.
Drosselklappen sind billiger als gleich große Wasserschieber; da aber
für ein und dieselbe Turbine die Drosselklappe größere Lichtweite hat als
der Wasserschieber, so müssen Fälle existieren, wo beide Absperrorgane
gleich teuer sind. Man zieht dann gewöhnlich die Drosselklappe wegen
ihrer leichteren Beweglichkeit vor. Der gleiche Grund führt dazu, daß man
für große Wassermengen nur Drosselklappen baut.

Der Druckverlust beim Durchgang durch ein Absperrorgan wird
wie folgt berechnet:

$$h_{ab} = \zeta \cdot \frac{v_{ab}^2 - v_0^2}{2g} \qquad \dots \dots \dots \quad (45)$$

wobei v_{ab} die Durchflußgeschwindigkeit, v_0 die Zuflußgeschwindigkeit
und ξ ein Koeffizient gleich 0,7 bis 0,9 ist. Im Maximum kann man
den durch einen Wasserschieber verursachten Druckverlust zu 0,10 m
Wassersäule annehmen; für Passieren einer gut ausgeführten Drosselklappe setzt man 0,15 m in Rechnung.

Die Summe der Druckverluste $h_{ro} + h_{kr} + h_{ab}$ gibt, in Prozenten
des Bruttogefälles ausgedrückt, den prozentuellen Druckverlust der Rohrleitung; die Ergänzung zu 100 stellt den Wirkungsgrad der Rohrleitung dar.

Wandstärke. Die Wandstärke s der Rohre wird nach folgender Formel berechnet:

$$s^{cm} = \frac{p \cdot D_{ro}^{cm}}{2\,k_z} + 0,1^{cm} \text{ bis } 0,2^{cm} \text{ Zuschlag für Abrosten} \quad . \quad (46)$$

wobei D_{ro} den lichten Rohrdurchmesser in cm,

p den inneren Überdruck in kg/cm² $\left(= \text{rund } \frac{1}{10}\,H\right)$,

k_z die zulässige Zugbeanspruchung des Bleches in der Schweißnaht bzw. Nietnaht darstellt.

k_z kann für überschlägige Rechnungen bei Blechen aus bestem S.-M.-Stahl mit 800 bis 850 kg/cm² eingesetzt werden. Die Festigkeit ist nach erfolgter Wahl der Rohrleitung genauer nachzurechnen, wobei sich die zulässige Beanspruchung ergibt zu

$$k_z = \frac{z}{x}\,k \quad \cdots\cdots\cdots\cdots \quad (47)$$

Hierbei bedeutet:

k die Zugfestigkeit des Bleches (3600 bis 4200 kg/cm²),

x einen Zahlenwert, abhängig von der Art der Verlaschung und Vernietung (ca. 4,0),

z das Verhältnis der Mindestfestigkeit der Längsnaht zur Zug-festigkeit des vollen Bleches (0,75 bis 0,85 bei genieteten Rohren, 0,90 bei geschweißten Rohren).

Bei Berechnung der Rohre ist noch zu prüfen, ob dieselben anderen Beanspruchungen als durch Wasserdruck, z. B. der Beanspruchung durch den äußeren Luftdruck bei Leerlauf, durch Erddruck bei überdeckten Rohren, durch das Eigengewicht, durch Wasserschläge, Drucksteigerungen usw. gewachsen sind.

Im oberen Teil der Rohrleitung verringert sich die Wandstärke. Mit Rücksicht auf Transport, Verlegung, Abrosten, gelegentlich auftretendes Vakuum darf hierbei aber nicht zu weit gegangen werden und bei niederen Gefällen und großen Durchmessern muß oft schon im untersten Teil der Rohrleitung aus Fabrikationsgründen der aus Gleichung (46) errechnete Wert weit überschritten werden.

Um das Rohrmaterial bestmöglichst auszunützen, werden die Turbinenleitungen namentlich für Hochdruckanlagen mit Durchmesserzunahme vom Maschinenhaus gegen das Wasserschloß hin ausgeführt. Sie bestehen dann aus verschiedenen Durchmesserzonen, die durch konische Schüsse miteinander verbunden sind. Die Abstufung der Lichtweiten in den Zonen wird zweckmäßig so gewählt, daß die Rohre jeder folgenden

Zone für den Transport bequem in die Rohre der vorhergehenden Zone eingeschoben werden können, wodurch ein bequemer Transport und außerdem bei Überseelieferungen eine erhebliche Ersparnis von Seefracht durch die Verminderung des Schiffsraumbedarfs erzielt wird. Der Rohrreibungsverlust wird hierbei, wie schon oben angegeben, für jede einzelne Zone auf Grund ihrer Länge und ihrer Werte D_{ro} und v bestimmt.

Baulänge. Die Baulänge der Rohre wird im allgemeinen mit 8 bis 10 m, bei größeren Durchmessern nicht über 8 m vorgesehen. Mit dieser Länge lassen sich die Rohre noch bequem auf der Bahn transportieren. Auch die Montagearbeit wird verringert, da ein großer Teil der Rundnähte bereits in der Fabrik hergestellt werden kann. Bei geringeren Längen würde die Anzahl der Verbindungen größer und die Montage teuerer.

Verbindungen. Bei genieteten und bei geschweißten Rohren erfolgen die Verbindungen der einzelnen Rohrschüsse auf der Baustelle mittels Nietung, und zwar wird im allgemeinen bei genieteten Rohren Überlappungsnietung, bei großen Wandstärken Laschennietung, bei geschweißten Rohren Muffennietung angewandt. In besonderen Fällen werden die Rohre auch durchwegs mittels Flanschen verbunden, diese Verbindungsart ist jedoch umständlich und wesentlich teuerer als die vorhergehenden. Flanschverbindungen werden deshalb gewöhnlich nur für Expansionen, Krümmer und Abzweige vorgesehen.

Lagerung. Als Unterbau für die Rohrleitungen dient im allgemeinen eine Rohrbahn aus Beton, welche die Festpunkte sowie die Auflagerklötze für die Rohre trägt. Festpunkte werden an jeder Krümmung der Rohre angeordnet, sie dienen zum Festhalten und Verankern des gesamten Rohrstranges. Die Rohre werden in den Festpunkten mittels einbetonierter Winkelringe sowie durch besondere Zuganker verankert. Die Verankerungen müssen sowohl die in Richtung der Achse wirkenden Kräfte (Komponente des Rohrgewichts und des Erddruckes, Temperaturspannungen, Reibungskräfte, Wasserdruck, Beschleunigungskräfte des fließenden Wassers usw.) als auch die senkrecht zur Rohrachse wirkenden Kräfte (Wasserdruck gegen die Rohrwandungen, äußerer Luftdruck, Erddruck usw.) aufnehmen. Bei Krümmungen ist noch der Unterschied der Kraftkomponenten, herrührend von dem Wassergewicht, zu berücksichtigen. Die Verankerungsklötze (Festpunkte) werden für nebeneinander liegende Rohre als gemeinsamer Block ausgeführt.

Zwischen den Festpunkten werden die Rohre auf besonderen betonierten Auflagerklötzen, welche etwa alle 8 bis 10 m angeordnet werden, unterstützt. Diese Lagerklötze sind so auszubilden, daß die Rohre auf denselben gleiten können. Bei größeren Rohren werden hierfür besondere Blechsättel eingelegt.

Anstrich. Die Rohre werden im allgemeinen mit einem schwarzen Teeranstrich, Teerasphalt oder Inertol, seltener mit einem Ölfarbenanstrich, versehen. Der Teeranstrich ist innen und außen mindestens zweimal in heißem Zustand aufzutragen, damit eine innige Verbindung des Eisens mit der Anstrichmasse gewährleistet wird. Die Rohre müssen nach der Montage unbedingt nachgestrichen werden. In besonderen Fällen wird auch ein Anstrich aus Siderosthen angewandt. Letzteres ist ebenfalls ein Teerpräparat und gestattet die Anwendung beliebiger Farbtönungen, es ist jedoch teurer als der Anstrich mit heißem Teer.

Zubehör. Die Rohrleitungen müssen zum Ausgleich von Längenänderungen infolge Temperaturschwankungen nach jedem Festpunkt mit geeigneten Expansionsstücken versehen werden. Hierfür werden große Stopfbüchsen, welche eine Verschiebung bis zu etwa 100 mm zulassen, verwendet.

Die Rohrleitungen müssen ferner mit Einrichtungen zur Untersuchung und zur Entleerung versehen sein. Zur Untersuchung dienen Mannlöcher, welche in geeigneten Abständen angebracht werden. Zum Entleeren der Rohrleitung wird am tiefsten Punkt derselben ein Entleerungsschieber angebracht; bei Stillstand der Turbinen im Winter wird dieser Schieber geöffnet, um das Wasser in der Rohrleitung in Bewegung zu erhalten, so daß es weniger leicht gefriert.

Bezüglich Entlüftung ist bereits in § 17 das Nötige erwähnt.

Die Montage der Rohrleitungen ist besonders sorgfältig vorzubereiten, und es sind die erforderlichen Maßnahmen zur Vermeidung einer Verletzung der Rohrschüsse zu treffen. Als Hilfsmittel für den Transport der Rohre an den Berghängen ist eine geeignete Seilbahn anzuordnen. Dieselbe muß für den Transport der schwersten und längsten Rohrschüsse sowie der Absperrvorrichtungen bemessen sein. Zweckmäßig ist es, die Seilbahn gleichzeitig für den Transport von Baumaterialien sowie von Personen einzurichten. Sie wird im allgemeinen elektrisch betrieben. Die Seilbahn wird meist mit dem Rohrunterbau verbunden, zwischen der Rohrbahn und dem Seilbahnunterbau ist eine Wasserrinne zur Abführung von Regenwasser und Überlaufwasser vorzusehen.

Für die Betriebsüberwachung sowie für Versuchszwecke sind die erforderlichen Meßvorrichtungen vorzusehen. Hierzu gehören in erster Linie Manometer am Rohrende und an den Turbinen zur Messung des Druckes, ferner Höhenmarken auf der ganzen Länge der Rohrbahn. Bei wichtigen Anlagen werden registrierende Manometer verwandt.

Zur Messung des Wasserverbrauches sind Meßstellen an einzelnen Punkten der Rohre (Anfang, Mitte und Ende) vorzumerken, an welchen Piezometer eingesetzt werden können.

§ 20. Maßnahmen gegen Drucksteigerungen. Schwungmassenbedarf.

Drucksteigerungen treten auf bei schnellen Entlastungen durch das plötzliche Schließen der an einer Rohrleitung hängenden Turbinen und die damit verbundenen Wasserstöße. Für die maximale Drucksteigerung in Prozenten des Nettogefälles H ergibt sich folgende Beziehung, wenn man die Schlußzeit (Öffnungszeit) einer Turbine mit T_0 sek bezeichnet:

$$\Delta H\% \gtreqless (14 \div 15) \frac{L_{ro} \cdot \Delta v}{H \cdot T_0} \quad \cdots \cdots \cdots \quad (48)$$

wobei mit L_{ro} die Länge der Rohrleitung in Metern und mit Δv die Differenz zwischen der Wassergeschwindigkeit im Rohr bei Vollast und derjenigen bei Leerlauf einzusetzen ist (s. hierüber auch Seite 78).

Zur Verminderung der Druckschwankungen wird bei Freistrahlturbinen Doppelregulierung, bei Francisturbinen der Einbau von Druckreglern angewandt. Es wird hierdurch erreicht, daß die maximalen Drucksteigerungen im normalen Betrieb nicht über 10 bis 15% hinausgehen. Bei Versagen eines Druckreglers können allerdings Drucksteigerungen bis zu 50% auftreten und es ist dafür zu sorgen, daß derartige Steigerungen von den Rohrleitungen ohne Schaden ertragen werden. Die Regulierzeiten sollen im Interesse des Betriebes möglichst klein sein, sie ergeben jedoch teurere Rohrleitungen. Um die Rohrleitungen zu verbilligen, muß man etwas längere Schlußzeiten in Kauf nehmen (Schlußzeiten für offene Turbinen 1,5 ÷ 3 ÷ 5 sek). Zur Verminderung von Drucksteigerungen wirkt auch die Anwendung des Wasserschlosses oder der Standrohre mit. Ferner werden, jedoch seltener, angewandt: Windkessel, Sicherheitsventile, Nebenauslässe oder ähnliche Einrichtungen.

In engem Zusammenhang mit der Rohrleitung, insbesondere auch mit Rücksicht auf die Druckschwankungen steht der Schwungmassenbedarf einer Turbine. Wenn eine Wasserturbine mit einem selbsttätigen Geschwindigkeitsregulator versehen wird, was in der Mehrzahl der Fälle zutrifft, so muß, sofern eine gute Regulierung möglich sein soll, die Masse des Körpersystems, welches mit dem Turbinenlaufrad starr verbunden rotiert, ein ganz bestimmtes, nicht zu unterschreitendes Massenträgheitsmoment in Beziehung auf die Drehachse besitzen. Anstatt mit dem

Massenträgheitsmoment rechnet man in der Technik mit der als „Schwung-moment" bezeichneten Größe $G \cdot D^2$ (kgm²), welche sich nur durch einen konstanten Faktor vom Massenträgheitsmoment unterscheidet. Der ge-samte Schwungmassenbedarf einer Turbine wird bezeichnet mit $\Sigma (G \cdot D^2)$. Seine Bestimmungselemente sind:

die Pferdestärke N an der Turbinen- bzw. Vorgelegewelle,
die minutliche Umdrehungszahl n der Turbinen- bzw. Vorgelegewelle,
die Schlußzeit bzw. Öffnungszeit T_0 sek des Turbinenreglers,
die Rohrleitungslänge L_{ro} m,
die Wassergeschwindigkeit v m/sek in der Rohrleitung,
das Nettogefälle H m

und die augenblicklichen Geschwindigkeitsschwankungen, die bei Be-lastungsänderungeu zugelassen werden.

In welcher Weise nun die verschiedenen Größen zusammenwirken und das nötige Gesamtschwungmoment $\Sigma G \cdot D^2$ (kgm²) bestimmen, läßt sich genau nur durch komplizierte Formeln ausdrücken. Für überschlägige Rechnungen kann folgende Näherungsformel benützt werden:

$$\Sigma G \cdot D^2 \leqq k_1 \frac{T_0 N}{Z_{25} \cdot n^2} \left(1 + k_2 \frac{L_{ro} \cdot \Delta v}{H T_0}\right)^{\!\!1/2}, \quad \ldots \quad (49)$$

worin Z_{25} die augenblickliche prozentuelle Geschwindigkeitsschwankung bei einer Belastungsänderung von $\mp 25\%$ der Vollast bedeutet.

Diese Gleichung gibt gute Übereinstimmung mit modernen, aus-geführten Anlagen mit

$$k_1 \leqq 1\,450\,000 \text{ und}$$
$$k_2 \leqq 0,27.$$

Man kann sie also benutzen, um bei Projektarbeiten einen un-gefähren Anhalt über den Bedarf an Schwungmasse zu bekommen, muß aber dabei beachten, daß der genaue Wert $\Sigma G \cdot D^2$ nur durch den Turbinenlieferanten selbst bestimmt werden kann, da die Art des Turbinenreglers und der Wirkungsgradverlauf der Turbine selbst einen erheblichen, nur durch spezielle Versuche feststellbaren Einfluß besitzen.

Die Größe Z_{25} schwankt bei modernen Turbinenanlagen zwischen 2 und 6%[1]. Die kleine Zahl 2 ist nur bei offenen Schachtturbinen erreich-bar; bei Turbinen mit Rohrleitungen muß man sich mit schlechterer Reguliergenauigkeit begnügen und je größer der Wert $\frac{L_{ro}}{H}$ oder je ungün-

―――――――
[1] Nähere Angaben hierüber in § 9, Seite 33 u. 34.

stiger die Turbinenanlage wird, um so mehr muß man sich dem Wert 6 nähern. Für T_0 nimmt man bei Freistrahlturbinen und kleinen Francisturbinen 2 bis 2,5 sek, bei größeren Francisturbinen 3 bis 5 sek.

Mit $\Delta v = v_{\text{voll}} - v_{\text{leer}}$ wird wie früher die Änderung der Wassergeschwindigkeit im Rohr zwischen Vollast und Leerlauf bezeichnet. Δv wird gleich 0 bei wasserverschwendender Regulierung und somit der Klammerausdruck in Gleichung (49) gleich 1. In solchen Fällen kann man demnach mit kleineren Schwungmassen auskommen. Wasserverschwendende Regulierung wird jedoch nur noch bei kleinen Anlagen angewandt; bei größeren und wichtigen Anlagen mit längeren Rohrleitungen werden die in § 9 erwähnten Druckreguliervorrichtungen vorgesehen. Diese bewirken, daß sich bei Entlastungsvorgängen die Wassergeschwindigkeit v_{voll} im ersten Augenblick nur wenig ändert (Δv wird sehr klein); im Verlaufe des Reguliervorganges jedoch wird Δv allmählich größer und nähert sich je nach Art der Regulierung und nach der Anzahl der an einer Druckleitung hängenden Turbinen mehr oder weniger dem Wert v_{voll}, wobei der Klammerausdruck in Gleichung (49) größer als 1, und zwar etwa 1,2 bis 1,4 wird. Bei Belastungsvorgängen bleibt der volle Wert Δv und damit auch der volle Schwungmassenbedarf von Anfang an bestehen. Bei Anlagen mit wassersparender Regulierung ohne Druckausgleicheinrichtungen erreicht Δv auch bei Entlastungsvorgängen sofort einen Wert, der annähernd der Geschwindigkeit v_{voll} entspricht; derartige Turbinen beanspruchen deshalb auch die größten Schwungmassen. Für normale Berechnungen ist daher in den Gleichungen (48) und (49) $\Delta v = v_{\text{voll}}$ zu setzen und es ergibt sich für die maximale Drucksteigerung die Gleichung:

$$\Delta H^{°/_0} \cong (14 \div 15) \cdot \frac{L_{ro}^{\text{m}} \cdot v_{\text{max}}^{\text{m/sec}}}{H^{\text{m}} \cdot T_0^{\text{sec}}} \quad \cdots \cdots \cdots \quad (48')$$

Nach Annahme von Z_{25} und T_0 sowie Festsetzung von Δv kann man aus Gleichung (49) einen Wert für $\Sigma G \cdot D^2$ berechnen. Von diesem Wert ist das im rotierenden Komplex von seiten der angetriebenen Maschine bereits von vornherein enthaltene Schwungmoment $(G \cdot D^2)_{\text{a}}$ abzuziehen; ein etwaiger Rest $(G \cdot D^2)_{\text{rest}}$ muß dann durch ein auf die Turbinen- bzw. Vorgelegewelle zu setzendes Schwungrad beigeschafft werden[1]).

---

[1]) Eine andere, für überschlägige Rechnungen geeignete Formel zur Feststellung des Schwungmassenbedarfs ist im Taschenbuch der „Hütte" angegeben. Dieselbe lautet:

$$\Sigma G D^2 \cong \frac{270\,000 \cdot N}{n^2} \cdot T_a \quad \cdots \cdots \cdots \quad (50)$$

wobei unter T_a die Anlaufzeit der Turbine in sek zu verstehen ist. T_a kann hierbei

Schwungräder für Turbinen werden gewöhnlich nach Fig. 16 mit voller Nabenscheibe ausgeführt. Das Schwungmoment der Nabenscheibe ist gering und wird vernachlässigt. Es bleibt also nur noch das Schwungmoment des Kranzes, welches sich mit genügender Genauigkeit als Produkt aus Kranzgewicht G_{kranz} und dem Quadrat des Schwerpunktsdurchmessers D_{kranz} vom Kranzquerschnitt berechnet. D_{kranz} wird auf Grund der zulässigen Umfangsgeschwindigkeit u bestimmt, welche für das gewöhnliche Schwungradmaterial — zähes Gußeisen — 35 m pro sek beträgt.

Damit wird aus

$$u = \frac{\pi \, D_{kr} \cdot n}{60}:$$

$$D_{kr} = \frac{60 \cdot 35}{\pi \cdot n} \backsim \frac{670}{n}.$$

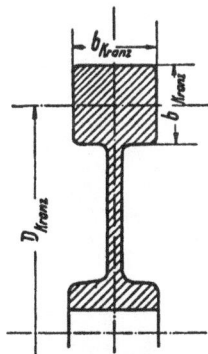

Fig. 16.
Schwungrad mit voller Nabenscheibe.

Hat man nun ein Schwungrad von bestimmten $(G \cdot D^2)_{rest}$ zu projektieren, so dividiert man dieses $(G \cdot D^2)_{rest}$ (kgm²) mit $D_{kranz}^{2 \,(Meter)}$ und erhält das Kranzgewicht G_{kranz} in kg:

$$G_{kranz} = \frac{(G \cdot D^2)_{rest}}{D_{kranz}^2} \quad \ldots \ldots \ldots \quad (51)$$

Es interessiert nun vor allem, zu wissen, welche Dimensionen der Kranz bekommen wird, damit man entscheiden kann, ob das projektierte Schwungrad überhaupt ausführbar ist. Zu diesem Zweck macht man die rein rechnerische Annahme, daß der Kranzquerschnitt quadratisch sei und die Seitenlänge b_{kranz} habe. Ist diese Dimension b_{kranz} bekannt, so bietet es keine Schwierigkeit, für die konstruktive Ausführung den Kranzquerschnitt aus dem Quadrat in ein gleichwertiges Rechteck von beliebigem Seitenverhältnis zu verwandeln. b_{kranz} berechnet sich hierdurch wie folgt:

$$b_{kr}^2 \, \pi \, D_{kr} \cdot 7,2 = G_{kr}$$

oder:

$$b_{kr}^{cm} = 6,65 \sqrt{\frac{G_{kr}^{kg}}{D_{kr}^{cm}}} \quad \ldots \ldots \ldots \quad (52)$$

wobei b_{kr} und D_{kr} in cm, G_{kr} in kg einzusetzen ist.

---

mit 5 bis 10 sek bei Forderung scharfer Regulierbedingungen und mit 3 bis 5 sek bei mäßigen Regulierbedingungen angenommen werden. Je größer die Anlaufzeit genommen wird, desto größer werden die Schwungmassen, desto besser aber auch die Regulierung.

Um noch Gesamtgewicht G_{total} und Preis eines projektierten Schwungrades zu berechnen, bildet man das Verhältnis $\dfrac{D_{kranz}}{b_{kranz}}$ (Kranzverhältnis),
geht damit in das Diagramm Fig. 17 ein, entnimmt das zugehörige Gewichtsverhältnis

$$f = \frac{G_{total}}{G_{kranz}}$$

und multipliziert damit das Kranzgewicht:

$$G_{total} = f \cdot G_{kranz}.$$

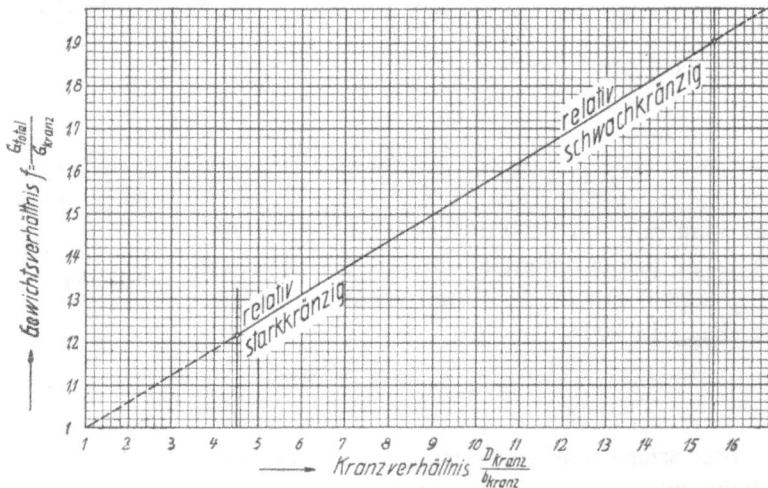

Fig. 17. Gewichtsdiagramm für Schwungräder mit voller Nabenscheibe.

Aus dem so bestimmten Gesamtgewicht G_{total} berechnet sich der
Preis des Schwungrades auf Grund eines die Material- und Bearbeitungs-
kosten enthaltenden Einheitspreises.

Schwungräder mit einem Kranzverhältnis unter 4,5 zeigen sehr plumpe
Formen, und es empfiehlt sich nicht, dieselben zur Ausführung zu bringen.
Wenn solche Fälle vorkommen, so hilft man sich durch Verwendung
von Stahlguß. Hierbei wird D_{kranz} mit 50 bis 55 m pro sek Umfangsgeschwindigkeit berechnet

$$\left(D_{kr} \eqsim \frac{1000}{n} \right)$$

und mit diesem neuen, nunmehr größeren D_{kranz} wird wie früher b_{kranz}
bestimmt. Es wird so meistens gelingen, auf ein brauchbares Kranzverhältnis zu kommen.

Resultiert bei einem Schwungrad ein Kranzverhältnis über 15,5,
so bekommt das Schwungrad auch wieder sehr ungefällige Formen.

Man kann hier helfen, indem man D_{kranz} kleiner nimmt als zulässig wäre. Geringere Umfangsgeschwindigkeiten als den Normalwert 35 m/sek kann man natürlich immer verwenden, und man muß dies auch z. B. tun, wenn Riemscheiben oder Seilscheiben als Schwungräder benutzt werden. Der Ausnutzungsgrad des Schwungmaterials sinkt aber mit abnehmender Umfangsgeschwindigkeit.

In Beziehung auf Gleichung (49) ist noch folgendes zu bemerken. Als Wassergeschwindigkeit v ist bei Rohrleitungen mit Durchmesserabstufungen (vgl. Seite 69) die mittlere Wassergeschwindigkeit in der Rohrleitung anzunehmen. Sind mehrere gleichzeitig arbeitende Turbinen an eine gemeinsame Rohrleitung angeschlossen, so ist v auf Grund der größten im Betrieb vorkommenden Wasserführung dieser Leitung zu berechnen und einzusetzen. Häufig stellt sich die maximale Wasserführung und damit die maßgebende maximale Wassergeschwindigkeit erst nach Vollausbau einer Zentrale, die vorläufig nur zum Teil ausgebaut wird, ein; es muß dann schon beim ersten teilweisen Ausbau auf den späteren Vollausbau Rücksicht genommen werden.

Gleichung (49) führt mit $L = 0$ auf den Spezialfall der offenen Schachtturbine. Da hierbei der Klammerausdruck, der sonst immer größer als 1 ist, gleich 1 wird, so erkennt man, daß die offene Schachtturbine mit den geringsten Schwungmassen auskommt. Je größer aber unter sonst gleichen Verhältnissen der im Klammerausdruck vorkommende Wert $\frac{L_{ro}}{H}$ wird, um so größer wird der Schwungmassenbedarf. Es ist also nicht die Rohrleitungslänge an sich maßgebend, sondern ihr Verhältnis zum Gefälle. Man muß demnach sorgen, daß dieses Verhältnis möglichst klein wird. Sobald bei einem Projekte das Verhältnis $\frac{L_{ro}}{H}$ den Wert 10 überschreitet, kann man von vornherein sagen, daß die projektierte Turbine ein so großes Schwungrad benötigt, daß Größe und Preis desselben in gar keinem Verhältnis zur Turbinengröße und zum Turbinenpreis stehen. Bei kleinen Turbinen mit niedrigem Wert $\frac{N}{n^2}$ lassen sich solche Schwungräder wohl noch ausführen, aber bei großen Turbinen wird dies meist unmöglich. Fälle mit derartigem abnorm hohem Wert $\frac{L_{ro}}{H}$ müssen daher durch zweckmäßige Anlage von Oberwasserkanal und Wasserschloß vermieden werden.

Zu beachten ist, daß Fälle vorkommen können, in welchen das nach Gleichung (49) berechnete $\Sigma G \cdot D^2$ wohl genügt für den Entlastungsvorgang, aber nicht für den Belastungsvorgang. Dies tritt ein, sobald die Schwerkraft nicht mehr imstande ist, die Wassermassen in der Rohrleitung im gleichen Schritt mit der Eröffnung des Leitapparates der Turbine zu beschleunigen. Man müßte dann ein gewisses größeres $\Sigma G \cdot D^2$ einbauen; doch behält man meistens den ursprünglich berechneten Wert bei und läßt dafür bei plötzlichen Belastungen eine etwas größere Drehzahlschwankung zu, als bei gleich großen plötzlichen Entlastungen.

Aus der vorstehenden Untersuchung über Rohrleitung und Schwungmassenbedarf ergeben sich die bei Festlegung der zulässigen Wassergeschwindigkeit v in der Rohrleitung zu berücksichtigenden Faktoren.

Die Wahl von v legt den lichten Rohrdurchmesser, den Wirkungsgrad der Rohrleitung und den Schwungmassenbedarf der Turbine fest; damit ist auch das benötigte Anlagekapital für die Rohrleitung, für etwaige besondere Schwungmassen und Druckregulatoren und die durch Verzinsung und Amortisation dieser Teile entstehende jährliche Ausgabe festgelegt. Diese Ausgabe bildet zusammen mit dem einer jährlichen Ausgabe gleichwertigen Energieverlust in der Rohrleitung eine von der Wahl von v abhängige Ausgabensumme, welche bei einem bestimmten Wert von v zu einem Minimum wird. Die Rentabilitätsberechnung zeigt, daß dieser letztere Wert von v, welcher die wirtschaftlich günstigste Wassergeschwindigkeit darstellt, gewöhnlich zwischen 2 und 4 m pro sek liegt. Die nähere Lage innerhalb dieses Gebietes läßt sich im allgemeinen durch die Rentabilitätsberechnung nicht festlegen, weil verschiedene maßgebende Größen teils ungenau, teils beim Projektieren noch unbekannt sind. Der Grad der Wirtschaftlichkeit ist nun aber innerhalb dieses Gebietes ziemlich konstant. In der Praxis wird daher die Bestimmung der Wassergeschwindigkeit in der Weise vorgenommen, daß man zwischen 2 und 4 m pro sek zunächst einen passenden Wert v schätzt und damit den Druckverlust in der Rohrleitung und den Schwungmassenbedarf der Turbine bestimmt. Scheinen nun diese Größen zu hoch, so geht man mit v herunter, nötigenfalls bis auf 1 m pro sek, wodurch auch häufig die Anordnung eines Druckregulators erspart wird. Scheint aber eine Steigerung des prozentuellen Druckverlustes und eine Vergrößerung der Schwungmassen zulässig, so geht man mit v höher. Die vorläufige Abschätzung von v kann man auf Grund der folgenden Angaben vornehmen:

$$\frac{L}{H_{\text{brutto}}} < 1 \div 2 \qquad\qquad v = 4 \quad \text{bis} \quad 5 \quad \text{m/sek}$$

$$\frac{L}{H_{\text{brutto}}} = 2 \div 4 \qquad\qquad v = 2 \quad \text{,, } 3 \quad \text{m/sek}$$

$$\frac{L}{H_{\text{brutto}}} = 5 \text{ und größer} \qquad v = 1{,}0 \quad \text{,, } 2{,}0 \text{ m/sek.}$$

Bei kleinen Lichtweiten, namentlich von 250 mm abwärts, empfiehlt es sich, falls größere Entfernungen zu überwinden sind, mit der Wassergeschwindigkeit ausnahmsweise noch unter 1 m/sek herunter zu gehen, weil diese kleinen Lichtweiten schon bei den sonst normalen Wassergeschwindigkeiten außerordentlich hohe Rohrreibungsverluste verursachen. Bei sehr großen Leitungen können für die maximale Wasserführung noch Geschwindigkeiten von 6 bis 7 m/sek zugelassen werden.

Eine Kontrollrechnung des nach diesen Angaben geschätzten Wertes *v* auf Wirtschaftlichkeit darf bei wichtigeren Projekten nicht unterbleiben.

§ 21. Kraftstationen.

Die Kraftstation einer Wasserkraftanlage mit ihren Einrichtungen bildet denjenigen wichtigen Teil der Anlage, in welchem die eigentliche Umsetzung der Wasserenergie in mechanische oder elektrische Energie stattfindet. In der Station sind die Turbinen und die von ihnen angetriebenen Maschinen aufgestellt, hier endigen die Wasserzulaufkanäle oder die Druckrohre und hier nimmt der Unterwasserkanal seinen Anfang.

Die Anordnung der Kraftstation richtet sich in erster Linie nach der Art der Wasserkraftanlage und nach dem zur Anwendung gelangenden Turbinensystem, in zweiter Linie nach der Zahl und Größe der Turbinen und Generatoren.

a) Niederdruckanlagen.

Bei den Niederdruckanlagen liegen Wasserschloß und Kraftstation, häufig auch die Stauanlage, beisammen und es sind die zugehörigen Einrichtungen, wie Rechen, Absperrschützen, Leerlauf in nächster Nähe des Turbinenhauses angeordnet. Man unterscheidet hierbei noch zwischen Aufstellung von Turbinen im offenen Schacht (Schachtturbinenanlage Fig. 3) und Aufstellung von Turbinen in Gehäusen (Gehäuseturbinenanlage Fig. 4 u. 15). Niederdruckanlagen werden fast ausschließlich mit Francisturbinen bezw. bei kleinen Gefällen (12 m und weniger) mit schnellaufenden Abarten dieses Turbinensystems errichtet. Die Turbinen können sowohl mit horizontaler als mit vertikaler Welle aufgestellt werden und ist auch dieser Umstand von Einfluß auf die Stationsausführung.

Schachtanlagen kommen bei Gefällen bis etwa 15 m vor, und zwar werden bei kleineren Anlagen die Turbinen nicht direkt mit den angetriebenen Maschinen gekuppelt, sondern es wird bei den hier vorkommenden niederen Drehzahlen meist die Anwendung einer Übersetzung erforderlich. Die Turbinenkammern werden gewöhnlich aus Beton hergestellt, wobei man den Zufluß zum Leitrad spiralförmig ausbildet. Die

Saugrohre bestehen ebenfalls aus Beton. Für Zugänglichkeit zu den Turbinenkammern und Saugrohren ist durch Vorsehung geeigneter Einsteigschächte Sorge zu tragen. Sofern auf hochwasserfreie Aufstellung der angetriebenen Maschinen, z. B. Generatoren, Wert gelegt wird, empfiehlt sich vertikale Anordnung der Turbinen. Die Schachtturbinen haben den Vorteil der leichten Reguliermöglichkeit, da hier Druckwasserschwankungen selbst bei starken Belastungsschwankungen kaum auftreten.[1]

Bei Anlagen mit sehr niedrigem Gefälle, bei welchen auf hochwasserfreie Aufstellung der angetriebenen Maschinen Wert gelegt wird, kann die Schachtanlage in der Weise ausgeführt werden, daß die Turbine über dem Wasserspiegel aufgestellt wird. Der Wasserzufluß erfolgt in diesem Falle durch Heberwirkung, die Anlage wird als Heberanlage bezeichnet.[2]

Bei Gefällen von etwa 10 bis 30 m werden Gehäuseturbinen verwendet. Diese haben den Vorteil, daß man die Turbinen in geschlossenen Räumen, d. h. frostsicher aufstellen kann. Sie werden entweder als Kesselturbinen[3] mit meist 2 Laufrädern oder als Spiralturbinen ausgebildet.

Im Gegensatz zu der vorherrschenden Anordnung der Kraftstationen von Niederdruckanlagen hat Hallinger in München neuerdings eine Anordnung vorgeschlagen, bei welcher die Turbinen breitseitig in einzelnen in der Flußrichtung liegenden Kammern aufgestellt werden, wodurch eine wesentliche Vereinfachung der Kraftstation und entsprechende Ersparnisse an Baukosten erzielt werden sollen.[4]

b) Hochdruckanlagen.

Hochdruckanlagen sind solche, bei welchen zwischen dem Wasserschloß und der Kraftstation eine Hochdruckrohrleitung eingeschaltet ist, welche durch kein anderes Glied ersetzt werden kann. (Zur Unterscheidung von Niederdruckanlagen, welche häufig aus praktischen Rücksichten eine Rohrleitung besitzen, welche jedoch auch durch einen offenen Schacht ersetzt werden könnte.) Derartige Anlagen werden bei Gefällen von 30 m und darüber errichtet. Als Turbinensystem kommt bei diesen Anlagen sowohl das Francisturbinensystem als auch das Freistrahlsystem in Betracht. Man unterscheidet demnach: Spiralturbinenanlagen mit

---

[1] Kraftanlagen in Laufenburg a. Rh., Augst-Wyhlen, Gösgen, Mittlere Isar u. a.
[2] Anlage der Papierfabrik Wernsdorf i. S. Zeitschr. d. Vereins deutscher Ingenieure 1914, Nr. 26 und 27, Städt. Elektr.-Werk Schweinfurt.
[3] Saalachwerk, Stickstoffwerke bei Trostberg.
[4] Beispiele hierüber siehe Zeitschrift für das gesamte Turbinenwesen 1917, Heft 14 und 18.

Francisturbinen und Freistrahlturbinenanlagen mit Freistrahlturbinen[1]). Auch hier können sowohl liegende als auch stehende Wellen angewandt werden.

Die Stationen sind bei Hochdruckanlagen meist völlig aus dem Bereich des Hochwassers entzogen, ihre Anordnung richtet sich im allgemeinen nach der Anordnung der Rohrbahn, welche entweder senkrecht oder geneigt oder parallel zum Krafthaus liegen kann. Die geneigte oder parallele Anordnung ist zweckmäßiger, da im Falle eines Rohrbruches die herunterstürzenden Wassermassen das Krafthaus nicht beschädigen können. Bei Aufstellung mehrerer Turbinen geschieht die Wasserzuführung durch besondere Verteilungsleitungen, welche an die Hauptrohrstränge angeschlossen sind. Bei Anordnung dieser Leitungen ist darauf zu achten, daß das Wasser ohne Stoß und ohne zu starke Krümmungen zu den Turbinen fließt.

Die Wasserabführung erfolgt durch einen Unterwasserkanal, welcher unter dem Maschinenhaus selbst oder seitlich desselben angeordnet werden kann.[2])

c) Ausführung der Krafthäuser.

Bei Ausführung der Krafthäuser ist besonderes Augenmerk auf gute Herstellung der Fundamente zu richten. Dieselben bestehen meist aus Beton oder Eisenbeton. Für gute Abdichtung gegen Hochwasser durch Anwendung von Vorsatzbeton, wasserdichten Verputz, Einlage von Bleiplatten o. dgl. ist Sorge zu tragen.

Gegen den Anprall der aus den Saugrohren und Druckreglern der Francisturbinen bzw. aus den Schächten der Freistrahlturbinen herabstürzenden Wassermassen sind besondere Vorsichtsmaßregeln anzuwenden. Die Schächte werden zu diesem Zweck mit eisernen Panzerungen versehen. Die Bodenflächen, auf welchen die Wassermassen aufprallen, werden entweder mit Stahlplatten eingelegt oder besser mit Granitplatten gepflastert.

Bei Anordnung der Fundamente ist auf die Führung der Zuluft- und Abluftkanäle für die Generatoren, auf die Vorsehung von Kabelkanälen, auf die Aufstellung von Regulatoren und sonstigen elektrischen Einrichtungen Rücksicht zu nehmen.

---

[1]) Hochdruckanlagen mit Spiralturbinen sowie mit Freistrahlturbinen sind in Deutschland, Österreich, Schweiz, Italien, Norwegen, Schweden usw. in großer Zahl ausgeführt. Siehe hierüber die Fachzeitschriften.

[2]) Die verschiedenen Dispositionsmöglichkeiten von Kraftstationen sind in Schönberg-Glunk „Landeselektrizitätswerke," Abschnitt V A, 4 schematisch dargestellt.

Auf genügende Festigkeit des Unterbaues und der Fundamente ist zu achten. Bei Konstruktion derselben müssen die Belastungen durch die Maschinengewichte, die Beanspruchung der Fundamente durch Aufnahme der Drehmomente, durch Erschütterungen, durch Belastungsstöße, durch Aufnahme der Hochbaulasten und der Kranlasten in Rücksicht gezogen werden. Bei größeren Anlagen wird sich im allgemeinen die Herstellung der Fundamente aus Eisenbeton als notwendig erweisen.

Der Hochbau ist entsprechend der Gliederung der Maschinenanlage zu unterteilen. Er wird bei Turbinenanlagen im allgemeinen aus Beton oder Eisenbeton hergestellt. Zur Vermeidung von Rissen sind sowohl bei den Fundamenten als auch bei den Hochbauten Ausdehnungsfugen vorzusehen. Für die nötige Beleuchtung und Belüftung, für Zugänglichkeit aller Teile, insbesondere der Fundamente, ist Sorge zu tragen.

Das Krafthaus ist so einfach wie möglich zu bauen, doch soll es andererseits eine seinem Zweck entsprechende architektonische Ausgestaltung erfahren.

d) Hilfseinrichtungen und Zubehör.

Die Kraftstation ist mit den erforderlichen Hilfseinrichtungen und Zubehöranlagen auszustatten. Hierzu gehört in erster Linie eine ausreichend bemessene Hilfskraftanlage, welche die für die Nebenbetriebe erforderliche Kraft abgeben kann. Diese Anlage wird zweckmäßig von der eigentlichen Hauptanlage vollständig abgetrennt, damit unerwünschte Rückwirkungen von der Hilfskraftanlage auf die Hauptanlage vermieden werden. Derartige Rückwirkungen können insbesondere beim elektrischen Teil der Anlage eintreten; es ist deshalb zu empfehlen, auf der Niederspannungsseite der Hauptgeneratoren keinerlei Abzweigung für Hilfseinrichtungen auszuführen. Am besten ist es, 1 oder 2 kleinere Zusatzturbinen aufzustellen, welche direkt mit Stromerzeugern gekuppelt werden, und die zum Betriebe der Krane, der Pumpen, zur Betätigung der Schaltapparate, für die Beleuchtung, Heizung u. dgl. erforderliche Kraft liefern. Günstig ist auch der Anschluß der Hilfsbetriebe an eine fremde Stromverteilungsanlage.

Die Betätigung der Schaltapparate erfolgt zweckmäßig durch Gleichstrom, welcher aus einer Akkumulatorenbatterie entnommen wird. Zur Ladung dieser Batterie sind besondere kleine Umformer- oder Ladeaggregate vorzusehen.

Zur Montage oder Demontage von Maschinenteilen muß die Kraftstation mit 1 oder 2 ausreichend großen Laufkranen versehen sein. Die

Krane werden bei größeren Anlagen elektrisch betätigt, bei kleineren Anlagen reicht Handbetätigung aus. Bei größeren Anlagen mit mehreren Maschinensätzen wird es außerdem nötig sein, während der Hauptmontage noch provisorische Hilfskrane oder -Flaschenzüge vorzusehen.

Der Kraftstation soll eine Werkstätte zur Vornahme von Instandhaltungsarbeiten und kleineren Reparaturen angegliedert sein. Bei größeren Anlagen ist auch die Werkstätte mit einem Kran auszustatten. Es müssen ferner Lagerräume zur Aufbewahrung von Reserve- und Ersatzteilen, Aufenthaltsräume für das Betriebspersonal, Waschräume und Aborte, Räume für die Hilfsbetriebe, für die Heizungsanlage u. dgl. vorgesehen sein. Zweckmäßig werden diese Räume in Anbauten zum Maschinenhaus untergebracht, in welchen sodann auch Räume für die Betriebsleitung und für eine etwaige betriebstechnische und kaufmännische Verwaltung angeordnet werden können.

Das Krafthaus ist mit Einrichtungen für die Wasserversorgung, mit den erforderlichen Trink- und Gebrauchswasserinstallationen, mit Beleuchtung, Heizung, Lüftung u. dgl. zu versehen.

Wenn möglich, soll das Kraftwerk Eisenbahnanschluß erhalten, auf jeden Fall ist eine bequeme, genügend große und tragfähige Zufuhrstraße zu demselben anzulegen. Es ist darauf zu achten, daß schwere Maschinenteile ohne Umladung direkt bis unter den Kran im Maschinenhaus gefahren werden können. Die Zufuhrstraße muß für die größten vorkommenden Gewichte bemessen sein, und es ist bei großen Anlagen dafür zu sorgen, daß etwa vorhandene Brücken die erforderliche Tragfähigkeit besitzen.

e) Verbindung mit den elektrischen Übertragungseinrichtungen.

Wie schon erwähnt, dienen die in neuerer Zeit errichteten Wasserkraftanlagen größtenteils der Erzeugung elektrischer Energie, und zwar stehen sie meist in Verbindung mit größeren Überlandzentralen. Da es aus praktischen Gründen nicht angängig ist, die Stromerzeuger mit mehr als 10 000 Volt, besser noch mit nicht mehr als 6000 Volt Betriebsspannung zu bauen, muß der erzeugte Strom häufig auf höhere Spannung transformiert werden. Die hierfür nötigen Stationen werden zweckmäßig von der Maschinenanlage abgetrennt und in besonderen Häusern untergebracht. Die Stromerzeuger werden mit den Transformatoren mittels Kabeln verbunden, und es empfiehlt sich, bei Konstruktion der Anlage darauf zu achten, daß möglichst wenig Schalter, Apparate u. dgl. gebraucht werden. Es soll hier auf die Einzelheiten nicht näher eingegangen werden, ein Beispiel für eine elektrische Großkraftanlage bietet das Walchenseekraftwerk (Beispielsammlung Seite 160, Fig. 38 u. 39).

§ 22. Vermessungen und Messungen.

Zu den wichtigsten Vorarbeiten für die Projektierung einer Wasserkraftanlage gehören, wie aus den vorhergehenden Kapiteln hervorgeht, geodätische und hydraulische Messungen. Ohne genaue Aufnahme der Höhen- und Längenabmessungen, ohne Kenntnis der Gefälls- und Wasserverhältnisse ist die genaue Berechnung einer Anlage und der Entwurf der Baupläne für dieselbe nicht möglich. Aber auch während des Baues sind fortlaufend entsprechende Messungen zu machen und etwaige durch den Bau bedingte Änderungen in die Pläne einzutragen. Zu diesem Zweck sind umfangreiche Längen- und Höhenmessungen durchzuführen, deren Ergebnisse durch Anbringung von Höhen- und Entfernungsmarken festgehalten werden. Die Messungen sind an das staatliche Vermessungsnetz anzuschließen. Die Vermessungsarbeiten müssen besonders sorgfältig und genau beim Bau von Stollen durchgeführt werden, da etwaige Fehler ungünstige und teure Verschiebungen der Stollenachse zur Folge haben können.

Für die Wasserbeobachtung werden oberhalb und unterhalb der Kraftstationen am Flusse, in den Kanälen, an etwa vorhandenen Staubecken, im Wasserschloß usw. Eichzeichen und Pegel angebracht. Zur Registrierung wichtiger Angaben werden selbstschreibende Anzeigeinstrumente verwandt, wie zur Aufzeichnung der Wasserstände an wichtigen Flußstellen, der Spiegelschwankungen im Wasserschloß u. dgl. Die Pegel, Wasserstandsanzeiger u. dgl. können auch mit elektrischer Fernmeldeeinrichtung versehen werden.

Von großem Interesse, insbesondere für den späteren Betrieb, ist die fortlaufende Feststellung der Schwankungen im Gefälle und in der Wassermenge, sowie der hierdurch bedingten Schwankungen in der Leistung einer Wasserkraftanlage. Es müssen deshalb auch das Gefälle und, soweit möglich, die Wassermenge dauernd festgestellt werden. Beim Gefälle ist dies verhältnismäßig leicht zu erreichen, da dies bei Niederdruckanlagen durch registrierende Pegel, bei Hochdruckanlagen durch Manometer (Feindruckmesser) oder Barometer ohne weiteres festgestellt werden kann. Die Pegel bzw. Manometer können durch direkte Beobachtung mittelst des Nivellierinstruments kontrolliert werden. Das Nutzgefälle bestimmt sich hierbei zu:

$$H_n = H_{dr} + \frac{v^2}{2g} + a \quad \cdots \cdots \cdots \quad (53)$$

wobei H_{dr} die Angabe des Druckmessers,

$\dfrac{v^2}{2g}$ die Geschwindigkeitshöhe an der Meßstelle,

a den Abstand der Meßstelle von der Düsenmündung bei Freistrahlturbinen bzw. vom Spiegel des Unterwasserkanals bei Francisturbinen bedeutet.

Schwieriger ist die Messung der Wassermenge. Dieselbe erfolgt fast ausschließlich indirekt durch Feststellung der Durchflußgeschwindigkeit v durch ein genau bestimmbares Durchflußprofil F; es ist dann Wassermenge $Q = F \cdot v$. Zweckmäßig baut man hierfür ein Meßgerinne in den Unterwasserkanal ein, d. h. ein glattes, genau rechteckiges Gerinne von genügender Länge (ca. 20 m), in welchem mit Bequemlichkeit Flügel- oder Schirmmessungen ausgeführt werden können. Eine weitere Möglichkeit ist die Messung der Wassermenge durch Einbau eines Überfalles; diese Meßmethode ist jedoch mit Gefällsverlusten verbunden, sie wird daher nur bei Anlagen von untergeordneter Bedeutung angewandt.

Direkte Messung der Wassermenge kann mittels des Einbaues von Wassermessern [Venturimesser[1]), Wassermesser von Eckart[2])] oder auch auf chemischen Wege[3]) erfolgen. Diese Methoden sind jedoch weniger genau als die indirekte Messung und werden mehr für die Betriebsüberwachung angewandt.

Nach Fertigstellung der Kraftanlage und nach Inbetriebsetzung derselben werden meist eingehende Abnahmeprüfungen durchgeführt, durch welche der Nachweis der Einhaltung der gewährleisteten Bedingungen und Garantien erbracht werden soll. Diese Abnahmeprüfungen erstrecken sich sowohl auf die baulichen als auch auf die maschinellen Anlagen; sie werden nach einem auf Grund der abgeschlossenen Vereinbarungen aufgestellten Programm vorgenommen. In erster Linie ist hierbei für den Bauherrn

---

[1]) In neuerer Zeit wurde eine besondere Art der Venturimessung durch die Firma Bopp & Reuther ausgebildet. Es werden hierbei direkt die in den Zuleitungen zu den Turbinen enthaltenen Rohrkonuse zur Messung benutzt.

[2]) Siehe Zeitschr. f. d. ges. Turbinenwesen 1912, Heft 4. Das hier beschriebene Verfahren gründet sich auf die Messung der Wassergeschwindigkeit in den Düsen von Freistrahlturbinen mit Hilfe der Pitotschen Röhre.

[3]) Siehe Zeitschrift f. d. ges. Turbinenwesen 1913, Heft 36. Bei diesem Verfahren wird dem Oberwasser eine konstante Menge eines sehr konzentrierten Salzes (Kochsalz) zugeführt. Es werden sodann dem Unterwasser Proben entnommen und diese analysiert; der Wasserverbrauch ergibt sich auf Grund der in 1 Liter enthaltenen Salzmenge. Es soll hierbei eine Genauigkeit von 1% erzielt werden.

von Interesse, welche Leistungen, welche Wirkungsgrade und welche Regulierfähigkeit mit der Anlage erzielbar sind. Die Abnahmeprüfungen erstrecken sich daher vor allem auf Messung dieser Punkte, und zwar bei verschiedenen Belastungen (Vollast, ¾ Last, ½ Last, Überlast). Die Leistung wird bei elektrischen Anlagen meist dadurch festgestellt, daß die mit den Turbinen gekuppelten Generatoren für sich auf einen entsprechend bemessenen, regulierbaren Wasserwiderstand arbeiten, und daß während der Versuche die Spannung, die abgegebene Stromstärke und die Leistung gemessen werden. Der Wirkungsgrad der Generatoren wird entweder durch Rechnung oder durch Versuche auf dem Versuchsstand der Fabriken ermittelt. Die Leistung der Turbinen kann außerdem auf direktem Wege durch Bremsung festgestellt werden. Diese Methode ist anzuwenden in Anlagen, bei welchen die Turbinen nicht mit Stromerzeugern zusammenarbeiten.

Gleichzeitig mit den Leistungsmessungen werden Messungen des Wasserstandes, des Gefälles, der Wassermenge, der Schließzeiten der Turbinen und Turbinenregulatoren durchgeführt, um auf diese Weise die Wirkungsgrade und das Arbeiten der Maschinen bei verschiedenen Belastungen kennen zu lernen. Es werden ferner Versuche mit plötzlichen Belastungen und Entlastungen vorgenommen, um das Arbeiten der Regulierungseinrichtungen festzustellen. Beobachtungen der Drehzahländerungen, des Verhaltens der Maschinen bei Tourenerhöhung bis zum Durchgang der Turbinen, der Temperaturerhöhung bei den Generatoren, der Spannungsschwankungen usw. werden zweckmäßig mit den übrigen Versuchen verbunden. Selbstverständlich können noch weitere Messungen, z. B. zur Feststellung der Reibungsverluste in Rohrleitungen, der Druckverluste und Kontraktionen bei Schützen- und Rechenanlagen, der Veränderung der Geschwindigkeit und der Druckverhältnisse in Rohrleitungen u. dgl. nebenher gehen[1]).

Die für die Messungen erforderlichen Instrumente sind im allgemeinen einfach und die interessierenden Beobachtungen können meist direkt abgelesen werden. Die Instrumente sollen genau und zuverlässig zeigen, es empfiehlt sich daher, Präzisionsinstrumente zu verwenden bzw. die in der Anlage vorhandenen Instrumente mit Präzisionsinstrumenten zu eichen. Für die Regulierversuche werden zweckmäßig außer den an den Turbinen angebrachten Tachometern auch Tachographen benützt, um die Drehzahlschwankungen bei Belastungsänderungen einwandfrei zu erhalten.

---

[1]) Siehe z. B. die Versuche von Reichel in der Anlage am Rjukanfos. Zeitschr. d. Vereins Deutscher Ingenieure 1914, Seite 1578 u. f. Versuche im El.-Werk Hangesund. Zeitschr. des Vereins deutscher Ingenieure 1912, Seite 218 u. f.

Für die Wassermessungen ist, wie oben erläutert, eine indirekte Meßmethode erforderlich. Die Messung der Geschwindigkeit kann in dem Meßgerinne entweder mittels des Voltmannschen Flügels oder mittels der Pitotschen Röhre oder aber mittels der Schirmmessung vorgenommen werden. Die Messung mittels des Voltmannschen Flügels ist am gebräuchlichsten; die Messung mit der Pitotschen Röhre ist nur bei Wassergeschwindigkeiten unter 2,5 m anwendbar; sie ist unhandlicher als die erste Messung[1]).

Selbstverständlich sind möglichst genaue und eingehende Messungen und Beobachtungen auch fortlaufend während des Betriebes zu machen. Die Beobachtungen werden in entsprechende Bücher und Formulare eingetragen. Diese fortlaufenden Messungen sind unbedingt notwendig zur Überwachung und zur Beurteilung der Wirtschaftlichkeit der Anlage, sie dienen als Unterlage für die Betriebsführung, für den Anschluß fremder Anlagen, den Zusammenschluß mit anderen Kraftanlagen, für die Gestaltung von Stromtarifen usw.

Bei dieser Gelegenheit soll nicht unerwähnt bleiben, daß zu den Vorarbeiten für eine Wasserkraftanlage außer den Vermessungen und sonstigen technischen Entwurfsberechnungen selbstverständlich auch die wirtschaftlichen Vorarbeiten in gleich wichtigem Maße gehören. Es müssen demnach vor Ausführung des Projekts eingehende Erhebungen über die Verwendung der zu erzeugenden Kraft gepflogen sein; es müssen Kurven über die zu erwartenden täglichen und jährlichen Belastungsschwankungen und ihre Deckung durch die Wasserzuflüsse vorliegen und es müssen alle Maßnahmen zur weitmöglichsten Sparung an Wasser bzw. zur Verhinderung des Abflusses von unbenütztem Wasser getroffen werden.

Hierher gehört auch die neuerdings angeschnittene Frage der Verbindung von Kraftanlagen mit Abwässerreinigung, welche hier nur gestreift werden soll.

---

[1]) Bestimmungen über die Durchführung von Messungen und Prüfungen an Wasserkraftanlagen sind in den vom V. D. I. und vom Deutschen Wasserwirtschaftsverband herausgegebenen „Normen für Leistungsversuche an Wasserkraftanlagen" enthalten.

V. Kapitel.

Bemerkungen zur Wasserkraftprojektierung.

§ 23. Schwankungen in Gefälle und Wassermenge.

Die Größen, deren Kenntnis in erster Linie zur Wasserkraftprojektierung notwendig ist, sind die sekundliche Wassermenge Q, beziehungsweise ΣQ und das Nettogefälle H. Q wird durch Wassermessung bestimmt; H ergibt sich aus dem geodätisch zu bestimmenden Rohgefälle der Anlage, aus dem man zunächst das Bruttogefälle berechnet, damit die Turbinenart festlegt und weiter das Nettogefälle H nach den in den vorigen Kapiteln hierüber gemachten Angaben ermittelt.

Bei den in der Natur vorkommenden Wasserkräften sind nun weder die sekundliche Wassermenge, noch das Roh- und Bruttogefälle konstante Werte. Beide sind von der momentanen Wasserführung des auszunützenden Wasserlaufes abhängig. Entsprechend dem Hochwasser, Mittelwasser, Niederwasser im Fluß hat man für Q einen Maximalwert, einen Mittelwert und einen Minimalwert. Die gleichzeitigen Schwankungen in der Größe des Bruttogefälles verlaufen im umgekehrten Sinn. Sie werden im allgemeinen nur durch den wechselnden Stand des Unterwassers herbeigeführt; denn abgesehen von Talsperrenanlagen wird der Wasserspiegel im Oberwasserkanal und Wasserschloß mittels Hochwasserschutzwand, Kanaleinlaufschütze und Überlauf dauernd auf nahezu gleicher Höhe gehalten. Eine Ausnützung der höheren Lagen des Oberwasserspiegels im Fluß bei Hochwasser ist also nicht möglich; andererseits kann im Unterwasserkanal das Ansteigen des Spiegels beim Anschwellen des Flusses nicht verhindert werden. Die Folge davon ist, daß bei Hochwasser das Bruttogefälle um den Betrag sinkt, um den sich der Spiegel im Fluß an der Kanalmündung hebt, obgleich das gleichzeitige Rohgefälle sich gegenüber dem mittleren Zustand oft nur wenig ändert.

Auf das Nettogefälle haben die Schwankungen des Unterwasserspiegels bei den ohne Saugwirkung arbeitenden Freistrahlturbinen keinen Einfluß; die Größe H ist also hier nahezu dauernd unveränderlich. Bei

Francisturbinen dagegen macht das Nettogefälle die Schwankungen des Bruttogefälles mit und erreicht demnach bei Hochwasser im Fluß einen Minimalwert (Kleingefälle) und bei Niederwasser im Fluß einen Maximalwert (Großgefälle). Es ist daher hier der Wert H namentlich bei Anlagen mit kleinem Gefälle oft in weiten Grenzen veränderlich. Da aber eine Turbine nur für ganz bestimmte Verhältnisse (Q, H, n) gebaut werden kann, so muß auf Grund ausreichender Beobachtungen entschieden werden, welches H vorzuziehen ist. Weicht dann das später im Betrieb sich einstellende Nettogefälle zeitweise von diesem letzteren Werte ab, so verändert dies die Schluckfähigkeit und die günstigste Umdrehungzahl der Turbine.

Das abnormale Nettogefälle sei z. B. H' Meter; für diesen Wert existiert eine gewisse Umdrehungszahl n', bei welcher die Turbine mit dem gleichen Arbeitsprozeß und Wirkungsgrad arbeitet, wie vorher bei dem der Konstruktion zugrunde gelegten Gefälle H. An die Stelle des Wertes Q tritt aber dabei ein neuer Wert Q' und entsprechend H' und Q' wird auch die neue Leistung N' der Turbine eine von der früheren Leistung N verschiedene.

Sind für eine Turbine die Werte Q, H, n, N bekannt, so lassen sich für ein beliebig von H abweichendes neues Gefälle H' die zugehörigen neuen Werte Q', n', N' leicht berechnen aus:

$$Q' = Q \frac{\sqrt{H'}}{\sqrt{H}} \quad \ldots \ldots \ldots \ldots \quad (54)$$

$$n' = n \frac{\sqrt{H'}}{\sqrt{H}} \quad \ldots \ldots \ldots \ldots \quad (55)$$

Auf diese Umdrehungszahl muß die Turbine eingestellt werden, damit sie unter dem neuen Nettogefälle wieder mit ihrem alten Wirkungsgrad arbeitet. Ihre Leistung N' kann nun aus Q' und H' mit dem alten Wirkungsgrad berechnet werden:

$$N' = N \frac{\sqrt{H'^3}}{\sqrt{H^3}} \quad \ldots \ldots \ldots \ldots \quad (56)$$

(Diese Rechnungen können auch unmittelbar mit dem Turbinenschieber ausgeführt werden.)

Häufig läßt die Betriebsart das Ändern der Umdrehungszahl von n auf n' nicht zu. Es muß vielmehr auch bei schwankendem Gefälle die Umdrehungszahl konstant gehalten werden, so daß die Turbine mit den Daten H', Q', n arbeitet. Bei solchem Betrieb sinkt der Wirkungsgrad der Turbine, und zwar entsprechend dem prozentuellen Unterschied zwischen dem Betriebswert n und dem Sollwert n'.

Man kann zu diesem prozentuellen Unterschied zwischen n und n' (prozentuelle Tourenunstimmigkeit) aus dem Diagramm Fig. 18 die ungefähr eintretende Wirkungsgradreduktion entnehmen und damit aus N' die Leistung N'' der Turbine bei Betrieb mit abnormalem Gefälle und normaler Drehzahl berechnen. Bei Francisturbinen hat eine Tourenunstimmigkeit auch einen Einfluß auf die Schluckfähigkeit, und zwar

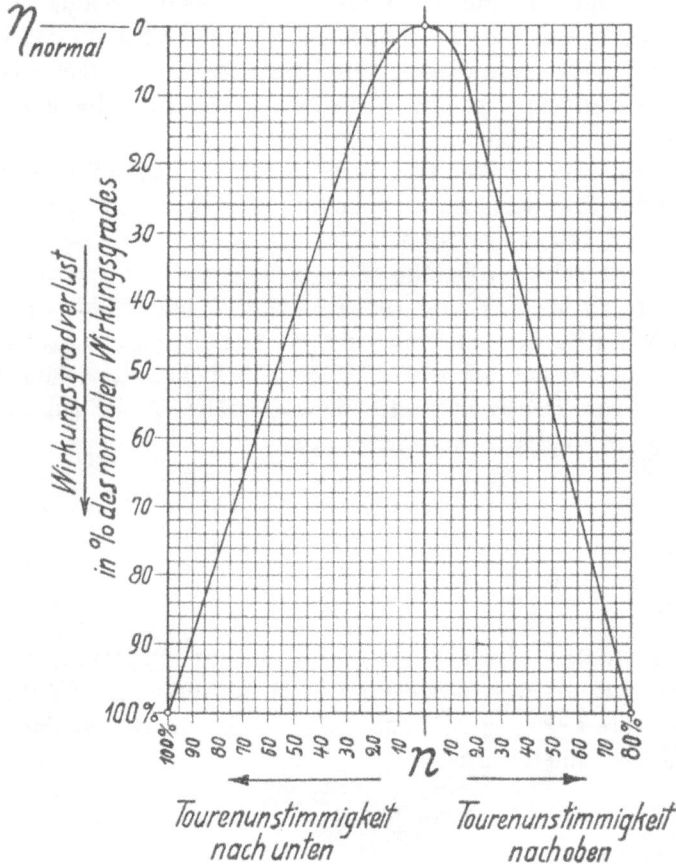

Fig. 18.

meistens in dem Sinn, daß statt des Sollwertes Q' ein etwas kleinerer Wert Q'' sich einstellt und also auch N'' noch etwas geringer ausfällt als vorstehend berechnet. Solange es sich aber nicht um abnorm große Tourenunstimmigkeiten handelt, kann dieser Umstand vernachlässigt werden. Im Diagramm Fig. 18 bedeutet n jeweils den Sollwert der Umdrehungszahl.

Schwankungen in der Wassermenge gleicht man durch verminderte Beaufschlagung der Turbinen, die für die größte vorkommende Wassermenge zu bemessen sind, aus. Diese Verminderung des Wasserkonsums einer Turbine, die für ein bestimmtes Q gebaut ist, durch Einwirkung auf den Leitapparat wird auch bei Schwankungen im Kraftbedarf angewendet und ist bei der hohen Regulierfähigkeit moderner Turbinen in ziemlich weiten Grenzen zulässig; doch soll eine Reduzierung der Wassermenge unter dem Wert $\frac{Q}{2}$ möglichst vermieden werden, weil von hier an der Wirkungsgrad stark zu sinken anfängt. Zentralen mit einer größeren Anzahl von Einheiten sind hiebei im Vorteil, weil die Schwankungen im Wasserzufluß und Kraftbedarf durch Inbetriebsetzung von mehr oder weniger Einheiten ausgeglichen werden können.

In kleineren Anlagen könnte die Höchstleistung häufig sehr wohl durch eine einzige Turbine bewältigt werden; sobald aber stark schwankender Wasserzufluß vorliegt, muß man, um eine gute Ausnutzung des Minimalwassers zu ermöglichen, zwei Einheiten anordnen, und manchmal müssen diese zwei Einheiten auch noch ungleich groß gemacht werden. Starke gleichzeitige Schwankungen von Wassermenge und Gefälle führen dazu, daß man die Turbinen in der Weise ausführt, daß bei Betrieb mit Mittelgefälle und Niederwassergefälle der Leitapparat nur teilweise geöffnet ist. Wenn dann bei Hochwasser das Gefälle sinkt und damit die Schluckfähigkeit und Leistung der Turbine trotz des meist vorhandenen Wasserüberflusses abnehmen würde, so kann durch Einstellung des Leitapparates auf volle Öffnung doch der Wasserkonsum und die Leistung auf annehmbarer Höhe gehalten werden. Wenn z. B. eine Turbine beim Großgefälle H (Niederwasserperiode) die Wassermenge Q und beim Kleingefälle H' (Hochwasserperiode) die Wassermenge Q' konsumieren soll, so bestimmt sich der Beaufschlagungsgrad a (Bruchteil der vollen Beaufschlagung), mit welchem die Turbine in der Niederwasserperiode arbeitet, aus der Gleichung:

$$a = \frac{Q}{Q'} \cdot \frac{\sqrt{H'}}{\sqrt{H}} \quad \dots \dots \dots \quad (57)$$

Bei Hochwasser ist die Turbine vollbeaufschlagt, arbeitet also mit a gleich 1. Wenn man für a eine Vorschrift macht, z. B. a soll einen bestimmten Wert, z. B. ⅔, nicht unterschreiten, so berechnet sich die größte in der Hochwasserperiode erreichbare Schluckfähigkeit aus

$$Q' = \frac{Q\sqrt{H'}}{a\sqrt{H}} \quad \dots \dots \dots \dots \quad (58)$$

Die Formeln 57 und 58 setzen Tourengleichstimmigkeit, d. h. Verminderung der Umdrehungszahl in der Hochwasserperiode entsprechend der Verminderung des Gefälles voraus; doch kann man sie auch, ohne einen großen Fehler zu machen, bei mäßiger Tourenunstimmigkeit anwenden.

§ 24. Wirkungsgrad.

In Beziehung auf den Wirkungsgrad ist zu beachten, daß es sich bei vielen Turbinenfirmen eingebürgert hat, die Francisturbinen so zu bauen, daß ihr Wirkungsgrad bei Dreiviertelbeaufschlagung einen Höchstwert erreicht und bei Vollast um einige Prozente niedriger ist. Turbinen nach dieser Bauart bezeichnet man zweckmäßig als Dreiviertellast-Francisturbinen. Den ungefähren Wirkungsgradverlauf einer solchen Dreiviertellast-Francisturbine zeigt folgendes Diagramm Fig. 19. Man

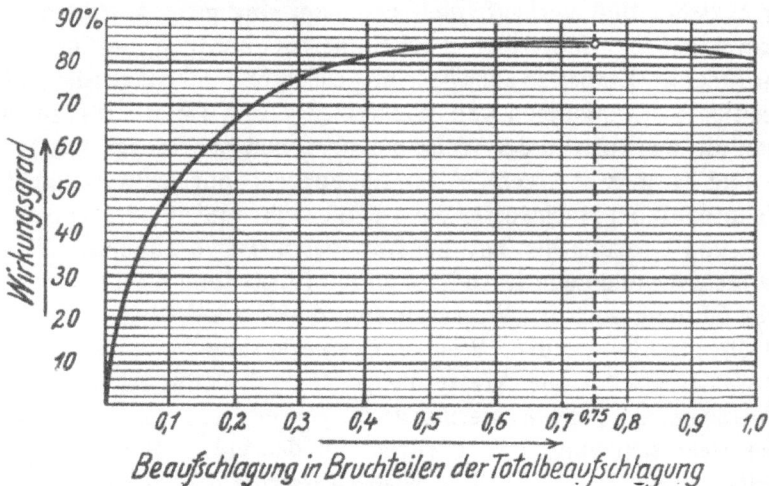

Fig. 19.

kann aber die Francisturbine ebensogut so bauen, daß ihr Wirkungsgrad bei Vollast sein Maximum hat. Für diese letztere Bauart empfiehlt sich die Bezeichnung „Vollast-Francisturbine". Turbinen, welche dauernd vollbelastet laufen sollen, wird man selbstredend als Vollast-Turbinen bauen. Bei Schwankungen im Kraftbedarf oder im Wasserzufluß und Gefälle ist jedoch die Dreiviertellast-Turbine vorteilhafter, und in manchen Fällen geht man noch weiter und baut Zweidrittellast-Francisturbinen, die ebenfalls wohl ausführbar sind.

Die Freistrahlturbine ist in Beziehung auf Verlegung des Wirkungs-
gradmaximums nicht in gleich hohem Maße gestaltungsfähig wie die
Francisturbine, doch ist hier diese Eigenschaft wegen der Konstanz des
Nettogefälles auch nicht so notwendig wie bei der Francisturbine. Die
Freistrahlturbinen sind andererseits bezüglich Belastungsschwankungen
nicht so empfindlich wie die Francisturbinen. Diese Eigenschaft macht
sie insbesondere wertvoll für den Antrieb von Maschinen, welche stark
wechselnder Belastung ausgesetzt sind, z. B. von Generatoren für Bahnbetrieb u. dgl. Die Freistrahlturbinen werden im allgemeinen für Voll-
last gebaut; ihre Wirkungsgradkurve verläuft bei Belastungen bis etwa
$\frac{1}{2}$ der Vollast über der Kurve gleichwertiger Francisturbinen; von $\frac{1}{2}$ bis $\frac{1}{1}$
der Vollast etwas unter der Franciskurve.

Die Turbinen mit hoher spez. Drehzahl sind bezüglich des Wirkungsgrades wesentlich empfindlicher als die Francis- und Freistrahlturbinen. Propellerturbinen und ähnliche Typen mit festen Laufschaufeln
haben gute Wirkungsgrade nur bis herunter zu etwa $\frac{3}{4}$ Beaufschlagung;
bei geringerer Belastung fällt die Wirkungsgradkurve scharf ab. Kaplan
hat deshalb, wie bereits erwähnt, seine Turbine mit drehbaren Laufschaufeln ausgestattet und erreicht hiebei noch gute Wirkungsgrade bis
$\frac{1}{4}$ der Beaufschlagung.

Der Wirkungsgrad hängt außer von den hydraulischen Verhältnissen
auch von der konstruktiven Anordnung der Turbinen ab. Man kann z. B.
Doppelfrancisturbinen entweder mit gemeinsamem Leitapparat für die zwei
zusammengebauten Laufräder, oder mit gemeinsamem Saugrohr für die
zwei räumlich getrennten Laufräder bauen. Es werden dadurch kleinere
Wirkungsgradunterschiede hervorgerufen, welche jedoch im allgemeinen
kaum bemerkbar sind. Der Wirkungsgrad von Turbinen ist überdies schwer
genau meßbar, so daß er im allgemeinen nur mit ± 2% Toleranz angegeben
werden kann und auch nur so von den Turbinenfirmen garantiert wird.

§ 25. Obere Grenze des zulässigen Gefälles.

Es ist von Interesse, zu wissen, wie hoch man bei den verschiedenen
Turbinensystemen mit dem Nettogefälle gehen kann. Die Rücksichten
auf Arbeitsprozeß des Wassers und Wirkungsgrad setzen keine strenge
obere Grenze fest; denn bei allen Turbinenarten sind, abgesehen von
einzelnen Systemgebieten, die Gesetze der Wasserbewegung und die
prozentuellen Beträge der verschiedenen Energieverluste, welche den
Wirkungsgrad festlegen, vom Gefälle nahezu unabhängig. Man kann
demnach sowohl beim Francis- als beim Freistrahlsystem beliebig hohe

Gefälle zulassen, sofern nur passende Systemlagen gewählt werden und das dem Konstrukteur zur Verfügung stehende Konstruktionsmaterial den auftretenden Beanspruchungen und den Angriffen des strömenden Wassers mit Sicherheit widersteht.

Unter alleiniger Berücksichtigung der Beanspruchung durch Zentrifugalkraft ergibt eine einfache Rechnung, welche sich auf die Gleichung

$$\sqrt{2gH} = \frac{\text{Umfangsgeschwindigkeit}}{\text{Umfangsschnelligkeit}} \quad \ldots \ldots \quad (59)$$

gründet, das größte zulässige Gefälle H_{max}, sobald die größte zulässige Umfangsgeschwindigkeit bekannt ist.

Läßt man beim Freistrahlsystem — die Verwendung von bestem geschmiedetem Stahl für den Laufradkörper vorausgesetzt — am Kreis D_1 eine Umfangsgeschwindigkeit von 75 m/sek zu, so erhält man je nach Wahl des Systems (Systemlage nach § 5):

$$H_{max} \lesssim 1600 \text{ bis } 1150 \text{ m}.$$

Für das Francissystem bekommt man, wenn man unter Berücksichtigung der komplizierteren Laufradform (Stahlguß) hier nur bis 50 m/sek Umfangsgeschwindigkeit zuläßt, ebenfalls je nach Wahl der Schnelläufigkeit:

$$H_{max} \lesssim 300 \text{ bis } 100 \text{ m}.$$

Berücksichtigt man, daß man im allgemeinen mit der Gefahr des Durchgehens der Wasserturbinen rechnen muß, wobei eine Erhöhung der normalen Drehzahl auf ungefähr das 1,7—1,8 fache, bei Propellerturbinen bis auf das 2,5 fache eintritt, so kann man die vorstehend ermittelten Gefällswerte als die äußerste Grenze dessen betrachten, was bei den verschiedenen Systemen und Systemlagen noch zugelassen werden kann. Da jedoch die heutigen Turbinenkonstruktionen außerordentlich anpassungsfähig sind, werden sich aus dieser Begrenzung kaum Schwierigkeiten ergeben, es wird auch wohl nie eine Überschreitung des für Freistrahlturbinen maximal zulässigen Gefälles von 1150 bis 1600 m vorkommen.

In den vorstehenden Betrachtungen über das maximal zulässige Gefälle ist vorausgesetzt, daß es in den einzelnen Fällen möglich ist, die unter Druck stehenden Hohlräume in der Rohrleitung und in der Turbine mit widerstandsfähigen Wandungen zu versehen. Ob dies zutrifft, hängt bekanntlich von dem im Betrieb zu erwartenden maximalen inneren Überdruck und von der Lichtweite dieser Hohlräume ab; es muß daher in jedem einzelnen Fall die projektierte Konstruktion auf Ausführbarkeit in dieser Hinsicht geprüft werden. Kommt man hierbei auf ein negatives Ergebnis, so muß das Gefälle örtlich geteilt werden in der Weise, daß man eine Zentrale in halber Höhe des Gefälles anordnet und mit ihrem Abwasser eine am Fuße des Gefälles liegende zweite speist. Wenn dies nicht genügt, so ordnet man 3 oder noch mehr Zentralen staffelförmig übereinander an. Die Anlagekosten der Maschinenanlage werden dadurch aber so erhöht, daß diese Erhöhung durch die bei der Staffelung eintretende Preisminderung in den Rohrleitungskosten meistens bei weitem nicht ausgeglichen wird.

Auch die Betriebskosten erhöhen sich naturgemäß, und der Betrieb wird dadurch kompliziert, daß man besondere Vorrichtungen anbringen muß, welche den tiefer gelegenen Zentralen auch dann Wasser zuführen, wenn die oberen still stehen. Man wird also dieses Aushilfsmittel nur dann anwenden, wenn eine andere Bauart unmöglich wird.[1])

§ 26. Aufspeicherung des Betriebswassers.

Wenn eine hydroelektrische Zentrale ihr Wasser unmittelbar einem Fluß entnimmt, so kann an das öffentliche Stromverteilungsnetz der Zentrale nur so viel Belastung angeschlossen werden, daß das Minimalwasser Q_{min} im Fluß für die höchste momentan vorkommende Belastung des Netzes noch ausreicht. Die mittlere Belastung des Netzes ist nun aber im allgemeinen nur ein Bruchteil dieser Höchstbelastung; daraus folgt, daß schon bei Minimalwasser ein großer Teil des täglich zufließenden Betriebswassers ungenützt am Überlauf des Wasserschlosses abfließt; bei Normalwasser und bei Hochwasser ist dies in noch höherem Maße der Fall. Um diesem Übelstand abzuhelfen, versieht man hydroelektrische Zentralen, welche auf öffentliche Stromverteilungsnetze arbeiten, wenn es die örtlichen Verhältnisse gestatten, mit Speicheranlagen, welche zeitweise überschüssiges Wasser zurückhalten und nach Bedarf wieder abgeben.

Die Anordnung einer derartigen Speicheranlage im Oberwasser: Stauweiher, Talsperre, ist von Einfluß auf die maximale Wassermenge ΣQ, für welche die projektierte Zentrale gebaut werden muß.

Hat eine Wasserkraftanlage einen Stauweiher, der groß genug ist, um innerhalb eines Tages das in den Stunden schwachen Betriebs überschüssige Wasser zurück- und für die Stunden stärkeren Betriebes bereitzuhalten, so richtet sich die zulässige Netzbelastung und damit die gesamte Maschinenstärke der Zentrale nach dem Belastungsfaktor k

---

[1]) Beispiele von gestaffelten Hochdruckanlagen: „Wäggitalwerk" Schweiz mit 2 Hochdruckstufen im Schräh und bei Rempen (Elektrojournal 1925, Nr. 11/12), ferner: Kraftwerke „Oberhasli" Schweiz mit 3 Hochdruckstufen (siehe Schweiz. Bauztg. 1925, Bd. 85. Nr. 2 u. f.).

der Anlage. Entspricht die gesamte Energieabgabe innerhalb 24 Stunden einem x-stündigen Vollbetrieb, so ist

$$k = \frac{x}{24}$$

und der Wert $\varSigma Q$, welcher der nunmehr zulässigen höchsten Netzbelastung entspricht und für welchen die Zentrale zu entwerfen ist, ergibt sich zu

$$\varSigma Q = \frac{1}{k} Q_{min} \qquad \ldots \ldots \ldots \ldots \quad (60)$$

Für $x = 8$ zum Beispiel wird

$$\varSigma Q = 3 Q_{min}.$$

Die zulässige Summe der Netzanschlüsse ist also durch die Anordnung des Stauweihers verdreifacht worden, aber auch die Maschinenanlage muß dreimal größer werden. Vom Minimalwasser bleibt nun kein Tropfen ungenützt; in den Zeiten des Mittel- und Hochwassers muß aber noch Wasser am Überlauf abgeworfen werden. Wenn jedoch der Stauweiher größer gemacht wird, so reduziert sich dieser Wasserverlust, und man kann erreichen, daß z. B. während des trockensten Monats im Jahr kein Wasser am Überlauf abfließt. Dann tritt in Gleichung (60) an die Stelle von Q_{min} das kleinste Monatsmittel innerhalb eines Jahres. Macht man den Stauinhalt noch größer, so kommt das kleinste Halbjahrmittel innerhalb eines Jahres, d. h. gewöhnlich die mittlere sekundliche Wassermenge des Sommerhalbjahres, in Frage und bei weiterer Vergrößerung gelangt man dazu, das Jahresmittel des trockensten Jahres unter einer Reihe von aufeinanderfolgenden Jahren einsetzen zu können, womit natürlich eine ganz beträchtliche Vergrößerung der Belastungsfähigkeit der Zentrale, deren Maschinensatz aber entsprechend groß gemacht werden muß, erzielt wird.

Die vorerwähnten Mittelwerte der Wassermenge müssen aus dem Einzugsgebiet des Flußlaufes durch Beobachtungen über die Niederschlagsmenge und über die Abflußverhältnisse ermittelt werden. Die notwendigen Stauweiherinhalte sind auf Grund der Schwankungen in Wasserzufluß und Kraftbedarf zu bestimmen[1]).

§ 27. Einfluß der äußeren Verhältnisse auf die konstruktive Ausführung der Turbinen.

In Beziehung auf die äußere Konstruktion zerfallen die Turbinen bekanntlich in Gehäuseturbinen und in offene Schachtturbinen. Die Anord-

---

[1]) Siehe hierüber auch § 11, Wasserhaushalt, Seite 40 u. f.

nung des Gehäuses richtet sich nach den örtlichen Verhältnissen am Aufstellungsort, bei Francisspiralturbinen und Peltonturbinen auch nach der Drehrichtung, falls hierüber Vorschriften bestehen. Gehäuseturbinen haben den Vorteil, daß sie in heizbaren Räumen aufgestellt werden können. Man zieht sie deswegen bei Frostgefahr den offenen Schachtturbinen vor, so lange es geht, und baut also, sofern mit einfachen oder Doppel-Francisturbinen brauchbare Drehzahlen resultieren, noch bis zu 5 m Gefälle herunter Gehäuseturbinen.

Sandgehalt im Betriebswasser macht Spezialkonstruktionen notwendig. Da hierdurch der Preis und die konstruktive Ausführung der Turbinen stark beeinflußt wird, so muß der projektierende Ingenieur über die Beschaffenheit des Betriebswassers informiert sein. Man trifft ferner häufig Gegenden, in denen das Betriebswasser, obgleich ganz klar, doch große Neigung hat, die inneren Teile der Turbinen durch chemische Einwirkung zu zerstören. Liegt ein so geartetes Wasser vor, so muß der Turbinenkonstrukteur bei der Konstruktion der Turbinen jede falsche Wasserbewegung, die erfahrungsgemäß zu solchen Korrosionen Anlaß gibt, durch zweckmäßige Konstruktion unmöglich machen und vor allem, wenn es sich um Francisturbinen handelt, die unteren Systemlagen vermeiden.

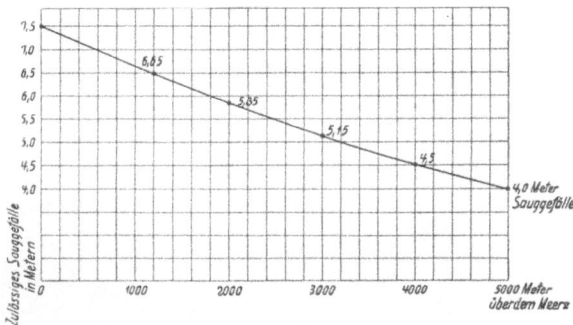

Fig. 20.

Auf Francisturbinen ist ferner noch die Höhenlage der Turbine von Einfluß. Die Francisturbinen haben bekanntlich Saugrohre, welche ständig ins Unterwasser tauchen müssen. Der Abstand vom Turbinenlaufrad bis zum Unterwasserspiegel ist das sogenannte Sauggefälle. Dieses erreicht bei einer ausgeführten Anlage seinen größten Wert bei Minimalwasser im Fluß und Stillstand der Zentrale. Dabei darf nun ein gewisser, vom atmosphärischen Luftdruck am Aufstellungsort abhängiger Wert nicht überschritten werden. Das maximal zulässige Sauggefälle ist bei Meereshöhe, Vollbetrieb der Turbine, vorzüglicher Abdichtung des Saugrohres und unter der Voraussetzung, daß das Betriebswasser nicht abnormal gasreich ist, 8 m. Mit Rücksicht auf Betrieb mit reduziertem Wasserdurchfluß empfiehlt es sich aber, nicht über 7,5 m zu gehen. Das beigefügte Diagramm Fig. 20 zeigt, welche Änderungen dieses Maß mit der Höhenlage des Aufstellungsortes erfährt.

In Fällen, in denen mit Rücksicht auf die Schwankungen des Unterwasserspiegels der Maschinenhausflur sehr hoch gelegt werden muß, kann es vorkommen, daß namentlich zur Zeit der Niederwasserperiode das zulässige Sauggefälle überschritten wird. Man muß dann das Unterwasser am Maschinenhaus künstlich so hoch aufstauen, daß die Turbine ihr Wasser noch ohne Störung zum Abfluß bringt, womit aber natürlich ein Verlust von Gefälle verbunden ist.

VI. Kapitel.

§ 28. Projektierung von Zentrifugalpumpen.

Durch Umkehrung der Francisturbine kommt man auf die Zentrifugalpumpe; daher läßt sich das Systembild der Francisturbine ohne weiteres für Projektierung von Zentrifugalpumpen verwenden. Der Vorgang ist dabei genau der gleiche wie beim Projektieren von Francisturbinen. Für H ist die manometrische Förderhöhe in Metern einzusetzen, und es ist ferner zu beachten, daß im allgemeinen nur die Systemstrecke vom großen Stern abwärts bis zum unteren kleinen Stern in praktischen Ausführungen benutzt wird. Man schiebt auch hier wieder H über Q, wie bei der Francisturbine, und liest je nach der Lage des Francisbildes gegenüber der Skala n die zweckmäßige Umdrehungszahl ab. Der unterste Systemzug des Francisbildes gibt wieder die einfache Maschine, d. h. die Zentrifugalpumpe mit einem Laufrad; die nach oben folgenden Systemzüge geben Pumpen mit mehreren parallel arbeitenden Laufrädern und mit Tourenerhöhung gegenüber der einfachen Pumpe. Häufig liegt aber hier die Sachlage so, daß schon die einfache Pumpe so hohe Drehzahl hat, daß nicht Erhöhung, sondern Erniedrigung derselben anzustreben ist. Dies läßt sich erreichen durch Teilung der Förderhöhe, d. h. durch die Anordnung von Druckstufen; dabei arbeiten zwei oder mehrere Laufräder in Hintereinanderschaltung und jedes Laufrad erzeugt nur einen Bruchteil der verlangten totalen manometrischen Förderhöhe. Wie man hierbei vorzugehen hat, ist klar. Man dividiert die gesamte manometrische Förderhöhe mit der Anzahl der hintereinandergeschalteten Laufräder, geht mit diesem Bruchteil von H total in die Skala H ein und verfährt wie oben. Weitere Erläuterungen geben die hierfür in der Beispielsammlung enthaltenen Beispiele.

Bei den Zentrifugalpumpen sind die Wirkungsgrade erheblich niedriger als bei den Francisturbinen gleicher Systemlage. Dieser Umstand macht es erklärlich, warum bei Zentrifugalpumpen in der Praxis nur die bestmöglichen Systemlagen benutzt werden.

VII. Kapitel.

Lager und Wellen.

§ 29. Lager.

Wie aus den vorhergehenden Kapiteln ersichtlich ist, können die Turbinen sowohl mit liegenden als auch mit stehenden Wellen gebaut werden, wobei die Lagerung unabhängig von der Größe und vom System der Turbine sich lediglich nach den jeweiligen örtlichen Verhältnissen bestimmt. In neuerer Zeit wählt man für große Niederdruckanlagen[1]) Maschineneinheiten mit vertikaler Welle, weil hierbei günstigere Saugrohr- bzw. Wasserabflußverhältnisse erzielt werden, weil die Turbinen tief aufgestellt werden können, was vorteilhaft für die Druckverhältnisse unter dem Laufrad ist und weil auch eine einfachere und übersichtlichere Lagerung erreichbar ist. Die vertikale Lagerung schwerer Turbinensätze ist insbesondere durch die neuzeitliche Ausbildung der Spurdrucklager ermöglicht worden, welche das Gewicht der schweren drehenden Turbinen- und Generatorteile zuzüglich der Achsialschübe ohne Schwierigkeit aufzunehmen vermögen. Derartige Lager wurden durch Michell[2]) als Segmentdrucklager, von Brown, Boveri & Co., Escher Wyss & Cie., Voith u. a. als Gleitdrucklager oder als kombinierte Gleit- und Kugeldrucklager ausgebildet und haben sich bereits in vielen Anlagen sehr gut bewährt.

Für Hochdruckanlagen[3]) werden im allgemeinen horizontale Wellen angewandt, weil sich hierdurch die einfachsten Verhältnisse ergeben, dies gilt insbesondere bei Anwendung von Freistrahlturbinen. Je nach der Größe der Turbinen und der mit ihnen gekuppelten Stromerzeuger benützt man in diesem Falle eine Zwei-, Drei- oder Vierlageranordnung. Letztere wird im allgemeinen nur bei großen schweren Maschinensätzen verwendet, während man bei mittleren und kleineren Maschinen mit

---

[1]) Kraftanlagen der „Mittleren Isar" in Bayern, Wasserkraftanlage Gösgen in der Schweiz, Niagaraturbinen.

[2]) Michell-Drucklager, siehe Zeitschr. d. Vereins deutscher Ingenieure 1916, S. 305.

[3]) Walchenseekraftwerk, Anlagen am Rjukanfos, am Glomfjord in Norwegen.

3 oder 2 Lagern für Turbine und Generator auskommt[1]). Bei kleineren Aggregaten können einfache Lagerverhältnisse auch dadurch erzielt werden, daß man das Turbinenlaufrad fliegend auf die Generatorwelle aufsetzt, auch die Ausführung von 2 fliegenden Laufrädern ist ohne weiteres ausführbar.

Bei Wahl der Anordnung ist in erster Linie zu berücksichtigen, daß die Lagerentfernung nicht zu groß wird und die Welle keine im Verhältnis zum Laufrad der Turbine zu großen Abmessungen erhält. Immerhin ist man bei großen Aggregaten schon auf über 10 m Lagerentfernung gegangen[2]). Bei derartigen Konstruktionen sind natürlich entsprechend starke Wellen nötig, und es ist auf deren Durchbiegung Rücksicht zu nehmen. Dieselbe darf nicht zu groß werden, da abgesehen von der Beanspruchung in den Lagern auch eine Verschlechterung der Verhältnisse im Schaufelspalt eintreten würde, da ferner ein Anstreifen des Rotors an den Gehäusewicklungen des Generators zu befürchten wäre. Zu große Durchbiegungen können auch ein Schwingen der Welle zur Folge haben, welches, besonders, wenn hierbei noch Resonanz mit den Eigenschwingungen des Generators auftritt, zerstörend auf Turbine und Generator wirkt.

Die Durchbiegung soll aus diesen Gründen nicht über etwa 0,2 mm pro m Wellenlänge betragen; es ist außerdem durch entsprechende Beweglichkeit der Lagerschalen dafür zu sorgen, daß sich die Lager nach der Welle einstellen.

Bei horizontaler Lagerung können ebenfalls Achsialschübe auftreten, und zwar nicht nur bei Einfach-Francisturbinen, sondern infolge der nicht zu vermeidenden Störungen im Wasserdurchfluß auch bei Zwillings- und Doppelturbinen sowie bei Freistrahlturbinen. Auf diese Schübe ist durch Anordnung eines Kamm- oder Drucklagers Rücksicht zu nehmen. Auch für diese Zwecke hat sich das Michell-Lager gut bewährt. Das Drucklager wird meist an das freie Ende der Turbinenwelle gesetzt. Die Lager werden heute fast ausschließlich als Ringschmierlager ausgebildet. Bei größeren Maschinensätzen wird das Schmieröl künstlich durch Wasser gekühlt, wobei entweder das Wasser selbst die Lager umspült (direkte

---

[1]) Dreilageranordnung wurde jedoch auch schon für sehr große Einheiten gewählt, z. B. für die Maschinen der Anlage am Glomfjord, wo die Wellen der Freistrahlturbinen von 27000 PS und der zugehörigen Generatoren durch 3 Lager abgestützt sind. Es ergeben sich hierbei allerdings Lagerentfernungen von annähernd 7 m. Siehe Zeitschr. d. Vereins deutscher Ingenieure 1921, Heft 27 u. f.

[2]) Anlage Augst 5725 mm, Anlage Wyhlen 6950 mm, Untra-Werk in Schweden ca. 11000 mm, siehe Zeitschrift d. Vereins deutscher Ingenieure 1921, Seite 680, Abbildung 1.

Wasserkühlung) oder das Öl mittels besonderer Ölpumpen in Umlauf gesetzt und dessen Temperatur durch Kühlschlangen erniedrigt wird (indirekte Wasserkühlung).

Für gute Zugänglichkeit der Lager zwecks Überwachung, Instandhaltung usw. ist unbedingt zu sorgen. Bei tief im Wasser sitzenden Turbinen werden zu diesem Zwecke die Lager in wasserdichte Kästen eingeschlossen, welche durch Gänge oder Kammern zugänglich gemacht werden. Es ist ferner bei Anordnung der Lager Rücksicht auf bequeme Montage und Demontage der Laufräder zu nehmen. Zur Vermeidung vagabundierender Ströme sollen die Lager gegen Erde isoliert sein.

§ 30. Wellen.

Die Wellen werden bei wichtigeren Turbinen fast ausschließlich aus Siemens-Martin-Stahl hergestellt. Sie müssen kräftig genug sein, um nicht nur den durch die Kraftübertragung hervorgerufenen Drehungsbeanspruchungen, sondern auch den infolge der Gewichte auftretenden Biegungsbeanspruchungen standzuhalten. Bei großen Turbinen bzw. großen Lagerentfernungen ist, wie bereits erwähnt, die Durchbiegung zu berücksichtigen, welche im allgemeinen nicht größer als 0,2 — 0,3 mm pro laufenden m Wellenlänge betragen soll. Bei größeren Maschinen werden die Wellen oft hohl bearbeitet, um an Gewicht zu sparen und um eine Gewähr für die Beschaffenheit des Wellenmaterials zu erhalten.

Zur Bestimmung der Wellenstärke ist zunächst das zu übertragende Drehungsmoment M_d in cmkg sowie das durch die Laufradgewichte ev. auch die Rotorgewichte und ein etwaiges Schwungrad hervorgerufene Biegungsmoment M_b zu ermitteln.

Es sei:

d der Wellendurchmesser in cm bei massiven Wellen,

k_d die zulässige Drehungsbeanspruchung in kg/cm²,

k_b die zulässige Biegungsbeanspruchung in kg/cm²,

N die zu übertragende Leistung in PS

n die Umdrehungszahl pro Minute,

so ist nach C. Bach für reine Drehungsbeanspruchung (bei verhältnismäßig kleinem Biegungsmoment):

$$N^{PS} = \frac{2\pi n}{450\,000} M_d^{cmkg} \quad \cdots \cdots \cdots \quad (61)$$

Mit

$$M_d = \frac{\pi}{16} d^3 k_d \eqsim 0{,}2\, d^3 k_d \quad \cdots \cdots \quad (62)$$

ergibt sich:

$$d^{cm} = \sqrt[3]{\frac{360\,000}{k_d}\,\frac{N}{n}} \quad \cdots \cdots \quad (63)$$

hierbei kann für S.-M.-Stahl $k_d = 600$ bis 800 kg/cm² gewählt werden.

Für Hohlwellen mit einem äußeren Durchmesser d_a^{cm} und einem inneren Durchmesser d_i^{cm} ist anstatt d^3 der Wert $\dfrac{d_a{}^4 - d_i{}^4}{d_a}$ zu setzen.

Die Biegungsbeanspruchung kann bei kleineren Anlagen und überschlägigen Rechnungen dadurch berücksichtigt werden, daß die zulässige Drehungsbeanspruchung k_d kleiner, etwa gleich der Hälfte des obigen Wertes eingesetzt wird. Er ergibt sich dann für Wellen aus S.-M.-Stahl:

$$d^{cm} \simeq \sqrt[3]{1200\,\frac{N}{n}} \quad \cdots \cdots \cdots \quad (64)$$

Für größere Maschinen genügt diese überschlägige Rechnung nicht, sondern die Momente sind genau zu berechnen. Es ergibt sich dann nach C. Bach:

$$\frac{k_b}{10}\,d^3 = 0,35\,M_b + 0,65\,\sqrt{M_b{}^2 + (a_o\,M_d)^2} \quad \cdots \quad (65)$$

wobei

$$a_o = \frac{k_b}{1,3\,k_d} \quad \cdots \cdots \cdots \quad (66)$$

Nimmt man für S.-M.-Stahl:

$$k_b = 400 \text{ bis } 500 \text{ kg/cm}^2$$
$$k_d = 600 \text{ bis } 800 \text{ kg/cm}^2$$

so wird

$$a_0 = 0,5$$

und

$$d = \sqrt[3]{\frac{10}{k_b}\,[0,35\,M_b + 0,65\,\sqrt{M_b{}^2 + 0,25\,M_d{}^2}]} \quad \cdots \quad (67)$$

Bei vertikalen Wellen ist die Drehungsbeanspruchung k_d in gleicher Weise zu ermitteln wie bei wagerecht gelagerten Wellen. Die Beanspruchung durch Biegungsmomente fällt jedoch hier weg. Die senkrechten Wellen erhalten außer dem Spurlager noch ein, bei größeren Aggregaten zwei Führungslager.

Bei direkter Kuppelung von Turbine und Generator werden heute fast ausschließlich starre Kuppelungen verwendet, deren Kupplungshälften entweder warm auf die Wellenenden aufgezogen oder — bei größeren und stärkeren Wellen — aus der Welle selbst herausgeschmiedet werden. Die Verbindung der Kupplungshälften erfolgt durch kräftige, leicht konische Bolzen, welche in den Bohrungen eingeschliffen werden.

VIII. Kapitel.

Beispielsammlung.

Nr. 1
Bestimmung des Bruttogefälles aus dem Rohgefälle.

Von der Flußstrecke, deren Wasserkraft ausgenützt werden soll, liegt ein Lageplan mit Höhenkurven, wie in Fig. 21 angedeutet, vor. Das Wasser kann an der Stelle A entnommen werden, und die Wasserkraft soll bis B ausgenutzt werden. Zwecks Fassung und Ableitung des Wassers wird bei A in den Fluß ein Wehr eingebaut, und es darf dadurch der mittlere Wasserstand um 1 m gestaut werden.

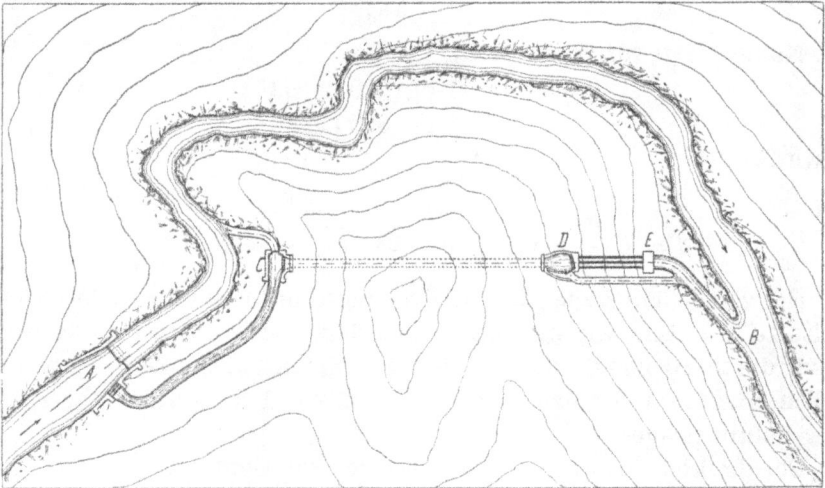

Fig. 21. Lageplan mit Höhenkurven.

Höhenkote des mittleren Wasserspiegels bei A ungestaut 270 m über Normal-Null.
Höhenkote der Flußsohle bei A 268,5 m über Normal-Null.
Höhenkote des mittleren Wasserspiegels bei B 227 m über Normal-Null.
Höhenkote der Flußsohle bei B 226 m über Normal-Null.

Die mittlere Wassermenge des Flusses, die ganz abgeleitet werden darf, ist zu 12 m³/sek gemessen.

Unter Berücksichtigung der Aufstauung bei *A* beträgt das Rohgefälle der Anlage:

$$271 - 227 = 44{,}0 \text{ m.}$$

Das Wasser wird zunächst soweit als möglich in einem offenen Kanal geführt, und zwar zwecks tunlichster Reduzierung der Erdarbeiten ungefähr längs einer Höhenlinie bis *C*. Da zwischen *C* und *B*, wie die Höhenkurven erkennen lassen, ein hoher Bergrücken liegt, so muß von *C* ab für das Wasser ein Stollen durchs Gebirge geschlagen werden, der bei *D* wieder zutage tritt. Hier wird das Wasserschloß angelegt, von dem aus das Wasser durch Druckrohrleitungen zum Maschinengebäude *E* und weiter durch den Unterwasserkanal zum Fluß bei *B* fließt. Zu bestimmen ist das Bruttogefälle der Anlage, d. h. der Abstand vom betriebsmäßigen Wasserschloßspiegel *D* bis zum betriebsmäßigen Unterwasserspiegel *E*.

Kanaleinlauf: Durch die Aufstauung bei *A* erhält man im Fluß eine Wassertiefe von 2,5 m. Die Kanalsohle wird um 0,5 m höher gelegt als die Flußsohle (Fig. 22); somit ist im Kanaleinlauf noch eine Wassertiefe von 2 m erreichbar. Läßt man im Einlauf 0,6 m pro sek Wassergeschwindigkeit zu, so wird der notwendige Wasserquerschnitt:

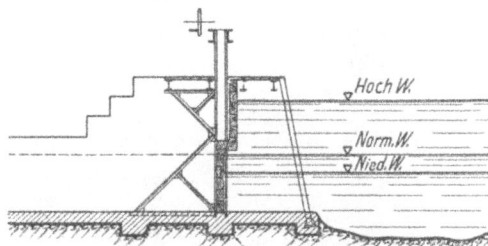

$$\frac{12 \text{ m}^3/\text{s}}{0{,}6 \text{ m/s}} = 20 \text{ m}^2,$$

somit die Einlaufbreite gleich $\frac{20}{2} = 10$ m. Dieser Einlauf ist

Fig. 22. Kanaleinlauf.

mit Grobrechen, Schützenanlage und Hochwasserschutzwand auszustatten. Der Grobrechen wird aus Doppel-**T**-Balken von 200 mm Lichtabstand zwischen den einzelnen Balken hergestellt. Es ist nun zu entscheiden, wieviel Schützen anzuordnen sind. Setzt man die Wassertiefe mit *t* cm, die Schützenbreite mit *b* cm, die zulässige Beanspruchung der Schützentafeln mit k_b (bei Tannenholz ca. 60 kg/cm², bei Kiefernholz ca. 75 kg/cm², bei Eichenholz ca. 90 kg/cm²) ein und nimmt man als herrschenden Wasserdruck den größten der Tiefe *t* entsprechenden Druck mit $\frac{t}{1000}$ kg pro cm² Schützenfläche an, so gilt für den untersten Schützenteil mit der Bohlenstärke δ cm:

$$\frac{\sigma \delta^2}{6} = \frac{\frac{t}{10} \cdot b^2}{8} \quad \ldots \ldots \ldots \ldots \quad (68)$$

hieraus:

$$\delta^{cm} \gneqq 0,028 \cdot b^{cm} \sqrt{\frac{t^{cm}}{\sigma}} \ldots \ldots \ldots \quad (69)$$

Bei einer Einlaufbreite von 10 m sind geteilte Schützen anzuordnen, da die Rechnung für $b = 10$ m selbst bei Eichenholz Bohlenstärken von 42 cm ergibt. Man wird also im Kanaleinlauf zwei Schützen von ca. 250 mm Bohlenstärke und einen Zwischenpfeiler, ferner eine hochwasserfrei angelegte Bedienungsbrücke für Rechen und Schützen anordnen. Der Druckverlust im Einlauf wird zu 0,10 m geschätzt.

Oberwasserkanal: Die Länge wird aus dem Lageplan entnommen zu 650 m. $\qquad L_{ka} = 650$ m $= 0,650$ km.

Der Kanal bekommt trapezoidales Profil mit eineinhalbfüßiger Böschung (Fig. 23). Die Kanalwände werden mit Steinpflaster befestigt. Die Wassergeschwindigkeit kann zu 1 m/sek angenommen werden. Der notwendige Wasserquerschnitt für die zu transportierenden 12000 l/sek

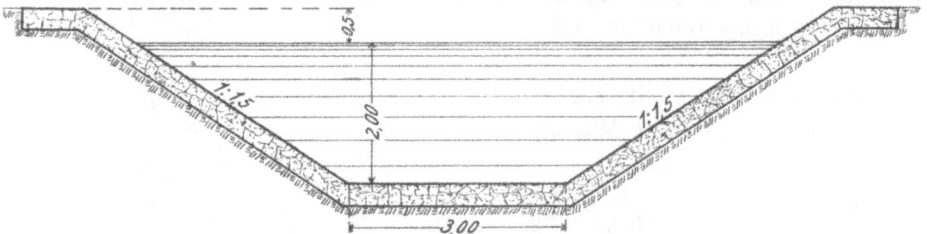

Fig. 23. Kanal mit trapezförmigem Profil.

ergibt sich somit zu 12 m². Diesem Flächeninhalt entspricht das in Fig. 23 skizzierte Profil. Hierfür hat man:

Benetzter Umfang $p = 3 + 2 \cdot 3,6 = 10,2$ m.

Profilradius $R = \dfrac{F}{p} = \dfrac{12}{10,2} = 1,18$ m

$\sqrt{R} = 1,09$.

Der Rauhigkeitsgrad m wird nach Tabelle auf Seite 55 geschätzt zu 1,0; damit ergibt sich nach Gleichung (22) der Rauhigkeitskoeffizient k:

$$k = \frac{100 \sqrt{R}}{m + \sqrt{R}} = \frac{100 \cdot 1,09}{1,0 + 1,09} = 52,2$$

und nach Gleichung (23) die Spiegelsenkung h_v in mm pro laufenden m Kanallänge:

$$h_v = \frac{1000 \cdot v^2}{k^2 \cdot R} = \frac{1000 \cdot 1,0}{52,2^2 \cdot 1,18} \eqsim 0,31 \text{ mm}.$$

Da dieser Wert kleiner als 0,5 ist, so muß eine Korrekturrechnung mit Anwendung von Gleichung (21) Seite 53 vorgenommen werden. Entnimmt man n aus Tabelle Seite 55 zu

$$n = 0,020$$

so wird

$$k' = \frac{23 + \dfrac{1}{0,02} + \dfrac{1,55}{0,3}}{1 + \left(23 + \dfrac{1,55}{0,3}\right) \dfrac{0,02}{1,09}} \eqsim 51,5$$

womit h_v sich zu

$$h_v = \frac{1000 \cdot 1,0}{51,5^2 \cdot 1,18} \eqsim 0,32 \text{ mm}$$

ergibt. Man erhält dann für die ganze Kanallänge:

$$H_{ka}^{Meter} = h_v^{mm} L_{ka}^{km} = 0,32 \cdot 0,650 = 0,21 \text{ m}^1).$$

Stolleneinlauf: Am Kanalende bei C wird der Kanal erweitert und vertieft, so daß ein Sandfang entsteht, der mit Überlaufkante, Leerschütze und Leerschußkanal versehen wird.

Vor dem Stolleneinlauf wird zweckmäßig ein zweiter Grobrechen mit geringerer Maschenweite als am Kanaleinlauf angeordnet. Als Druckverlust im Stolleneinlauf ist ungefähr 0,10 m einzusetzen.

Stollen: Die Länge beträgt 900 m

$$L_{st} = 900 \text{ m} = 0,900 \text{ km}.$$

Im Stollen kann man 1,5 m/sek Wassergeschwindigkeit zulassen. Das Querprofil hat Eiform und ist so zu entwerfen, daß der Stollen nie vollläuft. Der notwendige Wasserquerschnitt ist:

$$F = \frac{12}{1,5} = 8 \text{ m}^2,$$

---

[1]) Nach der vereinfachten Bielschen Formel, Gl. (26′)

$$H_{ka}^m = \frac{L_{ka}^m v^2}{1000 R}\left(0,12 + \frac{f}{\sqrt{R}}\right)$$

würde sich mit $f = 0,35$ ergeben:

$$H_{ka}^m = \frac{650 \cdot 1,0^2}{1000 \cdot 1,18}\left(0,12 + \frac{0,35}{1,09}\right) \eqsim 0,24 \text{ m}.$$

Da dieser Wert etwas höher ist, wäre er für die weitere Rechnung zu verwenden.

was einem Profil nach Fig. 24 entspricht. Hierfür wird

$$p = 9,5 \text{ m}$$

$$R = \frac{F}{p} = \frac{8}{9,5} = 0,84 \text{ m}$$

$$\sqrt{R} = 0,92.$$

Für *m* ist hier ein besserer Wert einzusetzen als beim Kanal, weil der Stollen glatt mit Beton ausgekleidet wird und die höhere Wassergeschwindigkeit eine Verschmutzung hintanhält.

Mit $\qquad m = 0,5$

wird

$$k = \frac{100 \cdot \sqrt{R}}{m + \sqrt{R}} = \frac{100 \cdot 0,92}{0,5 + 0,92} \cong 65$$

$$h_{st} = \frac{1000 \cdot v_{st}^2}{k^2 \cdot R} = \frac{1000 \cdot 1,5^2}{65^2 \cdot 0,84} \cong 0,7 \text{ mm}$$

somit Spiegelsenkung im Stollen:

$$H_{st}^{Meter} = h_{st}^{mm} \cdot L_{st}^{km} = 0,7 \cdot 0,900 = 0,63 \text{ m}.$$

Unterwasserkanal: Die Länge ist 400 m.

$$L'_{ka} = 400 \text{ m} = 0,4 \text{ km}.$$

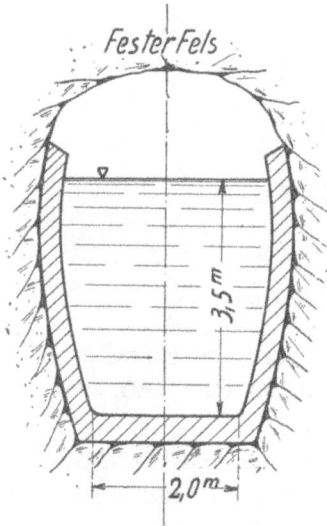

Fig. 24.   Stollenquerschnitt in tragfähigem Gebirge.

Die Wassertiefe an der Flußmündung ist nach den auf Seite 108 angegebenen Höhenkoten 1 m. Läßt man im Unterwasserkanal ebenfalls eine Wassergeschwindigkeit von 1 m/sek zu, so braucht das Wasser einen Austrittsquerschnitt von 12 m² gegen den Fluß, wozu bei 1 m Wassertiefe eine Breite von 12 m erforderlich ist. Da eine Vertiefung der Kanalsohle hier unter der Flußsohle nicht statthaft ist, so muß diese Breite von der Mündung *B* bis zum Maschinenhaus *E* beibehalten werden. Das Querprofil des Unterwasserkanals entspricht demnach Fig. 25, und man hat:

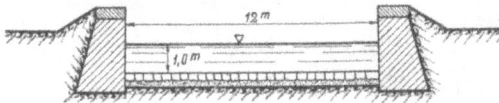

Fig. 25.   Kanal mit rechteckigem Profil.

$$p = 14 \text{ m}$$

$$R = \frac{F}{p} = \frac{12}{14} = 0,86 \text{ m}$$

$$\sqrt{R} = 0,925 \text{ m}.$$

Mit $m = 1$ wird

$$k = \frac{100 \sqrt{R}}{m + \sqrt{R}} = \frac{100 \cdot 0,925}{1 + 0,925} = 48$$

$$h'_{ka} = \frac{1000 \cdot v'^2_{ka}}{k^2 \cdot R} = \frac{1000 \cdot 1^2}{48^2 \cdot 0,86} \cong 0,5 \text{ mm}$$

womit der Druckverlust im Unterwasserkanal:

$$H'_{ka} = h'_{ka} \cdot L'_{ka} = 0,5 \cdot 0,4 = 0,20 \text{ m.}$$

Das gesuchte Bruttogefälle ergibt sich demnach wie folgt:

Rohgefälle: . . . . 44,0 m
Verlust im Kanaleinlauf: . . . . 0,10 m
   ,,   ,, Oberwasserkanal: . . . . . . 0,24 ,,
   ,,   ,, Stolleneinlauf: . . . . 0,10 ,,
   ,,   ,, Stollen: . . . . 0,63 ,,
   ,,   ,, Unterwasserkanal: . . . . . . 0,20 ,,
_____
          Summe . . . . 1,27 m

          Bruttogefälle . . . . 42,73 m

somit Wirkungsgrad von Oberwasserkanal, Stollen und Unterwasser-kanal zusammen im vorliegenden Fall:

$$100 \frac{\text{Bruttogefälle}}{\text{Rohgefälle}} = 100 \cdot \frac{42,73}{44} = \underline{97,1 \%.}$$

Nr. 2.
Bestimmung des Nettogefälles aus dem Bruttogefälle.

Eine Turbinenanlage empfängt ihr Wasser aus einem Wasserschloß durch eine Rohrleitung von 900 m Länge. Der betriebsmäßige Höhenunterschied zwischen Wasserschloßspiegel und Unterwasserspiegel am Maschinenhaus, d. h. das Bruttogefälle der Anlage, beträgt 250 m, die gesamte Wassermenge 300 l/sek. Die Rohrleitung wird in 5 Durchmesserzonen, die mittels konischer Schüsse aneinander angeschlossen sind, ausgeführt. Das Verhältnis von Leitungslänge zu Bruttogefälle ist:

$$\frac{900}{250} = 3,6.$$

Entsprechend den Angaben in § 19 bzw. § 20, Seite 82, wird die Rohrleitung mit einer mittleren Wassergeschwindigkeit von ca. 2 m/sek projektiert. Dies ergibt einen mittleren lichten Durchmesser zu

$$D_{ro} = 437 \text{ mm} = \text{rund } 440 \text{ mm.}$$

Mit dieser Lichtweite ist die mittlere, d. h. die dritte Zone auszuführen. In den anschließenden Durchmesserzonen wächst der lichte Durchmesser gegen das Wasserschloß und nimmt ab gegen das Maschinenhaus,
und zwar soll die Durchmesserdifferenz in der ersten Richtung 40 mm und
in der zweiten Richtung 30 mm betragen. Die Lichtweiten der 5 Zonen
sind demnach der Reihe nach vom Wasserschloß gegen das Maschinenhaus: 520, 480, 440, 410 und 380 mm. Die Länge jeder Zone ist 180 m.
In der Rohrleitung kommen vom Wasserschloß an bis zum Absperrorgan vor den Turbinen insgesamt 6 Krümmer vor, deren Ablenkungswinkel zusammen die Summe von 340⁰ ergeben. Wie groß ist das Nettogefälle H, welches für die Projektierung der Turbinenanlage in Rechnung
zu stellen ist?

Man macht zunächst die in § 3 angegebene Voruntersuchung, um zu
entscheiden, welches Turbinensystem in Frage kommt. Stellt man im
Schieber das Bruttogefälle 250 m (Hauptskala H) über $\Sigma Q = 300$ l/sek,
so erkennt man sofort, daß für die Wasserkraftanlage das Francissystem
der hohen Drehzahlen wegen ausscheidet und nur das Freistrahlsystem
in Frage kommt. Man hat also die Sachlage von Fig. 5 Seite 9 und muß
außer den gewöhnlichen Druckverlusten auch noch das Freihängen der
Turbinen berücksichtigen.

Der Druckverlust durch Rohrreibung muß für jede einzelne Zone
auf Grund ihrer Wassergeschwindigkeit und Länge bestimmt werden.
Eine Berechnung auf Grund der mittleren Wassergeschwindigkeit und
der Gesamtlänge der Leitung würde im allgemeinen ein falsches Ergebnis
liefern. Die verschiedenen Wassergeschwindigkeiten ermitteln sich in
bekannter Weise. Die Druckverluste H_{ro} mm Wassersäule pro laufenden
m Rohrlänge werden nach den Gleichungen (36) oder (39) Seite 69 bzw.
nach Gleichung (41) berechnet wie folgt:

		D_{ro} mm	Wasser-geschwindig-keit v m/s	h_{ro} mm	L_{ro} km pro Zone	H_{ro} Meter Gefällsverlust
Wasserschloß						
	1. Zone	520	1,41	4,5	0,18	0,81
	2. Zone	480	1,66	6,8	0,18	1,23
$Q_{ro} = 300$ l/s	3. Zone	440	1,98	11	0,18	1,98
	4. Zone	410	2,28	16	0,18	2,9
	5. Zone	380	2,64	24	0,18	4,3
Maschinenhaus						

$$\Sigma H_{ro} = 11{,}22 \text{ m}$$

Die Summe der Rohrreibungsverluste beträgt demnach ungefähr 11,22 m. Dazu kommt der Krümmungsverlust H_{kr} m, der sich für die gesamte Ablenkung von 340° nach Gleichung (43) Seite 70 berechnet zu

$$H_{kr} = \frac{340}{1000} = 0,34 \text{ m}.$$

Das Freihängen, das naturgemäß möglichst klein gemacht werden muß, richtet sich nach den Schwankungen des Unterwasserspiegels und nach den örtlichen Verhältnissen. Es wird für den vorliegenden Fall geschätzt zu 1,5 m. Für den Druckverlust im Rechen, Rohreinlauf und Absperrorgan ist schätzungsweise 0,4 m einzusetzen, so daß die Summe der Druckverluste und das Nettogefälle sich wie folgt gestalten:

Bruttogefälle: . . . .   250,00 m

Verlust durch Rohrreibung. . . . .   11,22 m

,,   ,,   Krümmung . . . .   0,34 ,,

,,   ,,   Freihängen . . . .   1,50 ,,

,,   ,,   Rechen, Rohreinlauf und Ab-
                    sperrschieber . . . . . . ˙ 0,40 ,,

Summe der Verluste. . . . .   13,46 m

Nettogefälle $H =$ . . . .   236,54 m

Der Wirkungsgrad von Rohrleitung und Wasserschloß zusammen ergibt sich im vorliegenden Fall zu:

$$100 \, \frac{\text{Nettogefälle}}{\text{Bruttogefälle}} = 100 \, \frac{236,54}{250} = \text{rund } 94,5\,\%.$$

Für die Bestimmung des Schwungmassenbedarfs der an die vorstehend projektierte Rohrleitung angeschlossenen Turbinen ist die mittlere Wassergeschwindigkeit, also $v = 1,98$ m/sek maßgebend.

Bemerkung.

In der gleichen Weise, wie in Beispiel Nr. 1 und 2 wird bei jedem Turbinenprojekt aus dem Rohgefälle das Bruttogefälle und aus dem Bruttogefälle das Nettogefälle berechnet. In den weiteren Beispielen wird daher von jetzt ab das Nettogefälle als bekannt angenommen.

Nr. 3.
Projektierung und Dimensionierung einer Francisturbine.

Es soll eine Turbine gebaut werden für eine Wassermenge $Q = 2150$ l/sek. Das Nettogefälle H ist zu 60 m bestimmt worden. Die Umdrehungszahl pro Minute soll 500 betragen. Gewünscht ist Aufschluß über System, Leistung und Abmessungen der Turbine.

Die Aufgabe kann auf Grund des in § 5 angegebenen Weges gelöst werden, indem zunächst die auf 1 m Gefälle reduzierten Werte von Q, n, N usw. berechnet werden. Diese Werte ergeben sich zu

$$n_I = \frac{n}{\sqrt{H}} = \frac{500}{\sqrt{60}} = 64{,}6 \text{ m/sek}$$

$$Q_I = \frac{Q}{\sqrt{H}} = \frac{2{,}15}{\sqrt{60}} = 0{,}278 \text{ cbm/sek}$$

und mit der Annahme eines vorläufigen Wirkungsgrades von 78 %:

$$N_I = \frac{Q_I \cdot 1 \cdot 10 \cdot 0{,}78}{0{,}75} = \frac{0{,}278 \cdot 10 \cdot 78}{75} = 2{,}9 \text{ PS.}$$

Die spez. Drehzahl (siehe Seite 13) wird hiernach:

$$n_s = n_I \sqrt{N_I} = 64{,}6 \cdot \sqrt{2{,}9} = 110$$

Dieser spez. Drehzahl entspricht nach der Tabelle Seite 114 eine Francisturbine und zwar ein schmaler Langsamläufer. Die Dimensionen dieser Turbine können nach Tafel III Seite 23 bestimmt werden. Es ergibt sich:

$$u_1 = 0{,}63, \text{ somit Laufraddurchmesser } D_1{}' = 84{,}6 \cdot \frac{u_1}{n_I} = 0{,}825 \text{ m}$$

$$k_1 = 1{,}65 \quad \text{,,} \quad \text{,,} \quad D_1{}'' = 1{,}65 \cdot \sqrt{Q_I} = 0{,}870 \text{ m}$$

im Mittel $D_1 = 850$ mm

$$k_s = 1{,}28, \text{ somit Saugrohrdurchmesser } D_s = 1{,}28 \sqrt{Q_I} = \sim 680 \text{ mm}$$

hiernach $d_s = \dfrac{D_s}{D_1} = 0{,}80$

$\mathfrak{B}_1 = 0{,}14$, somit Eintrittsbreite $\mathfrak{b}_1 = \mathfrak{B}_1 D_1 = 120$ mm.

Die mit vorstehenden Dimensionen konstruierte Turbine dürfte einen Wirkungsgrad von 83 % aufweisen; die normale Leistung berechnet sich somit zu

$$N = \frac{2{,}15 \cdot 60 \cdot 10 \cdot 0{,}83}{0{,}75} = 1430 \text{ PS.}$$

Da sich gegenüber dem zunächst angenommenen Wirkungsgrad eine Erhöhung ergab, ist eine Korrekturrechnung durchzuführen. Es ist nämlich

$$N_I = \frac{N}{H\sqrt{H}} = \frac{1430}{60\sqrt{60}} = 3{,}08 \text{ PS.}$$

$$n_s = 64{,}6 \sqrt{3{,}08} = 113.$$

Der Unterschied gegenüber der oben errechneten Drehzahl ist jedoch so gering, daß hierdurch eine Änderung der Turbinen-Dimensionen nicht bedingt ist.

Kürzer und einfacher wird Klarheit über die betreffende Turbine durch den Turbinenschieber gewonnen:

Man sucht auf der Skala Q des Turbinenschiebers die Zahl 2150 auf, schiebt die Zahl 60 der Hauptskala H darüber und geht bei $n = 500$ (Hauptskala) in die Systembilder ein. Die Vertikale durch n schneidet das Francisbild zwischem dem kleinen und großen Stern des ersten Zuges. Man wird demnach eine Francisturbine mit einem Laufrad bauen; der Wirkungsgrad ist bei Vollast-Bauart ca. 83%, also die Leistung ab Turbinenwelle wie oben:

$$N = \frac{2,15 \cdot 60 \cdot 10 \cdot 0,83}{0,75} = 1430 \text{ PS.}$$

Nun schiebt man $n = 500$ über die Stelle 60 der Skala Q und liest senkrecht über der entsprechenden Stelle des Francishilfsbildes

$$D_1 = 850 \text{ mm ab.}$$

Aus dem Francisdiagramm auf Tafel III entnimmt man — wieder an der gleichen Stelle zwischen kleinem und großem Stern —

$$\mathfrak{B}_1 = 0,14; \quad d_s = 0,79.$$

Damit wird die Eintrittsbreite

$$b_1 = 0,14 \cdot 850 \cong 120 \text{ mm}$$

und der Saugrohrdurchmesser unmittelbar hinter dem Laufrad

$$D_s = 0,79 \cdot 850 = 670 \text{ mm.}$$

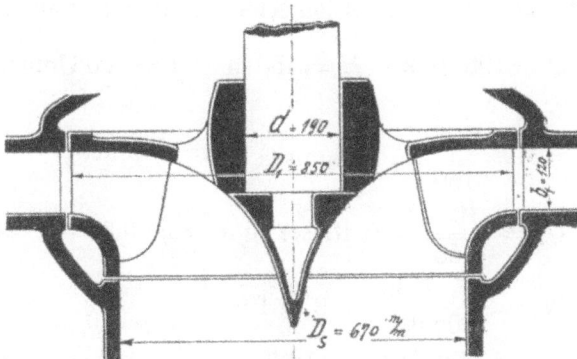

Fig. 26.   Francisturbine mit einem Laufrad.

Die Fig. 26 zeigt den Achsialschnitt der durch diese Maße festgelegten Turbine.

Läßt man am Laufradsitz in der Turbinenwelle eine Drehungsbeanspruchung von 150 kg/cm² zu, so ergibt sich nach Gleichung (63)
Seite 107 die notwendige Wellenstärke d am Laufradsitz zu 190 mm.

Wenn die Turbine mit durchgehender Welle ausgeführt werden
würde, so müßte D_s um etwa 30 mm vergrößert werden, um die Raumversperrung, welche die Turbinenwelle im Saugrohr verursacht, auszugleichen. Auf den Charakter der Schaufelung hätte das aber keinen
Einfluß.

Baut man im vorliegenden Fall eine Dreiviertellastturbine, so gilt
die Wirkungsgradangabe 83% für die dreiviertelbeaufschlagte Turbine.
Bei voller Leitschaufelöffnung ist der Wirkungsgrad dann etwa noch 80%
und demnach die in Rechnung zu setzende Leistung bei voller Beaufschlagung:

$$\frac{2150 \cdot 60}{100} \cdot \frac{80}{75} = 1375 \, \text{PS}.$$

Laufrad und Leitapparat der Dreiviertellastturbine weichen in den
Dimensionen und Schaufelformen ein wenig von der Vollastturbine ab,
was aber bei Projektarbeiten vernachlässigt werden kann.

Die Einstellung des Turbinenschiebers zeigt gleichzeitig die Möglichkeit der Variierung der Turbinendrehzahl und einer Verbesserung des
Wirkungsgrades an, indem man z. B. die Drehzahl auf 600 oder 750 erhöht. Die Drehzahl 750 ergibt bei gleicher Leistung und bei einem Wirkungsgrad von 84% eine kleinere und leichtere Turbine ($D_1 = 650$ mm).

Nr. 4.

Projektierung und Dimensionierung einer Freistrahlturbine.

$Q = 196$ l/sek $H = 150$ m $n = 300$ Umdr./min.

Hieraus:

$$n_l = \frac{300}{\sqrt{150}} = 24,5 \, \text{m/sek}$$

$$Q_l = \frac{196}{\sqrt{150}} = 16 \, \text{ltr/sek}; \text{mit} = \eta = 0,80$$

$$N_l = \frac{16 \cdot 0,80}{100 \cdot 0,75} = 0,17 \, \text{PS}$$

$$n_s = 24,5 \sqrt{0,17} = 10,1$$

Dieser spez. Drehzahl entspricht nach Tafel II Seite 22 eine Freistrahlturbine in der Nähe des großen Sterns mit 83% Wirkungsgrad.
Es ergibt sich ferner:

Strahldurchmesser $dst = 0,545\sqrt{Q_1}$ cbm/sek $= 0,545\sqrt{0,016} = 0,069$ m

$$= \text{rund } 70 \text{ mm}$$

Strahlkreisdurchmesser $D_1 = 22 \cdot 70 = 1540$ mm

$$\text{rund } 1600 \text{ mm u. s. w}$$

Mit Verwendung des Turbinenschiebers gestaltet sich die Lösung der Aufgabe wie folgt:

Man schiebt $H = 150$ über $Q = 196$ und liest bei $n = 300$ ab: Einstrahlpeltonturbine am großen Stern, Wirkungsgrad 83%, also Leistung

$$N = \frac{196 \cdot 150}{100} \cdot \frac{83}{75} = 325 \text{ PS}.$$

Mit $n = 300$ über die Ziffer 150 der Skala Q erscheint über dem großen Stern des Peltonhilfsbilds

$$D_1 = 1600 \text{ mm}.$$

Der zu wählende Strahldurchmesser ergibt sich wie oben zu

$$d_{st} \gtrsim 70 \text{ mm}.$$

Aus den Diagrammkurven, Tafel II, entnimmt man dann — wieder in der Nähe des großen Sterns: —

$$b = 3,0 \qquad l = 2,7$$

damit ergeben sich die Schaufelabmessungen:

Schaufelbreite $B = 220$ mm (Maß aufgerundet),

Schaufellänge $L = 190$ mm.

Fig. 27 stellt das Laufrad dieser Turbine dar.

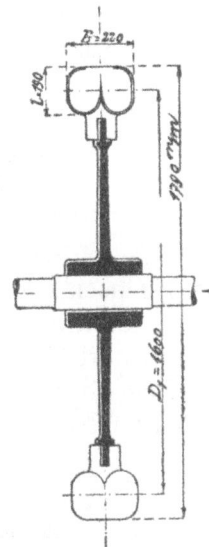

Fig. 27.
Freistrahlturbine.

Die Wellenstärke am Lager ergibt sich mit $k_d = 150$ kg/cm² zu:

$$d = \sqrt[3]{\frac{360000 \cdot 325}{150 \cdot 300}} \cong 140 \text{ mm}.$$

Nr. 5.

Wahl der Turbinenart bei gegebener Drehzahl.

$$Q = 20000 \text{ l/sek} \qquad H = 40 \text{ m} \qquad n = 250 \text{ Umdr./min}.$$

Die Ablesung nach Einstellung der Zunge zeigt, daß man hier die Wahl hat zwischen einfacher und Zwillingsfrancisturbine; sie sind beide im Wirkungsgrad gleich; aus konstruktiven Gründen verdient aber die Zwil-

lingsturbine den Vorzug. Wirkungsgrad ca. 84%, Leistung bei Vollast-
bauart

$$N = \frac{20000 \cdot 40}{100} \frac{84}{75} = 8950 \text{ PS.}$$

Für jedes Laufrad ist:

$$Q_I = \frac{10}{\sqrt{40}} = 1,58 \text{ m}^3/\text{sek}; \ \sqrt{Q_I} = 1,26$$

Laufraddurchm. $D_1 = k_1 \sqrt{Q_I} = 1,05 \cdot 1,26 \leqq 1350$ mm
Saugrohrdurchm. $D_s = k_s \sqrt{Q_I} = 1,15 \cdot 1,26 \leqq 1450$ mm
Eintrittsbreite $b_1 = \mathfrak{B}_1 \cdot D_1 = 0,27 \cdot 1350 \leqq 350$ mm.

Nr. 6.
Wahl der Turbinenart bei gegebener Drehzahl.

$$Q = 5500 \text{ l/sek} \quad H = 5,5 \text{ m} \quad n = 250 \text{ Umdr./min.}$$

Es soll eine möglichst billige Maschine gebaut werden, die aber
immer noch einen annehmbaren Wirkungsgrad ergibt.

Einstellung von H über Q und Ablesung bei $n = 250$: Vierfache
Francisturbine, Systemlage in der Mitte zwischen großem und oberem
kleinem Stern; Wirkungsgrad bei Vollastbauart 81, bei Dreiviertellastbauart 80%; Leistung bei Dreiviertellastbauart:

$$N = \frac{5500 \cdot 5,5}{100} \frac{80}{75} \leqq 320 \text{ PS.}$$

Für jedes Laufrad ist:

$$Q_I = \frac{5,5}{4 \sqrt{5,5}} \leqq 0,60 \text{ m}^3/\text{sek}; \ \sqrt{Q_I} = 0,77$$

$$D_1 = \quad 0,8 \cdot 0,77 \leqq 600 \text{ mm}$$
$$D_s = 1,05 \cdot 0,77 \leqq 800 \text{ mm}$$
$$b_1 = 0,4 \quad \cdot 600 \ = 240 \text{ mm.}$$

Will man im vorliegenden Falle die Verwendung der komplizierten
Vierteilung vermeiden, so greift man zur Propeller- oder Kaplanturbine.
Es berechnet sich dann:

$$n_I = \frac{250}{\sqrt{5,5}} = 106,5$$

$$Q_I = \frac{5,5}{\sqrt{5,5}} = 2,34 \text{ cbm/sek}$$

$$N_I = (\text{mit } \eta = 75\%) = 23,4 \text{ PS}$$

$$n_s = 106,5 \sqrt{23,4} = 515$$

Der mittlere Laufraddurchmesser ergibt sich mit $k_1 = 0,70$ zu

$$D_1 = 0,70 \sqrt{2,34} = 1,07 \text{ m, rund } 1100 \text{ mm.}$$

Ob hiebei eine Propellerturbine oder eine Kaplanturbine mit drehbaren Laufschaufeln zu wählen ist, hängt in erster Linie von den Betriebsanforderungen ab, die an die Turbine gestellt werden. Wird die Turbine in der Regel mit v o l l e r Beaufschlagung betrieben, dann kann eine Propellerturbine verwendet werden, deren Wirkungsgrad im vorliegenden Falle mit 78—80% angenommen werden kann, entsprechend einer Leistung von rund 320 PS. Soll jedoch die Turbine mit wechselnder Belastung laufen, ist die Wahl einer Kaplanturbine mit drehbaren Laufschaufeln am Platze, da diese auch noch bei geringen Beaufschlagungen günstige Wirkungsgrade ergibt. Die Leistung beträgt mit Rücksicht auf den auch bei voller Beaufschlagung höheren Wirkungsgrad (ca. 85%) ca. 340 PS.

Im übrigen sind für die Wahl der Turbine auch die örtlichen Verhältnisse, der Preis, die Rücksicht auf die angetriebenen Maschinen u. dgl. in Betracht zu ziehen.

Nr. 7.

Wahl der Turbinenart bei gegebener Drehzahl.

$$Q = 75 \text{ l/sek} \quad H = 350 \text{ m} \quad n = 120.$$

Die Maschine dient zum Betrieb eines Luftkompressors.

Ablesung auf eingestelltem Schieber: Einstrahlpeltonturbine an der unteren Grenze; Wirkungsgrad 79%; Leistung:

$$N = \frac{79 \cdot 350}{100} = 275 \text{ PS}$$

$$Q_1 = \frac{0,075}{\sqrt{350}} \cong 0,004 \text{ m}^3/\text{sek}; \quad \sqrt{Q_1} = 0,063$$

Strahldurchm. $d_{st} = 0,545 \cdot 0,063 \cong 35$ mm
Strahlkreisdurchm. $D_1 = 165 \cdot 35 \cong 5800$ mm
(kann auch direkt am Schieber abgelesen werden).

Bei diesem großen Durchmesser liegt es nahe, das Peltonlaufrad zugleich als Schwungrad auszubauen. Die Umfangsgeschwindigkeit am Kreis D_1 wird zu 36,5 m/sek berechnet. Demnach wird die Umfangsgeschwindigkeit des die Schaufeln tragenden Schwungringes gerade passend für gute Ausnutzung des Schwungmaterials bei Verwendung von Gußeisen.

Die Dimensionsziffern sind

$$b = 2,6 \qquad l = 2,3$$

somit die Schaufeldimensionen

$$B = 90 \text{ mm} \qquad L = 80 \text{ mm}.$$

Im allgemeinen wird man allerdings bei der verhältnismäßig kleinen Leistung kein Laufrad über 4 m Durchmesser wählen und lieber einen schlechteren Wirkungsgrad in Kauf nehmen oder überhaupt eine andere Disponierung der Kraftanlage vornehmen.

Nr. 8.

Wahl der Drehzahl.

Gegeben $Q = 1000$ l/sek, $H = 120$ m. Es soll untersucht werden, wie sich Drehzahl und Maschinengröße verhalten vom oberen Ende des Einlaufrad-Franciszuges bis zum unteren Ende des Einstrahl-Peltonzuges.

Es ist zunächst zu bemerken, daß die Francisturbine wegen des hohen Gefälles erst vom großen Stern aus abwärts ausführbar wird. Da aber die nachfolgenden Betrachtungen noch einen allgemeinen Zweck verfolgen, so wird die Francisturbine an der oberen Grenze in die Untersuchung und in die Darstellung der Ergebnisse aufgenommen, obgleich sie nicht ausführbar ist.

Unter Benutzung von Schieber und Dimensionierungsdiagrammen ergibt sich folgendes:

Einfache Francisturbine	n	D_1 mm	D_i mm	$\mathfrak{B}_1$	b_1 mm
Obere Grenze (nicht ausführbar) . .	4800	225	320	0,42	95
Großer Stern	2200	300	340	0,3	90
Untere Grenze	500	1100	440	0,03	40

Einstrahlpeltonturbine	n	D_1 mm	d_{st} mm	b	l	B mm	L mm
Obere Grenze. . . .	440	1150	165				
Großer Stern	145	2900	165	ca.	ca.		
Kleiner unterer Stern .	36	11000	165	3,0	2,7	500	450
Untere Grenze . . .	14,5	27000	165				

Entsprechend dem Umstand, daß es sich beim Freistrahlsystem immer um Turbinen mit dem gleichen Wasserstrahl handelt, ergeben sich hier durchweg die gleichen äußeren Schaufelabmessungen und die gleiche Düsenlichtweite.

Die vorstehenden Rechnungsergebnisse sind in Tafel IV graphisch dargestellt. Die auf dieser Tafel zum Ausdruck gebrachten Größen-

Laufräder der einfachen Francis- und Freistrahlturbine
für $Q = 1000$ l/sek, $H = 120$ m.

(Die Laufräder sind alle in ungefähr gleichem Maßstab gezeichnet.)

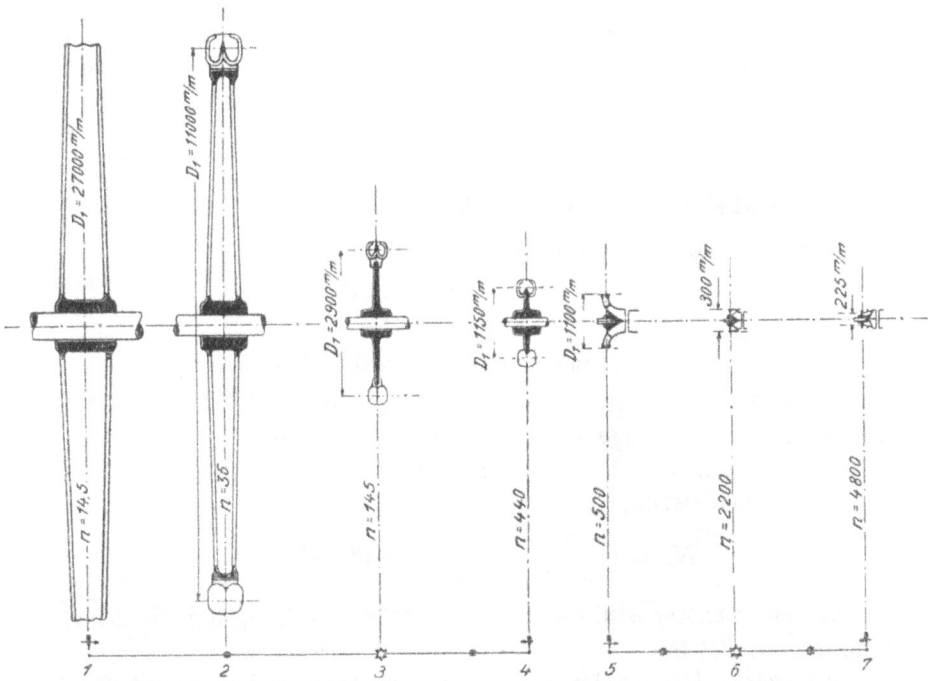

Freistrahl- (Pelton)-Turbine.   Francisturbine.

verhältnisse gelten aber nicht nur für den vorliegenden Fall, sondern allgemein für jede beliebige Kombination von Q und H. Die Tafel zeigt, wie sich die Turbinensysteme und die einzelnen Systemlagen zueinander verhalten. Man erkennt daraus, in welch hohem Maße Größe und Gewicht und damit auch bis zu einem gewissen Grade der Preis der Turbine für ein gegebenes (Q, H) von der Wahl der Drehzahl abhängen. Man sieht z. B., daß die Freistrahlturbine gegenüber der Francisturbine eine Maschine mit außerordentlicher Materialverschwendung ist. Man wird deshalb solange als möglich Francisturbinen bauen und erst, wenn die Francisturbine wegen zu hoher Drehzahl versagt, zum Freistrahlsystem greifen. Damit bleibt aber für die mit dem Vorzug großer Einfachheit ausgestattete Freistrahlturbine noch genug zu tun übrig, und sie steht auch in Beziehung auf Häufigkeit der Anwendung der Francisturbine nicht nach.

Nr. 9.

Verhalten einer Turbine bei Änderung des Gefälles.

Eine einfache Francisturbine ist gebaut

$$\text{für ein mittleres } Q_n = 5000 \text{ l/sek,}$$
$$\text{,, ,, ,, } H_n = 2{,}5 \text{ m,}$$
$$\text{,, ,, normales } n_n = 60 \text{ Umdr./min.}$$

Die Prüfung auf dem Schieber oder nach Tafel III ergibt für die Turbine eine Systemlage nahe beim großen Stern. Der Wirkungsgrad beträgt demnach für Vollastbauart und Vollbeaufschlagung ca. 84% und die Normalleistung N_n beträgt:

$$N_n = \frac{5000 \cdot 2{,}5}{100} \cdot \frac{84}{75} = \text{rund } 140 \text{ PS.}$$

Bei Hochwasser sinkt das Nettogefälle auf 2 m, bei Niederwasser steigt es auf 3,2 m.

Auf welche Drehzahlen ist die Turbine einzustellen, damit die Ausnutzung des Wassers in der Hoch- und Niederwasserperiode eine möglichst gute ist? Wie ändern sich hierbei Schluckfähigkeit und Leistung der voll beaufschlagten Turbine?

Die zu untersuchenden Größen seien für die Hochwasserzeit bezeichnet mit H_0, n_0, Q_0, N_0 und für die Niederwasserzeit mit H_i, n_i, Q_i, N_i. Es ergibt sich nach der Gleichung (55) für das Hochwassergefälle $H_0 = 2$ m:

$$n_0 = 53 \text{ Umdr./min}$$

und für das Niederwassergefälle $H_i = 3{,}2$ m:

$$n_i = 68 \text{ Umdr./min.}$$

Die Turbine ist demnach bei Hochwasser so zu belasten, daß sie gerade noch 53 Umdrehungen macht; bei Niederwasser dagegen ist ihre Belastung so einzustellen, daß sie mit 68 Umdrehungen pro Minute umläuft. Die hierbei sekundlich konsumierbaren Wassermengen bei voller Öffnung des Leitapparates ergeben sich nach Gleichung (54) zu:

$$Q_0 = 4470 \text{ l/sek},$$

$$Q_i = 5650 \text{ l/sek}.$$

Die Bestimmung der Leistungen N_0, N_i erfolgt nach Gleichung (56) zu:

$$N_0 = 95 \text{ PS},$$

$$N_i = 190 \text{ PS}.$$

Man sieht an diesem Beispiel zunächst, wie stark die Schluckfähigkeit und die Leistung einer Turbine bei Hochwasser infolge der Gefällsverringerung zurückgeht. Der Reichtum an Wasser in dieser Periode nützt also gar nichts, wenn die Turbine nicht speziell mit Rücksicht auf die Verhältnisse bei Hochwasser gebaut wird. Ferner läßt sich ohne weiteres übersehen, daß die große Schluckfähigkeit bei Niederwasser meist wegen Mangel an Wasser nicht ausgenutzt werden kann, daß also die Turbine in den Niederwasserzeiten nur teilweise beaufschlagt arbeiten wird. Beide Umstände zwingen, wie auf Seite 95 erwähnt ist und im übernächsten Beispiel gezeigt wird, zu einer speziellen Bauart, nämlich zur Dreiviertellastturbine und in manchen Fällen auch zur Zweidrittellastturbine.

Nr. 10.

Wirkungsgrad und Leistung einer Turbine bei schwankendem Gefälle und konstanter Drehzahl.

Wenn im vorhergehenden Beispiel der Betrieb ein solcher ist, daß die Drehzahl konstant auf $n = 60$ Umdr./min gehalten werden muß, so ist die Einstellung der Turbine auf die Drehzahlen n_0, n_i nicht möglich. Welche Änderungen in Wirkungsgraden und Leistungen treten hierdurch in den Ergebnissen des vorigen Beispieles ein?

Der Betrieb bei Hochwasser und Niederwasser wird nunmehr ein Betrieb mit Tourenunstimmigkeit, und zwar bei Hochwasser mit einer Tourenunstimmigkeit nach oben von:

$$100 \, \frac{n - n_o}{n} = 100 \cdot \frac{7}{60} = 11{,}6 \, \%.$$

Aus dem Diagramm, Fig. 18, Seite 94, entnimmt man hierfür eine Wirkungsgradreduktion von 4%; damit wird der neue Wirkungsgrad

$$84 - 4 = 80\%$$

und die Leistung bei Hochwassergefälle unter Beibehaltung der normalen Drehzahl:

$$N'_0 = N_0 \frac{80}{84} = 90 \, \text{PS}.$$

Bei Niederwasser beträgt die vorhandene Tourenunstimmigkeit nach unten:

$$100 \frac{n_i - n}{n} = 100 \frac{8}{60} = 13,3\%.$$

Man entnimmt wieder aus dem Diagramm, Seite 94, den zugehörigen Wirkungsgradverlust zu 3% und bekommt damit den neuen Wirkungsgrad zu:

$$84 - 3 = 81\%$$

und die Leistung bei Niederwassergefälle, voller Beaufschlagung und normaler Umdrehungszahl:

$$N'_i = N_i \frac{81}{84} = 183 \, \text{PS}.$$

Die geringen Änderungen, welche beim Betrieb mit Tourenunstimmigkeit in den Werten Q_0 und Q_i auftreten, können vernachlässigt werden.

Nr. 11.

Projektierung einer Turbine unter spezieller Berücksichtigung von Hochwasser- und Niederwasserperiode.

Für die Turbine von Beispiel Nr. 10, welche normal mit

$$Q_n = 5000 \, \text{l/sek},$$
$$H_n = 2,5 \, \text{m}.$$
$$n_n = 60 \, \text{Umdr/Min},$$
$$N_n = 140 \, \text{PS}$$

arbeiten soll und deren Hochwassergefälle 2,0, Niederwassergefälle 3,2 m beträgt, stehen bei Niederwasser noch $Q_i = 4000$ l/sek zur Verfügung. Bei Hochwasser ist großer Überschuß an Wasser vorhanden, und es wird in dieser Zeit noch eine Leistung von mindestens 117 PS von der Turbine verlangt. Konstanz der Drehzahl ist vorgeschrieben. Wie ist diese Turbine zu entwerfen?

Zunächst ist zu bestimmen, welche Schluckfähigkeit Q_0 die Turbine bei Hochwasser haben muß, um die verlangte Leistung $N_0 = 117$ PS noch abgeben zu können. Schätzt man den Wirkungsgrad beim Hochwasserbetrieb unter Berücksichtigung der Tourenunstimmigkeit auf 78%, so ergibt sich:

$$Q_0 = 100 \frac{117}{2,0} \cdot \frac{75}{78} = 5620 \text{ l/sek.}$$

Hierbei ist naturgemäß der Leitapparat der Turbine voll geöffnet. der Beaufschlagungsgrad a_i bei Niederwasser ergibt sich aus Gleichung (57), Seite 95, zu:

$$a_i = \frac{Q_i}{Q_0} \cdot \frac{\sqrt{H_0}}{\sqrt{H_i}}$$

$$= \frac{4000}{5620} \cdot \frac{\sqrt{2,0}}{\sqrt{3,2}} = 0,56.$$

Analog ergibt sich der Beaufschlagungsgrad a_n bei Normalwasser:

$$a_n = \frac{Q_n}{Q_0} \frac{\sqrt{H_0}}{\sqrt{H_n}}$$

$$= \frac{5000}{5620} \frac{\sqrt{2,0}}{\sqrt{2,5}}$$

$$= \text{rund } 0,80.$$

Die Ergebnisse für a_n und a_i zeigen, daß die projektierte Turbine, wenn sie der Forderung in Beziehung auf Leistung bei Hochwasser genügen soll, so gebaut werden muß, daß sie bei den normalen Wasserverhältnissen die Normalleistung N_n schon bei Dreiviertelbeaufschlagung abgibt; in der Niederwasserperiode konsumiert die Turbine das verfügbare Wasser bereits bei halber Leitschaufelöffnung. Der Wunsch, während des Normalzustandes

$$a_n = 0,80,$$

der ja gegenüber den Ausnahmezuständen

$$a_0 = 1 \text{ und } a_i = 0,56$$

das Jahr hindurch gewöhnlich die weitaus längere Zeit andauert, eine Maschine mit bestmöglicher Wasserausnutzung zu haben, führt von selbst darauf, im vorliegenden Fall eine Dreiviertellastturbine zu bauen. Die Turbine ist demnach zu entwerfen für eine maximale Wassermenge:

$$Q_{max} = \frac{4}{3} Q_n = \frac{4}{3} 5000 = 6667 \text{ l/sek,}$$

für ein Nettogefälle $H_n = 2,5$ m und für die Umdrehungszahl $n_n = 60$ pro min; sie muß so konstruiert werden, daß sie bei Dreiviertelbeaufschlagung[1]), d. h. mit Q_n beaufschlagt, das Maximum ihres Wirkungsgrads besitzt, das im vorliegenden Fall zu 84% geschätzt werden kann, womit die Normalleistung wie früher 140 PS wird. Bei voller Beaufschlagung und Tourengleichstimmigkeit kann man etwa 82% und bei halber Beaufschlagung und Tourengleichstimmigkeit 81% erwarten. Nach Abzug der im vorigen Beispiel berechneten Wirkungsgradverluste für die Tourenunstimmigkeiten bei Hoch- und Niederwasser ergeben sich daraus die Wirkungsgrade:

$$\eta_0 = 78\% \quad \eta_i = 78\%$$

also die Leistungen:

$$N_0 = \frac{5620 \cdot 2,0}{100} \cdot \frac{78}{75} \cong 117 \text{ PS}$$

$$N_i = \frac{4000 \cdot 3,2}{100} \cdot \frac{78}{75} \cong 133 \text{ PS}.$$

Nr. 12.

Beispiel für Serienmarkierung.

Eine Turbinenfirma baut eine Francisnormalläuferserie, von der ein beliebiges Beispiel durch folgende Daten gegeben ist:

Einfache Turbine, $Q = 1600$ l/sek,

$$H = 6 \text{ m},$$
$$n = 122,$$
$$D_1 = 1150 \text{ mm}.$$

Wo liegen die Marken dieser Serien im Haupt- und im Hilfsbild?

Hauptbild: Man schiebt $H = 6$ über $Q = 1600$, geht dann von $n = 122$ aus senkrecht in die Höhe auf den ersten Zug des Francisbildes und macht dort ein Zeichen. Dieses Zeichen wird, wie in § 7 angegeben, rein mechanisch auf die anderen Züge übertragen. Die Kennziffer ist hiernach 40.

Hilfsbild: Man schiebt $n = 122$ über die Zahl 6 der Skala Q, geht von $D = 1150$ senkrecht herunter ins Hilfsbild und macht dort wieder ein Zeichen.

Eine Prüfung der übrigen Turbinen der Serie wird zeigen, daß sie alle mit diesen Zeichen übereinstimmen.

---

[1]) Die Begriffe Dreiviertellast und Dreiviertelbeaufschlagung sind nicht identisch, doch kann bei den obigen Rechnungen auf ein Eingehen auf die zwischen beiden Begriffen bestehenden Unterschiede verzichtet werden.

Nr. 13.

Beispiel für Benutzung von Serienmarken.

Eine Turbinenfirma baut mit Abstufungen im Durchmesser D_1 von 50 zu 50 mm eine Francisserie, deren Spezialzeichen im Haupt- und Hilfsbild auf den oberen kleinen Stern fallen. Was für eine Drehzahl schlägt diese Firma vor bei einem Projekt für

$$Q = 1900 \text{ l/sek} \quad H = 10 \text{ m}$$

und welche Turbinennummer der Serie wird angeboten?

Man stellt $H = 10$ über $Q = 1900$ und liest an den kleinen oberen Sternen des Francishauptbildes die Drehzahlen, welche die normalen Modelle in dem vorliegenden Falle machen, ab:

Einfache Turbine $n = 440$ Umdr./min
doppelte   ,, $n = 620$,,
dreifache   ,, $n = 760$,,
vierfache   ,, $n = 880$,,   usw.

Wenn nun z. B. $n = 440$ für die vorliegenden Zwecke paßt, so handelt es sich bei dem Projekt um eine einfache Turbine, deren D_1 sich ergibt mit $n = 440$ über der Ziffer 10 auf der Skala Q und Ablesung am kleinen oberen Stern des Hilfsbilds zu

$$D_1 = 540 \text{ mm}.$$

Das wird aufgerundet auf 550 mm.

Nach Tafel III ergibt sich für den oberen kleinen Stern:

$$k_1 = 0{,}78 \quad k_n = 1{,}05 \quad \mathfrak{B}_1 = 0{,}4$$

und hiernach

$$D_1 = 0{,}78 \sqrt{Q_1} = 600 \text{ mm}.$$

Die Firma schlägt also eine einfache Francisturbine mit 440 Umdr./ min vor und kann im Bestellungsfall zur Ausführung ihr normales Modell mit 550 mm oder 600 mm Laufraddurchmesser verwenden, wobei die Entscheidung nach den örtlichen Verhältnissen erfolgt.

Nr. 14.

Projektierung einer hydroelektrischen Anlage.

Es ist eine elektrische Zentrale zu projektieren für eine normale Gesamtwassermenge von

$$\Sigma Q = 2400 \text{ l/sek}.$$

Das Betriebswasser wird der Zentrale durch eine 160 m lange Rohrleitung, die in 2 Durchmesserzonen mit Lichtweiten von 1150 mm (obere
Zone) und 1100 mm (untere Zone) projektiert ist, zugeführt. Das hierbei
sich einstellende Nettogefälle ist aus Roh- und Bruttogefälle zu

$$H = 75\ m$$

berechnet worden. Die Zentrale dient zur Erzeugung von Drehstrom
mit 50 Perioden pro Sekunde. Auf etwaiges Sinken der Wassermenge ΣQ
in der Niederwasserperiode ist bei der Bauart der Turbinen Rücksicht
zu nehmen. Für die Turbinen muß garantiert werden, daß die prozentuelle
Schwankung in der Umdrehungszahl bei plötzlichen Belastungsschwankungen von $\mp$ 25% der Vollast nicht größer wird als

$$Z_{25} = \pm\ 3\%.$$

Mit wieviel Einheiten ist die Zentrale zu entwerfen? Welche Drehzahlen haben diese, und welche ungefähre Größe haben die Turbinen?
Wie groß ist die Gesamtleistung der Zentrale?

Um die Teilung der Kraft leichter vornehmen zu können, berechnet
man zunächst mit 75% Wirkungsgrad die ungefähre Gesamtleistung der
Zentrale ab Turbinenwelle:

$$\Sigma N \smile \frac{2400 \cdot 75}{100} \cong 1800\ PS.$$

Die für 50 Perioden in Betracht kommenden Generatordrehzahlen
entnimmt man aus der Tabelle Seite 19. Da man naturgemäß direkte
Kupplung zwischen Turbinen und Generatoren anstrebt, so sind die
gleichen Drehzahlen auf Brauchbarkeit für die Turbinen zu untersuchen.
Man schiebt $H = 75$ (Hauptskala) über $\Sigma Q = 2400$ (Skala Q), rückt
mit dem Läufer längs der Skala n (Hauptskala) vor und beobachtet
dabei, auf was für Verhältnisse der Strich des Läufers in den Systembildern trifft. Man erkennt, daß das Freistrahlsystem zu unbrauchbar
niederen Drehzahlen führen würde. Unter das Francisbild fallen die
Drehzahlen von 250 aufwärts:

250   300   375   500   750   1000   1500 usw.

Hiervon nimmt man die höchstmögliche Zahl, um den Preis der
Aggregate tunlichst niedrig zu halten. Mit der Drehzahl 1500 kommt man
im Francisbild in die Nähe des großen Sterns des Systemzugs „zwei"
bzw. „drei Laufräder" und könnte demnach zwei oder drei einfache
Francisturbinen mit einer ungefähren Leistung von je 900 oder 600 PS
(vorläufiger Wert) bauen.

Für diese Leistung haben aber die elektrotechnischen Firmen meistens keine normale Type von 1500 Umdr./min; auch wäre diese hohe Drehzahl nur zulässig, wenn sehr gut geschultes Bedienungspersonal zur Wartung der Turbinen vorhanden wäre, was nicht immer der Fall ist. Man geht daher herunter auf die Drehzahl 1000 oder 750. Entscheidet man sich, mit Rücksicht auf Betriebsreserve, zur Teilung in drei Aggregate, so ergibt sich für die Turbinen auf dem Systemzug: „Francis, 3 Laufräder" senkrecht über $n = 1000$ eine für das vorliegende Gefälle ganz zweckmäßige Systemlage zwischen großem Stern und kleinem unterem Stern. Man wird demnach die Zentrale mit drei 1000tourigen, einfachen Francis-turbinen, die für direkte Kupplung mit den Generatoren eingerichtet sind, entwerfen.

Der Laufraddurchmesser D_1 dieser Turbinen wird unter Berücksichtigung ihrer Systemlage abgelesen zu:

$$D_1 = 500 \text{ mm.}$$

Die normale Wassermenge pro Turbine beträgt:

$$Q = \frac{2400}{3} = 800 \text{ l/sek.}$$

Durchmesser D_s und D_{sp} ergeben sich nach § 5 und 6 zu:

$$D_s = 400 \text{ mm} \quad D_{sp} = 350 \text{ mm.}$$

Selbstverständlich können die vorstehenden Leistungen und Abmessungen, wie

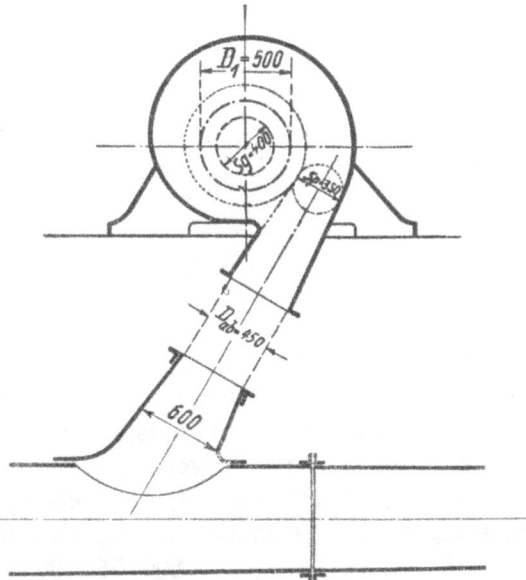

Fig. 28.

in den Beispielen 3—6 gezeigt, auch ohne Benützung des Turbinenschiebers mit Hilfe der Tafel III bestimmt werden.

Als Absperrorgan vor der Turbine kann man Wasserschieber wählen und nimmt hierfür, wenn man 5 m/sek Wassergeschwindigkeit zuläßt, eine Lichtweite von 450 mm. In welcher Weise die drei Turbinen an die Druckrohrleitung angeschlossen werden, hängt von den Geländeverhältnissen ab. Wenn es diese letzteren und die Rücksicht auf den höchsten Stand des Unterwassers gestatten, so ist eine Anordnung nach Fig. 28 mit Verteilungsleitung unter Maschinenhausflur empfehlenswert. Unter Verteilungsrohrleitung versteht man die ins Maschinengebäude eintretende

Fortsetzung der Druckrohrleitung; innerhalb des Maschinengebäudes zweigen hiervon die drei Betriebsturbinen in der in Fig. 29 dargestellten Weise ab. Um noch eine Reserveturbine aufstellen zu können, wird ein vierter Anschlußstutzen mit provisorischem Abschlußdeckel vorgesehen. Die Lichtweiten der Verteilungsleitung sind in Fig. 29 so bestimmt, daß ein allmähliches Anwachsen der Wassergeschwindigkeit gegen die Turbinen hin stattfindet.

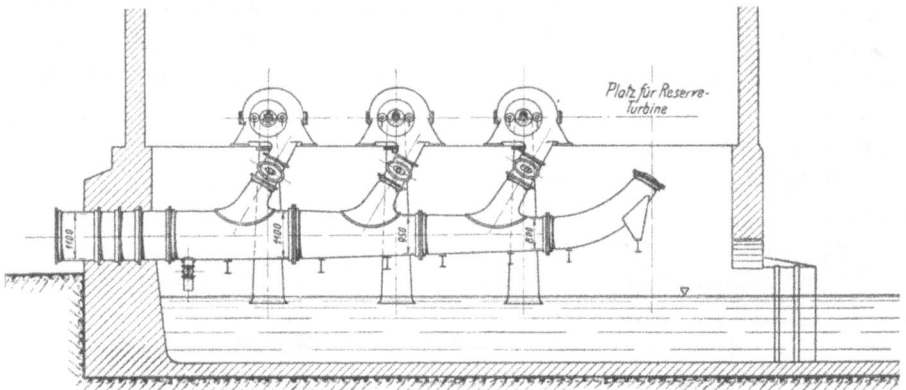

Fig. 29.

Da infolge gelegentlichen Sinkens der Wassermenge Q unter den normalen Wert die Turbinen zeitweise nur zum Teil beaufschlagt sein werden, so wird man nicht Vollastturbinen, sondern etwa Dreiviertellast- turbinen bauen, wofür im vorliegenden Fall ein Wirkungsgrad von 82% bei Dreiviertelbeaufschlagung und etwa 80% bei Vollbeaufschlagung zu erwarten ist. Demnach Leistung ab Turbinenwelle:

$$N_{tu} = \frac{800 \cdot 75}{100} \cdot \frac{80}{75} = 640 \text{ PS.}$$

Mit einem Wirkungsgrad des Drehstromgenerators von 90% wird die Leistung ab Generatorwelle

$$N_{el} = 640 \cdot 0{,}736 \cdot 0{,}90 = 425 \text{ Kilowatt.}$$

Davon gehen für die auf der Generatorwelle sitzende kleine Erreger- maschine ca. 5 kW ab, so daß in Form von Drehstrom pro Generator 420 kW, zusammen also 1260 kW ab Schalttafel zur Verfügung stehen. Wenn nun vom Verteilungsnetz den Generatoren eine Phasenverschie- bung cos $\varphi = 0{,}85$ aufgezwungen wird, so muß jeder Generator

$$\frac{425}{0{,}85} = 500 \text{ Kilovoltampere}$$

abgeben.

Durch diese Anzahl der kVA ist die Type des Generators bestimmt, und man kann nun aus den Listen der elektrotechnischen Firmen das im Rotor des in Frage kommenden Generators enthaltene Schwungmoment $G \cdot D_{el}^2$ entnehmen. Im vorliegenden Fall möge hierfür der Wert 800 kgm² sich ergeben. Man muß nun untersuchen, ob dieses Schwungmoment zur Einhaltung der Regulierbedingung

$$Z_{25} = \pm 3\%$$

genügt, oder ob ein Zusatzschwungrad notwendig wird. Zur Berechnung des nötigen Gesamtschwungmomentes $\Sigma G D^2$ nach Gleichung (49) Seite 77, ist eine Annahme über die Schlußzeit T_0 des Turbinenregulators zu treffen. Für die vorliegenden Verhältnisse kann man — zur Sicherheit etwas reichlich — T_0 gleich 3 sek setzen. Die mittlere Wassergeschwindigkeit in der Rohrleitung ergibt sich entsprechend einer mittleren Lichtweite von 1125 mm bei der maximalen Wasserführung von 2400 l/sek zu 2,44 m/sek.

Für den gesamten Schwungmassenbedarf hat man nun nach Gleichung (49) näherungsweise:

$$\Sigma G D^2 \cong 1\,450\,000\, \frac{T_0 N}{Z_{25}\, n^2} \left(1 + 0,27\, \frac{L\,v}{H\,T_0}\right)^{3/2}$$

$$\cong 1\,450\,000\, \frac{3 \cdot 640}{3 \cdot 1000^2} \left(1 + 0,27\, \frac{160 \cdot 2,44}{75 \cdot 3}\right)^{3/2}$$

$$\cong 930 \cdot 1,47^{3/2}.$$

Dies ergibt: $\qquad \Sigma G D^2 = 1650$ kgm².

Da im Rotor des Generators nur ein $G D^2$ von 800 kgm² vorhanden ist, so muß der Rest

$$1650 - 800 = 850 \text{ kgm}^2$$

durch ein Schwungrad mit einem Schwungmoment von

$$(G D^2)_{\text{rest}} = 850 \text{ kgm}^2$$

beigeschafft werden. Bei Verwendung von Gußeisen ergibt sich in bekannter Weise der Durchmesser D_{kranz} (Fig. 16, Seite 79) mit 35 m/sek Umfangsgeschwindigkeit zu rd. 670 mm gleich rd. 0,7 m. Das nötige Kranzgewicht des Schwungrades ist demnach

$$G_{\text{kranz}} = \frac{(G \cdot D^2)}{D^2} = \frac{850}{0,7^2} = 1730 \text{ kg}.$$

Zur Kontrolle, ob ein gußeisernes Schwungrad von diesem Kranzgewicht und Durchmesser ausführbare Dimensionen hat, berechnet man nach Gleichung (52), Seite 79:

$$b_{\text{kranz}}^{\text{cm}} = 6,65\, \sqrt{\frac{G_{\text{kranz}}^{\text{kg}}}{D_{\text{kranz}}^{\text{cm}}}} = 6,65\, \sqrt{\frac{1730}{70}} = 330 \text{ mm}.$$

Nun bildet man das Verhältnis:

$$\frac{D_{kranz}}{b_{kranz}} = \frac{700}{330} = 2,12.$$

Da hier der Wert 4,5 unterschritten ist, so ist nach Seite 80 das projektierte gußeiserne Schwungrad wegen Mißverhältnis zwischen Kranz
und Durchmesser nicht ausführbar, und man muß zu Stahlguß greifen.
Für einen Stahlgußkranz berechnet man mit ca. 55 m/sek Umfangsgeschwindigkeit D_{kranz} zu rd. 1000 mm. Damit wird das nunmehr
nötige Kranzgewicht

$$G_{kranz} = \frac{850}{1^2} - 850\,\text{kg}.$$

Die Kontrolle des Kranzquerschnitts ergibt:

$$b_{kranz} = 194\,\text{mm}, \quad \text{womit}$$

das Kranzverhältnis; $\dfrac{D_{kranz}}{b_{kranz}} = \dfrac{1000}{194} = 5,2$ wird,

was einem wohlproportionierten Schwungrad entspricht.

Zur Preisberechnung braucht man noch das Totalgewicht des Schwungrades. Man entnimmt aus dem Diagramm, Fig. 17, Seite 80, beim Kranz-

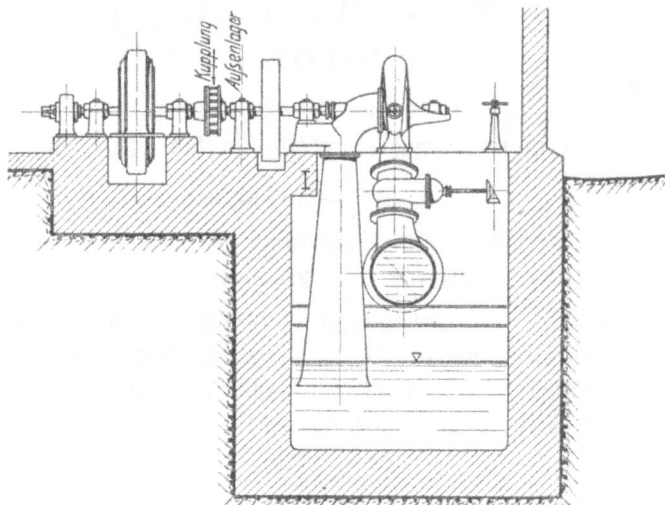

Fig. 30.

verhältnis 5,2 das zugehörige Gewichtsverhältnis f zu 1,27 und erhält
damit das Totalgewicht des Schwungrades:

$$G_{total} = 1,27 \cdot G_{kranz} = 1,27 \cdot 850 \leqq 1100\,\text{kg}.$$

Dieses Schwungrad wird auf die Turbinenwelle aufgekeilt; dieselbe muß also, wie in Fig. 30 dargestellt, verlängert und durch ein Außenlager gestützt werden. Die Wellenstärke in diesem Außenlager wird nach Gleichung (63) mit einer zulässigen Drehungsbeanspruchung von k_d = 180 kg/cm², die absichtlich niedrig gewählt ist, um trotz der starken Belastung gute Lagerverhältnisse zu bekommen, zu 110 mm bestimmt.

Es erübrigt nun noch, zu untersuchen, ob die Turbinen mit Druckregulatoren versehen werden müssen. Für die größte in der Druckrohrleitung zu erwartende prozentuelle Drucksteigerung hat man nach Gleichung (48′), Seite 78, mit $H_{druck} \leqq 70$ m

$$\Delta H_{\text{Druck}} = 15 \frac{L\,v}{H_{\text{Druck}}\,T_o} = 15 \frac{160 \cdot 2{,}44}{70 \cdot 3} = 27{,}4\,{}^0/_0.$$

Dieser Wert ist verhältnismäßig gering, so daß die Anordnung von Druckregulatoren nicht notwendig ist.

Bemerkung.

An Hand der vorstehenden, in kürzester Zeit festgestellten Ergebnisse ist die Anlage soweit projektiert, daß Projektzeichnung, Kostenanschlag und bei Überseeprojekten eine Stückliste mit den Abmessungen und Gewichten der seetüchtig verpackten Turbinenbestandteile zur Berechnung der Seefracht angefertigt werden kann. In gleicher Weise ist jedes Projekt für eine Wasserkraftzentrale zu behandeln. Zur Veranschaulichung der wichtigsten Aufgabe hierbei, der Teilung der Kraft und Bestimmung der Drehzahl, folgen noch einige kürzer gehaltene instruktive Beispiele.

Nr. 15.
Teilung der Kraft.

Wasserkraftzentrale für $\Sigma Q = 24600$ l/sek $H = 42$ m.

Die Zentrale dient zur Erzeugung von Drehstrom von 50 Perioden pro Sekunde. Der Bedarf an Gleichstrom für Erregung, Licht, elektrischen Schützenantrieb, für Betrieb der Reparaturwerkstätte und für sonstigen internen Bedarf der Zentrale soll durch ein besonderes Gleichstromaggregat, für welches 600 l/sek reserviert werden, beschafft werden. Für die Drehstromaggregate bleiben demnach 24000 l/sek übrig mit einer Gesamtleistung von etwas mehr als

$$\frac{24000 \cdot 42}{100} = 10080 \text{ Ps.}$$

Man stellt $H = 42$ (Hauptskala) über $Q = 24000$ l/sek. Die brauchbaren Drehzahlen sind wieder aus der Tabelle Seite 19 zu ersehen. Man untersucht die einzelnen Drehzahlen, indem man den Läuferstrich darüber einstellt. Dabei ist zu beachten, daß man bei dem vorliegenden Gefälle und der zu erwartenden bedeutenden Größe der Maschinen mit der Systemlage nur wenig über den großen Stern hinausgehen darf. Geht man von $n = 375$ aus in die Höhe, so sieht man, daß bei dieser Drehzahl die kleinstmögliche Unterteilung der Zentrale eine dreifache sein muß, denn die Systemzüge von 1 und 2 werden in zu hohen Systemlagen geschnitten. Man könnte demnach 3 einfache Francisturbinen von je ca.

$\dfrac{10080}{3} = 3360$ PS (vorläufiger Wert) bauen und dieselben mit 375 tourigen

Generatoren direkt kuppeln. Dazu käme noch ein Reserveaggregat, so daß man zusammen 4 Aggregate hätte. Bei 500 Umdrehungen wäre das mindeste: sechsfache Unterteilung, also mit Reserve zusammen

7 Aggregate mit einfachen Francisturbinen von je etwas mehr als $\dfrac{10080}{6}$

$= 1680$ Ps.

Bei $n = 750$ zeigt sich, daß die sechsfache Unterteilung nicht mehr

ausreicht. Man muß hier die Untersuchung mit $\dfrac{Q}{2}$ vornehmen. Stellt

man $H = 42$ über $\dfrac{Q}{2} = 12000$ l/sek, so sieht man, daß jetzt sechsfache

Unterteilung der halben Wassermenge notwendig wird. Die Primärunterteilung der Zentrale wird also eine zwölffache und die Leistung pro Francislaufrad (hydraulische Primäreinheit) wird etwas mehr als

$\dfrac{10080}{12} = 840$ PS. Eine elektrische Einheit für diese Leistung würde zu

klein für die große Zentrale. Man baut daher je zwei dieser 12 Laufräder zusammen, so daß 6 Doppelfrancisturbinen von je ungefähr 1680 PS entstehen, welche mit 750 tourigen Generatoren entsprechender Aufnahmefähigkeit direkt zu kuppeln sind. Zur Reserve wäre noch ein siebentes Aggregat beizufügen.

Wie oben bereits bemerkt, ist jedoch auch die Anordnung von 6 einfachen Francisturbinen von je 1680 PS, gekuppelt mit 500 tourigen Generatoren bzw. von 3 Doppelfrancisturbinen von je 3360 PS und 500 Touren möglich und es bedarf noch einer Vergleichung der Kosten und

Berücksichtigung der örtlichen Verhältnisse, welcher der verschiedenen Fälle hier vorzuziehen ist[1]).

Von den vorstehend erörterten Alternativen hat die Doppelturbine in technischer Beziehung insofern einen kleinen Vorzug, als dieselben betriebssicherer sind wie die einfachen Francisturbinen; doch sind auch die anderen Projekte technisch nicht zu verwerfen. Die definitive Entscheidung hängt in der Hauptsache vom Preis ab. Der Preis der Generatoren nimmt innerhalb der normalen Typen und Drehzahlen mit wachsender Umdrehungszahl ab, so daß man bei $n = 750$ die billigsten Generatoren bekommt. Der Preis von Wasserturbinen nimmt, wenn es sich um gleichartige Turbinen handelt, ebenfalls mit wachsender Drehzahl ab. An der Stelle des Übergangs von der einfachen zur Doppelturbine jedoch schnellt die sinkende Preiskurve wieder in die Höhe[2]). Eine Entscheidung, welche Variante am billigsten zu stehen kommt, ist also nur auf Grund eines Preisvergleiches über die ganze Maschinenanlage möglich.

Für die Gleichstromerzeugung hat man $Q = 600$ l/sek und $H = 42$ m und projektiert dafür eine einfache Francisturbine mit 750 oder 1000 Umdrehungen pro Minute, welche mit der Gleichstromdynamo direkt gekuppelt wird. Da für die Erregung tunlichst immer eine Stromquelle in Ersatzbereitschaft stehen soll, so wird man dieses Erregeraggregat doppelt aufstellen.

Nr. 16.
Teilung der Kraft.

Zentrale für $H = 11,4$ m.

ΣQ für Einphasenstromerzeugung 120 m³/sek.

Sekundliche Periodenzahl $16\frac{2}{3}$ für Bahnbetrieb.

---

[1]) Die Untersuchung ohne Schieber (oder Hilfstabellen) gestaltet sich wesentlich schwieriger, komplizierter und unübersichtlicher. Man müßte von der spez. Drehzahl ausgehen und zwar ergibt sich, da

$$n_s = \frac{n}{H} \sqrt{\frac{N}{\sqrt{H}}},$$

$$n = n_s \cdot H \sqrt{\frac{\sqrt{H}}{N}}, \text{ im vorliegenden Falle}$$

$$n = 1,05 \, n_s$$

Brauchbare Drehzahlen ergeben sich für Francisturbinen, Propeller- und Kaplanturbinen mit spez. Drehzahlen von 250—750 und es sind verschiedene Fälle durchzurechnen, um die günstigste Disposition herauszufinden.

Man erkennt jedoch, daß bei vorstehender Zentrale schon die Aufstellung von 2—3 einfachen Aggregaten zum Ziele führt und vermutlich eine einfachere und billigere Anlage ergibt, als die Anordnung von 6 Doppelturbinen.

[2]) Das gleiche ist der Fall beim Übergang von der Einstrahlpeltonturbine zur Zweistrahlpeltonturbine.

Überschlagswert für die Turbinenleistung bei 120 m³/sek = 120000 l/sek:

$$\frac{120000 \cdot 11,4}{100} = 13600 \text{ PS.}$$

Die Reihe der möglichen Drehzahlen folgt aus der Tabelle Seite 19.

Die Skala Q reicht nicht bis 120000 l/sek; man operiert also mit der Hälfte, das heißt mit 60000 l/sek. Die brauchbaren Systemlagen reichen beim vorliegenden Gefälle bis an den kleinen oberen Stern. Nach Einstellung der Zunge mit $H = 11,4$ (Hauptskala) über $\frac{\Sigma Q}{2} = 60000$,

zeigt sich auch hier wie im vorigen Beispiel die Tatsache, daß je höher man mit der Drehzahl gehen will, eine um so größere Primärunterteilung notwendig wird. Man muß nun eine solche Drehzahl wählen, bei welcher die Forderungen: möglichst hohe Drehzahl und tunlichste Reduzierung der Baukosten dadurch, daß man nicht zu viel Aggregate anordnet, gegeneinander abgeglichen sind. Die in Betracht kommenden Drehzahlen liegen, wie der Schieber zeigt, in der Nähe von 100. Untersucht man die Zahl 125, so sieht man, daß die Vertikale durch $n = 125$ in das brauchbare Gebiet des Francisbildes beim Systemzug „4 Laufräder" eintritt.

Dies führt $\left(\text{wegen Verwendung von } \frac{\Sigma Q}{2}\right)$ auf wenigstens 8 fache Primärunterteilung, die man aber durch Anordnung von Doppelfrancisturbinen in 4 fache Sekundärunterteilung umwandeln kann. Man wird demnach 4 Doppelfrancisturbinen mit einer ungefähren Leistung von je

$$\frac{13600}{4} = 3400 \text{ PS}$$

projektieren und wird diese Turbinen mit vier 125 tourigen Generatoren direkt kuppeln, so daß man 4 Betriebsaggregate bekommt, womit eine ausgiebige Anpaßfähigkeit der Zentrale an den schwankenden Kraftbedarf des Bahnbetriebs gegeben ist.

Nr. 17.

Kegelradübersetzung.

Zentrale für $\Sigma Q = 25500$ l/sek,
$H = 2,75$ m,
50 Perioden/sek.

Überschlagswert für die Gesamtleistung:

$$\frac{25500 \cdot 2,75}{100} = 700 \text{ PS.}$$

Mit $H = 2,75$ (Hauptskala) über $Q = 25500$ liest man ab: Francis-system mit sehr niederen Drehzahlen. Selbst bei achtfacher Primärunter-teilung und Anwendung der höchsten Systemlage (obere Grenze) würde man kaum auf 150 Umdrehungen an den Turbinenwellen kommen und hätte dann unter Zusammenfassung von je 2 Laufrädern 4 Schnelläufer-zwillingsturbinen von je 175 PS. Allein diese Drehzahl 150, die nur mit hydraulisch schlechten und komplizierten Maschinen erreicht wird, ist im vorliegenden Fall für direkte Kupplung immer noch unvorteilhaft klein. Es bleibt also nichts anderes übrig als eine Übersetzung zwischen

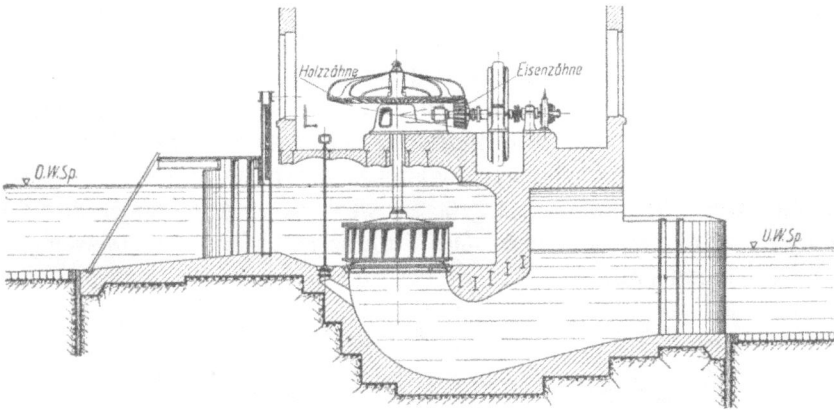

Fig. 31. Einfache Francisturbine mit vertikaler Welle.

Turbine und Generator anzuordnen. Nachdem man sich einmal dazu entschlossen hat, wird man einfache Turbinen projektieren, und zwar mit so hoher Systemlage, als mit Rücksicht auf das niedere Gefälle noch zulässig ist. Es ist dies ungefähr das Gebiet am kleinen oberen Stern, welches unter Zugrundelegung von drei Einheiten nach Ausweis des Francisbildes ungefähr bei $n = 75$ erreicht wird. Man hat demnach drei einfache Francisturbinen von je ca. 233 PS. Da das niedere Gefälle die Anordnung horizontaler Wellen nicht zuläßt, so baut man Turbinen mit vertikaler Welle und läßt sie mittels Kegelrädern auf die horizontalen Generatorwellen arbeiten (Fig. 31). Das Übersetzungsverhältnis der Kegelräder wird zu 1:4 gewählt[1], somit Drehzahl der Generatorwelle 300[2].

---

[1] Der höchste bei Kegelradübersetzung zulässige Wert ist 1:5. Dabei soll womöglich die Zähnezahl 40 für das kleine Rad nicht unterschritten werden.

[2] In neuerer Zeit werden auch Übersetzungsgetriebe mit Stirnradverzahnung angewendet. Die Räder werden aus hochwertigem Stahl hergestellt, maschinell geschnitten und laufen in geschlossenen Ölgehäusen. Mit diesen Getrieben können hohe Leistungen bei Übersetzungen bis 1:15 übertragen werden.

Nr. 18.

Riemenantrieb.

Eine Wasserkraft von 1200 l/sek und 10 m Nettogefälle soll zum Betrieb einer 800 tourigen Gleichstromdynamo verwertet werden. Die Höhenlage des Aufstellungsortes ist 2000 m über dem Meer. Auf strenge Frostperioden ist bei der Konstruktion der Turbine Rücksicht zu nehmen. Gute Ausnutzung des Wassers ist anzustreben. Wie ist die Turbine zu projektieren?

Stellt man H über Q, so erkennt man, daß es sich um eine Francisturbine handelt. Im Hinblick auf die verlangte gute Wasserausnutzung ist als äußerst zulässige Systemlage die Mitte zwischen großem Stern und kleinem oberen Stern zu betrachten. Der Schieber zeigt, daß es nicht möglich ist, mit einer einfachen Turbine die Drehzahl 800 pro min des Generators zu erreichen. Man muß also auch hier zwischen Turbine und Dynamomaschine eine Übersetzung anordnen. Da die Welle im vorliegenden Fall zweifellos horizontal gelagert wird, so empfiehlt sich für diese Übersetzung der Riementrieb. Die Turbine macht man jetzt so einfach als möglich und baut also eine Francisturbine mit einem Laufrad, deren

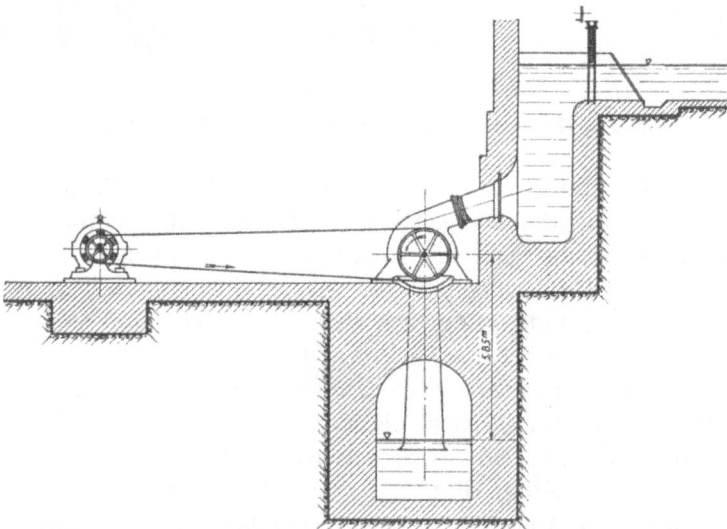

Fig. 32.

Drehzahl bei der vorerwähnten Systemlage zu 300 Umdr./min abgelesen wird. Um die Turbine im Winter vor dem Einfrieren schützen zu können, wählt man nicht die Bauart für offenen Schacht, sondern geht, wie Fig. 32 zeigt, vom Wasserschloß mit einem kurzen Rohrstück in den unmittelbar anstoßenden Maschinenraum ein und schließt an dieses Rohrstück die Turbine als Spiralturbine mit Gußgehäuse an. Das maximal zulässige Sauggefälle wird aus dem Diagramm, Fig. 20, Seite 101, für 2000 m Meereshöhe zu 5,85 m entnommen. Ist der niederste bei Ruhe vorkommende Unterwasserspiegel bekannt, so ist damit die höchste zulässige Lage des Maschinenhausflurs und die Länge des Saugrohrs festgelegt.

Für den Riementrieb hat man das Übersetzungsverhältnis:

$$\frac{300}{800} = 1:2{,}65$$

was günstige Verhältnisse ergibt[1]). Der Riemscheibendurchmesser an der Dynamomaschine wird auf Grund einer Umfangsgeschwindigkeit v_{riemen} von etwa 23 m/sek zu

$$D_{el} \cong 550 \text{ mm}$$

bestimmt.

Unter Berücksichtigung von 1% Tourenverlust bekommt man damit für die Riemscheibe an der Turbine:

$$D_{turb} = 550 \cdot \frac{800 \cdot 1{,}01}{300} = 1480 \text{ mm.}$$

Die Riemenbreite b_{riemen} in cm wird auf Grund der zulässigen Riemenbelastung p kg pro Zentimeter Riemenbreite berechnet. Man hat hierfür[2]) unter Voraussetzung normaler Riemenstärken von $5 \div 7$ mm bei einfachen Riemen und 10 bis 14 mm bei Doppelriemen folgende Formel und Tabellen:

$$b_{riemen}^{cm} = \frac{75 N}{p \cdot v_{riemen}} \quad \dots \dots \dots \dots \quad (70)$$

Einfache Riemen
(bis 1 m Breite zulässig, aber über 600 mm nicht empfehlenswert).[3])

$D_{riemen}^{millimeter}$	v_{riemen} m/sek.						
kleinere Scheibe . . .	3	5	10	15	20	25	30
100	$p=2$	2,5	3	3	3,5	3,5	4
200	3	4	5	5,5	6	6,5	7
500	5	7	8	9	10	11	12
1000	6	8,5	10	11	12	13	14
2000	7	10	12	13	14	15	16

[1]) Das äußerst zulässige Übersetzungsverhältnis, das man womöglich nie überschreiten soll, ist auch hier, wie bei den Kegelrädern, 1:5.

[2]) Nach Gehrckens.

[3]) Nach neueren Untersuchungen können für gut konstruierte Triebe etwas höhere Werte zugelassen werden.

Doppelriemen (bis 3 m Breite zulässig).

$D_{riemen}^{millimeter}$	v_{riemen} m/sek.						
kleinere Scheibe . . .	3	5	10	15	20	25	30
500	$p=8$	9	10	11	12	13	14
1000	10	12	14	16	17	18	19
2000	12	15	20	22	24	25	26

Für den vorliegenden Fall (einfacher Riemen) würde man p zu rd. 10,5 kg/cm ablesen. Zur Sicherheit nimmt man

$$p = 9 \text{ kg/cm Riemenbreite}$$

und erhält mit

$$v_{riemen} = 23 \text{ m/sek}$$

und mit der Turbinenleistung ($\eta_{turb} = 82^0/_0$)

$$N = \frac{1200 \cdot 10}{100} \cdot \frac{82}{75} = 130 \text{ PS}$$

$$b_{riemen} = \frac{75 \cdot 130}{9 \cdot 23} \simeq 45 \text{ cm} = 450 \text{ mm}.$$

Die notwendige Scheibenbreite wird damit 500 mm. Das nötige Schwungmoment wird bei dieser Anlage zweckmäßig in die Turbinenriemscheibe, die als Schwungradriemscheibe auszubilden ist, eingelegt.

Die Dynamomaschine ist gegen die Turbine so aufzustellen, daß der Riementrieb ein offener wird und daß das ziehende Trum unten liegt.

Nr. 19.

Seiltrieb.

Die in Beispiel Nr. 6 projektierte vierfache Francisturbine von 320 PS und 250 Umdr./min soll die Haupttransmission einer Fabrik mit 350 Umdr./min antreiben. Die Fabrik befindet sich in größerer Entfernung vom Turbinenhaus. Wie ist die Kraftübertragung zu bewerkstelligen?

Eine vorläufige Prüfung zeigt, daß unter Verwendung eines Doppelriemens von ca. 840 mm Breite ein Riementrieb für die vorliegenden Kraftverhältnisse noch möglich wäre. Da aber Übertragung auf größere Entfernung in Frage kommt, so ist Hanfseiltrieb vorzuziehen. Zur Projektierung eines Hanfseiles hat man die folgenden Formeln, in welchen der Scheibendurchmesser (genauer Seilkreisdurchmesser) mit $D_{scheibe}$, die Seilstärke mit d_{seil}, und die Anzahl der Seile, welche rund vorausgesetzt werden, mit z bezeichnet werden. Mit der Drehzahl n und der Seilgeschwindigkeit v_{seil}, die je nach der Drehzahl zwischen 15 m/sek (niedere

Drehzahlen), und 25 m/sek (hohe Drehzahlen) zu wählen ist, wird zuerst D_{seil} berechnet. Je nach dem Übersetzungsverhältnis entnimmt man hierauf aus folgender Tabelle die Größe x

	Übersetzungsverhältnis					
	$1:2$	$1:1,8$	$1:1,6$	$1:1,4$	$1:1,2$	$1:1$
$x =$	30	36	42	48	54	60

und berechnet die Seilstärke d_{seil} aus:

$$d_{seil}^{mm} = \frac{D_{scheibe}^{mm}}{x} \qquad \ldots \ldots \ldots \quad (71)$$

und die Seilzahl z aus:

$$z = \frac{1432400}{x^2} \frac{N}{n \, d_{seil}^{3}} \qquad \ldots \ldots \ldots \quad (72)$$
$$\phantom{z = \frac{1432400}{x^2} \frac{N}{n \, d}}_{cm}$$

Im vorliegenden Fall wird mit der maximal zulässigen Seilgeschwindigkeit bei Hanfseilen $\quad v_{seil} \backsimeq 25 \text{ m/sek}$

$$D_{scheibe} = 1900 \text{ mm}.$$

Für das Übersetzungsverhältnis

$$\frac{250}{350} = 1:1,4$$

entnimmt man einen provisorischen Wert aus obiger Tabelle[1])

$$x_{prov.} = 48$$

damit wird

$$d_{prov.}^{seil} = \frac{1900}{48} = 39,6 \text{ mm}$$

dafür wird genommen[2]) $\quad d_{seil} = 40 \text{ mm}$

womit der definitive Wert von x sich ergibt zu

$$x = \frac{1900}{40} = 47,5.$$

Damit erhält man die notwendige Seilzahl nach Gleichung (72):

$$z = \frac{1432400}{47,5^2} \cdot \frac{320}{250 \cdot 4^3} \backsimeq 12,6$$

dafür nimmt man 12 Seile.

---

[1]) Die obere Grenze des zulässigen Übersetzungsverhältnisses ist bei wichtigeren Hanfseiltrieben 1:2.

[2]) Die handelsüblichen Seilstärken sind 25 bis 55 mm mit Abstufungen von 5 zu 5 mm.

Unter Berücksichtigung von 0,5% Tourenverlust bekommt die angetriebene Seilscheibe einen Seilkreisdurchmesser von

$$1900 \cdot \frac{250 \cdot 0{,}995}{350} \backsimeq 1350 \, \text{mm}.$$

Fig. 33 zeigt die Anordnung einer derartigen vierfachen Francisturbine im offenen Schacht mit der treibenden Seilscheibe.

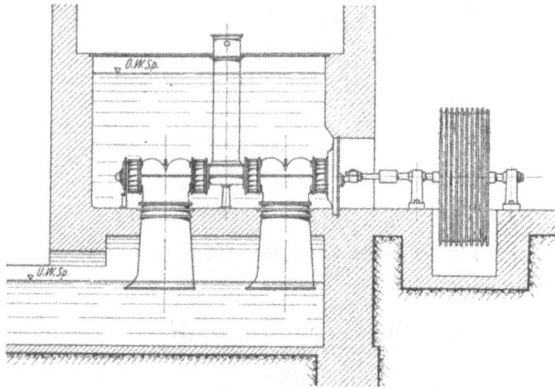

Fig. 33.

Der Vollständigkeit halber seien nachstehend noch die Formeln zur
Projektierung der bei Turbinenanlagen manchmal vorkommenden Draht-
seiltriebe (über 25 m Achsenentfernung) aufgeführt. Man bestimmt
D_{scheibe} mit $v_{\text{seil}} = 25$ m/sek[1]) und muß nun die Seilstärke $d_{\text{drahtseil}}$ so
wählen, daß einerseits der Wert

$$d_{\text{drahtseil}}^{\text{max}} = \frac{D_{\text{scheibe}}}{200} \quad \ldots \ldots \ldots \ldots \quad (73)$$

nicht überschritten wird und daß andererseits der Gleichung.

$$d_{\substack{\text{drahtseil} \\ \text{cm}}} = 2 \sqrt[3]{\frac{N}{z \cdot n}} \quad \ldots \ldots \ldots \quad (74)$$

genügt wird; die Seilzahl z muß dabei gleich 1 eingesetzt werden, nur
in Ausnahmefällen kann z gleich 2 genommen werden. Die üblichen
Drahtseilstärken liegen zwischen 10 und 40 mm mit Abstufungen von
1—2 mm. Bei dem vorliegenden Beispiel ist, wie eine Nachrechnung
zeigt, ein Drahtseilbetrieb nicht brauchbar, weil die Seilzahl zu groß
würde.

---

[1]) Übliche Seilgeschwindigkeiten 20 bis 30 m/sek.

Nr. 20.
Projektierung eines Wasserschlosses samt Wasserschloßausrüstung für 18000 l/sek.

Das Wasser strömt dem zu projektierenden Wasserschloß in einem offenen Oberwasserkanal zu und fließt nach Passieren der Klärstrecke, des Rechens und der Schützen in drei Rohrleitungen dem Turbinenhaus zu. Die Wassergeschwindigkeit im Kanal beträgt 0,6 m/sek; in der Klärstrecke des Wasserschlosses soll sie auf 0,25 m/sek sinken; im Rechen zwischen den Rechenstäben soll sie wieder auf 0,5 m/sek, im Schützenquerschnitt auf 0,7 m/sek und in der Rohrleitung auf rd. 2 m/sek steigen. Der Oberwasserkanal hat unmittelbar vor dem Wasserschloß rechteckiges Querprofil mit 2 m Wassertiefe. Die größte zulässige Lichtweite zwischen den Rechenstäben ist mit Rücksicht auf die in Betracht kommenden Turbinen auf 20 mm festgesetzt worden.[1]) Es sollen die Hauptdimensionen des Wasserschlosses bestimmt werden.

Zunächst sind die Dimensionen der aus Flacheisen bestehenden Rechenstäbe abzuschätzen. Für die vorliegenden Verhältnisse wird ein Querschnitt von 6 mm auf 80 mm gewählt. Die im Mauerwerk vorzusehenden Durchtrittsquerschnitte ergeben sich nun wie folgt:

$$F_{Kanal} = \frac{Q^{m^3/sek}}{v^{m/sek}} = \frac{18}{0,6} = 30 \text{ m}^2$$

$$F_{Klärstrecke} = \frac{18}{0,25} = 72 \text{ m}^2$$

$$F_{rechen, brutto} = \frac{18}{0,5} \cdot \frac{1}{0,85} \cdot \frac{20+6}{20} = 55 \text{ m}^2 \; (\mu = 0,85).$$

Bei Anordnung von drei Rohreinläufen kommen auf jede Schütze 6 m³ sekundliche Wasserlieferung, somit

$$F_{schütze} = \frac{6}{0,7} = 8,57 \text{ m}^2.$$

Der Rohrdurchmesser am Einlauf wird mit v gleich rd. 2 m/sek zu 2000 mm bestimmt. Für Rohrleitung und Turbinenhaus ist eine ähnliche Disposition geplant wie in Fig. 11, Seite 59 dargestellt. Die maximal erreichbare Schützenbreite ist demnach von vornherein festgelegt, und zwar zu 3 m; damit berechnet sich die notwendige Wassertiefe an der Schütze zu:

$$t = \frac{8,57}{3} \cong 2,9 \text{ m}.$$

---

[1]) Bei fischreichen Gewässern ist bei Bestimmung der Rechenlichtweite auch die Rücksicht auf Vermeidung des Durchgangs von Fischen maßgebend.

Zur Kontrolle auf Ausführbarkeit der Schützentafel in Holz wird die Bohlenstärke nach Gleichung (69), Seite 110, berechnet. Man erhält die Bohlenstärke 180 mm, was noch ganz gut ausführbar ist. Werden die drei Einlaufschützen elektrisch angetrieben, so ist bei 1 m/min Hubgeschwindigkeit und einer Tafelhöhe h_0 der Schützentafel von

$$2,9 + 0,5 = 3,4 \text{ m}$$

die erforderliche vorübergehende Maximalleistung eines jeden Hubmotors nach Gleichung (29), Seite 62:

$$N = \frac{b\,h_0 \sqrt{t} + 4,8\,t^2}{20} \cdot v_s\,b$$

$$= \frac{3 \cdot 3,4 \sqrt{2,9} + 4,8 \cdot 2,9^2}{20} \cdot 1 \cdot 3$$

$$= \frac{15,7 + 40,3}{20}\,3 = \frac{56,0}{20} \cdot 3 \cong 8,5 \text{ PS}.$$

Von den Einlaufschützen gegen den Rechen hin vergrößert man die Wassertiefe auf 3,5 m, um die Rechenbreite b_r zu reduzieren.

$$b_r = \frac{55}{3,5} \cong 15,5 \text{ m}.$$

Neigung der Rechenstäbe ca. 50⁰ gegen die Horizontale.

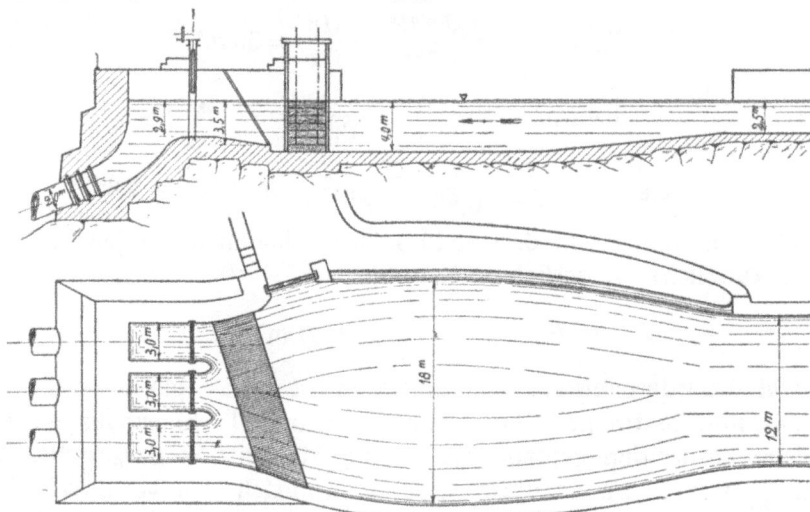

Fig. 34. Wasserschloß.

In der Klärstrecke (vgl. Fig. 34) vergrößert man die Wassertiefe zunächst sprungweise weiter auf 4 m und erhält damit die nötige Breite zu:

$$\frac{72}{4} = 18 \text{ m}.$$

Die Klärstrecke wird so lang gemacht, als es die örtlichen Verhältnisse gestatten. Ein Zuviel ist hier unmöglich. Gegen den Kanal hin steigt die Sohle in der Klärstrecke langsam an, so daß am Ende des Wasserschlosses die Kanalwassertiefe 2,5 m bei einer Kanalbreite von $\frac{30}{2,5} = 12$ m erreicht wird.

Der Überlauf ist so zu bestimmen, daß über ihn die Gesamtwassermenge 18000 l/sek bei einer Überstauung h, deren Größe sich nach der Beschaffenheit der Kanalufer richtet, abstürzt. Wählt man im vorliegenden Fall h gleich 45 cm, so folgt die Überlaufbreite $b_ü$ nach Gleichung (28) Seite 61:

$$b_ü^{meter} = \frac{\Sigma Q \text{ l/sek}}{1{,}86 \, h_{cm}^{3/2}} = \frac{18000}{1{,}86 \cdot 45^{3/2}}$$

$$= \frac{18000}{1{,}86 \cdot 302} = 32 \text{ m.}$$

Die eine Seitenmauer des Klärbeckens ist also auf eine ziemlich lange Strecke als Überfallmauer mit seitlichem Sammelkanal, der in den Leerschußkanal mündet, auszubilden. Die Überlaufkante muß so hoch gelegt werden, daß bei Betrieb mit Minimalwasser, wo im Kanal die kleinste Wassergeschwindigkeit und damit am Kanalende der höchste betriebsmäßige Spiegelstand eintritt, das Wasser gerade bis an die Überlaufkante ansteht, ohne dieselbe zu überströmen.

Die Leerlaufschütze wird an der tiefsten Stelle des Wasserschlosses seitlich am Ende der Klärstrecke angebracht. Ihre Wassertiefe t_{leer} ist demnach durch die Formgebung der Wasserschloßsohle bestimmt. Ihre Breite b_{leer}

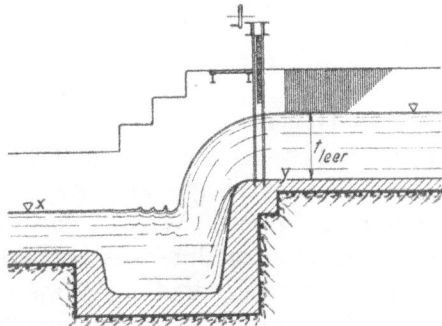

Fig. 35.

ist so zu bemessen, daß nach Aufziehen der Schützentafel im Oberwasserkanal und im Klärbecken eine kräftig spülende Strömung entsteht, welche die im Kanal und Klärbecken abgelagerten Sinkstoffe wegschwemmt. Damit dieser Zweck erreicht wird, muß die sekundliche Austrittsmenge Q_{leer} der Leerlaufschütze größer sein als ΣQ, denn nur dann kann, da während der Kanalspülung die Turbinenschützen geschlossen werden müssen, eine größere Durchflußgeschwindigkeit als normal im Oberwasser auftreten. Je größer Q_{leer} gegenüber ΣQ, um so

10*

rascher ist die Spülung und die damit verbundene Betriebsunterbrechung beendet. Man nimmt daher Q_{leer} ungefähr gleich 2 ÷ 3 ΣQ und nur wenn die Leerlaufschütze hierbei unbequem große Dimensionen erhält, begnügt man sich mit einem kleineren Wert.

Die Berechnung der nötigen Breite b_{leer} erfolgt bei höheren Gefällen mit der in Fig. 35 schematisch dargestellten Sachlage ähnlich wie die Überlaufbreite $b_{\ddot{u}}$ nach folgender Gleichung:

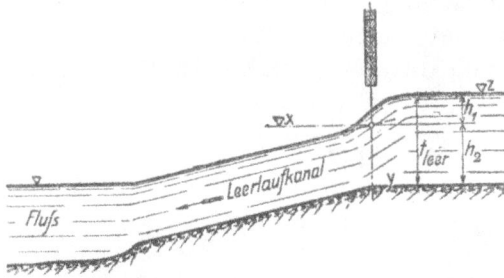

Fig. 36.

$$b_{leer}^{meter} \backsimeq \frac{Q_{leer}^{cbm/sek}}{1,86 \cdot (t_{leer}^{3/2})^m} \quad (75)$$

Bei niederen Gefällen strömt das Wasser aus der Leerlaufschütze als unvollkommener Überfall, wie in Fig. 36 schematisch angedeutet, ab, und man muß sich hier zur Berechnung von b_{leer} der folgenden Gleichung bedienen:

$$b_{leer}^{meter} = \frac{Q_{leer}^{cbm/sek}}{1,77\, h_1^{3/2} + 2,35\, h_2 \sqrt{h_1}} \quad \ldots \ldots \quad (76)$$

(h_1 und h_2 in m).

Die Höhenkote x, deren Lage gegenüber der Wasserschloßsohle y entscheidet, welche von beiden vorerwähnten Sachlagen in einem gegebenen Fall vorliegt, wird bestimmt, indem man den Leerlaufkanal genau in der gleichen Weise, ausgehend von seiner Mündung in den Fluß, berechnet, wie den Unterwasserkanal in Beispiel Nr. 1. An die Stelle von ΣQ tritt aber Q_{leer} und als Wassergeschwindigkeit kann man je nach der mittleren Geschwindigkeit des die Leerschütze passierenden Wasserkörpers bis zu 4 m/sek zulassen.

Im vorliegenden Fall handle es sich um ein höheres Gefälle, so daß Fig. 35 und Gleichung (75) in Betracht kommen. Man erhält mit

$$t_{leer} = 4\,m, \quad Q_{leer} = 2\,\Sigma Q = 36000\ l/sek = 36\ cbm/sek$$

$$b_{leer}^{meter} = \frac{36}{1,86 \cdot 4^{3/2}} \backsimeq 2,5\,m.$$

Die Bohlenstärke der Schützentafel für 2500 mm Tafelbreite und 4 m Wassertiefe wird zu rd. 180 mm bestimmt und die notwendige Maximalleistung des Elektromotors zur Bedienung der Leerschütze ergibt sich bei 1 m/min Hubgeschwindigkeit zu:

$$N = \frac{2,5 \cdot 4 \sqrt{4} + 4,8 \cdot 4^2}{20} \cdot 1 \cdot 2,5$$

$$\cong 12 \text{ PS.}$$

Die mittlere Wassergeschwindigkeit des aus der Leerlaufschütze ausströmenden Wasserkörpers ist

$$\frac{36}{4 \cdot 2,5} = 3,6 \text{ m/sek.}$$

Diese Geschwindigkeit behält man zweckmäßig im Leerlaufkanal bei und hat hier also für $\frac{36}{3,6} = 10 \text{ m}^2$ Wasserquerschnitt zu sorgen. Bei 2,5 m Wassertiefe z. B. wird also eine Breite von 4 m notwendig. Beträgt die an der Mündung in den Fluß erzielbare Wassertiefe aber z. B. nur 1,5 m, so muß der Leerlaufkanal an der Flußmündung auf $\frac{10}{1,5} \cong 6,7$ m verbreitert werden. An die Stelle der einen Abtreppung, welche in Fig. 35 dargestellt ist, tritt bei höherem Gefälle eine größere Anzahl aufeinanderfolgender Stufen, über welche das Wasser herunterstürzt. Unterhalb jeder Überfallkante ist im Sohlenmauerwerk ein reichliches Wasserkissen auszusparen, wie in Fig. 35 angedeutet, damit die Energie der überstürzenden Wassermassen im Wasser selbst verzehrt wird, ohne Schaden anrichten zu können.

Fig. 34 stellt Grundriß und Längenschnitt des vorstehend projektierten Wasserschlosses dar.

Der Vollständigkeit halber sei am vorstehenden Beispiel auch der Fall von Fig. 36 durchgerechnet, wobei vorausgesetzt sei, daß es sich um ganz niedere Gefälle und um offene Schachtturbinen handle, deren Kammern an die Stelle der Rohreinläufe in Fig. 34 treten.

Man schätzt zunächst die zu erwartende mittlere Wassergeschwindigkeit beim Passieren der Leerschütze zu ungefähr 2,5 m/sek und berechnet mit dieser Wassergeschwindigkeit den Leerlaufkanal, ausgehend vom Flußufer, wobei sich eine solche Spiegellage x ergeben möge, daß die Wassertiefe
$$t_{\text{leer}} = 4 \text{ m}$$

durch die Höhenkote x in die zwei Teile

$$h_1 = 1,5 \text{ m,}$$
$$h_2 = 2,5 \text{ m}$$

zerlegt wird.

Damit erhält man nach Gleichung (76) wieder mit

$$Q_{\text{leer}} = 2\,\Sigma\,Q$$

$$b_{\text{leer}}^{\text{meter}} = \frac{36}{1,77 \cdot 1,5^{\text{3/2}} + 2,35 \cdot 2,5\,\sqrt{1,5}} \cong 3,5 \text{ m.}$$

Die tatsächliche mittlere Wassergeschwindigkeit in der Leerschütze beträgt demnach

$$\frac{36}{4 \cdot 3,5} = 2,57 \text{ m/sek}$$

in guter Übereinstimmung mit der Geschwindigkeit 2,5 m/sek, für welche der Leerlaufkanal berechnet wurde. Hätte sich hier eine kleinere Wassergeschwindigkeit als 2,5 m/sek ergeben, so hätte die Berechnung des Leerlaufkanals und der Höhenkote x mit einer entsprechend kleiner gewählten Wassergeschwindigkeit wiederholt werden müssen.

Die Probe auf Ausführbarkeit der Schützentafel ergibt mit 4 m Wassertiefe und 3500 m Tafelbreite eine Bohlenstärke von rd. 250 mm. Man kann also die Leerlauföffnung gerade noch mit einer einzigen Schützentafel überspannen, was bei Leerlaufschützen sehr schätzenswert ist. Die Maximalleistung des Hubmotors müßte bei einer Hubgeschwindigkeit, die um die Motorgröße zu reduzieren hier nur auf 0,8 m/min festgesetzt wird, betragen:

$$N = \frac{3,5 \cdot 4 \cdot \sqrt{4} + 4,8 \cdot 4^2}{20} \cdot 0,8 \cdot 3,5$$

$$\cong 15 \text{ PS.}$$

Nr. 21.

Projektierung einer Zentrifugalpumpe.

Eine Zentrifugalpumpe soll 30 m³ Wasser pro Minute auf eine manometrische Förderhöhe von 12 m fördern. Welche Drehzahl kommt in Betracht, wenn die Pumpe mit einem einzigen Laufrad ausgestattet werden soll?

Bei 30 m³ Wasser in der Minute hat man ein Q von 500 l/sek. Man schiebt $H = 12$ über $Q = 500$ und liest an der unteren Hälfte des Sterngebiets von „Francis, ein Laufrad" ab, daß die brauchbaren Umdrehungszahlen zwischen 300 und 500 liegen. Wenn man möglichst hohe Drehzahl haben will, wird man 500 Umd./min wählen.

Nr. 22.

Zentrifugalpumpe mit mehreren Druckstufen.

Eine Zentrifugalpumpe soll in der Minute 800 l Wasser auf eine manometrische Förderhöhe von 65 m liefern. Welche Drehzahl ist empfehlenswert?

Es ist hier $H = 65$ und $Q = \dfrac{800}{60} = 13,3$ l/sek.

Schiebt man $H = 65$ über $Q = 13,3$, so sieht man, daß die brauchbaren Drehzahlen zwischen 6000 und etwa 10000 liegen.

Diese Drehzahlen sind nun für den vorliegenden Zweck zu hoch. Das Mittel, um die Drehzahl tiefer zu legen, besteht, wie auf Seite 103 bemerkt, in der Anordnung von Druckstufen mit hintereinandergeschalteten Laufrädern. Ordnet man hier 8 Druckstufen an, so ist der Wert, mit dem man in die Skala H eingehen muß,

$$\frac{H}{8} \cong 8 \, \text{m}.$$

Mit 8 über $Q = 13,3$ ergibt sich die günstigste Drehzahl dieser Maschine, welche 8 Laufräder in Hintereinanderschaltung besitzt, zwischen 1200 und 2400, und man wird die Maschine mit 2000 Umdrehungen laufen lassen.

Nr. 23.

Zentrifugalpumpe mit Dampfturbinenantrieb.

Eine mit einer Laval-Dampfturbine von 8000 Umdr./min zu betreibende Hochdruckzentrifugalpumpe für $H = 100$ m soll 100 m³ in der Stunde (also $Q = \dfrac{100000}{60 \cdot 60} = 27,8$ l/sek) liefern. Für welche Drehzahl wird man die Pumpe konstruieren?

Mit $H = 100$ über $Q = 27,8$ zeigt sich, daß die Drehzahl 8000 der Dampfturbine gerade recht ist für eine einfache Zentrifugalpumpe. Man wird also eine Zentrifugalpumpe mit einem Laufrad bauen und diese mit der Dampfturbine direkt kuppeln.

IX. Kapitel.

Anwendung des Turbinenrechenschiebers auf einige hervorragende ausgeführte Turbinenkonstruktionen und auf einige bekannte Wasserkraftzentralen.

I. Turbinen.

1. Die bekannten von Voith in den Jahren 1905—1907 ausgeführten Niagara-Turbinen von je ca. 12000 PS sind gebaut für

$$Q = 20000 \text{ l/sek} \qquad H = 53,4 \text{ m} \qquad n = 187,5 \text{ Umdr./min.}$$

Die Turbine ist als Zwillingsfrancis-Spiralturbine mit liegender Welle ausgeführt. Die beiden Laufräder gießen in ein gemeinsames Saugrohr aus. Mit $H = 53,4$ (Hauptskala) über $Q = 20000$ und mit Läuferstrich über $n = 187,5$ zeigt sich, daß eine gute Systemlage in Übereinstimmung mit der Ausführung auf dem Strich „Francis, 2 Laufräder" angetroffen wird. Die Systemlage — zwischen dem großen und kleinen Stern — ist als gut zu bezeichnen. Der Laufraddurchmesser D_1 ist mit 2000 mm ausgeführt. Diesen Durchmesser ergibt auch der Schieber. Die Turbine ist also richtig disponiert und zweckmäßig dimensioniert[1]).

2. Eine einfache Francisturbine von 10000 PS — zúr Zeit ihrer Herstellung im Jahre 1905 die stärkste einfache Francisturbine der Welt — ist die von Ing. Arthur Giesler, New-York, entworfene und von der Platt Iron Works Company, Dayton, ausgeführte Turbine für die Anlage Snoqualmie Falls der Seattle & Tacoma Power Co.

Sie hat die Daten:

$$Q = 11260 \text{ l/sek} \qquad H = 79,4 \text{ m} \qquad n = 300 \text{ Umdr./min.}$$

---

[1]) Näheres über sie findet sich in der Zeitschr. d. Vereins deutscher Ingenieure 1905, Seite 2016. Nach dem heutigen Stande des Turbinenbaues hätte man stehende Einfachturbinen mit 250 Umdr./min oder Doppelturbinen mit 500 Umdr./min gewählt. Siehe Beispiel Nr. 4.

Die Turbine arbeitet mit einem durch Messung festgestellten Wirkungsgrad von 84% und entwickelt ihre gesamte Leistung von 10000 PS in einem einzigen Laufrad. Die Kontrolle auf dem Schieber zeigt mit H über Q bei $n = 300$, daß die Turbine in guter Systemlage zwischen unterem kleinem und großem Stern liegt. D_1 beträgt 1675 mm, was sich auch nach dem Schieber ergibt. Die Turbine ist demnach sowohl in Beziehung auf Entwurf und Wahl der Drehzahl, als in Beziehung auf Dimensionierung richtig konstruiert[1]).

3. Die erste Verbundturbine, die gleich in größtem Maßstab ausgeführt worden ist, ist die von der Firma Elektr.-Akt.-Ges. vormals Kolben & Cie., Prag, gebaute und im Trisanna-Elektrizitätswerk, Tirol, aufgestellte Turbine von 2000 PS.

Die Turbine[2]) ist gebaut für

$$Q = 2250 \text{ l/sek} \quad H = 85 \text{ m} \quad n = 343 \text{ Umdr./min.}$$

Anlaß zur Konstruktion dieser Verbundturbine waren die schlechten Erfahrungen, welche man mit drei einfachen früher aufgestellten Francisturbinen im Trisanna-Werk gemacht hatte. Diese letzteren Turbinen erlitten in unzulässig kurzer Zeit so starke Ausfressungen, daß die inneren Teile ausgewechselt werden mußten. Es ist nun von Interesse, die Systemlage dieser alten Turbinen festzustellen. Jede von ihnen wurde seinerzeit gebaut für

$$Q = 1750 \text{ l/sek} \quad H = 85 \text{ m} \quad n = 300 \text{ Umdr./min.}$$

Mit H über Q erscheint über $n = 300$ auf dem Systemzug „Francis, ein Laufrad" eine Systemlage an der unteren Grenze. Die spez. Drehzahl ergibt sich zu nur 45! Es ist also kein Wunder, wenn diese einfachen Francisturbinen auf die Dauer versagten. Lebensfähige Turbinen sind bei dieser niederen Systemlage nur unter den günstigsten meist nicht vorhandenen Verhältnissen: reinstes Wasser und dauernder Normalbetrieb möglich. Nach den schlechten Erfahrungen, die man mit der niederen Systemlage gemacht hatte, mußte man beim weiteren Ausbau der Zentrale naturgemäß suchen, Turbinen mit höherer Systemlage zu bekommen. Dies wurde in wirksamster Weise durch Anwendung des Verbundsystems erreicht. Dieses System ist heute verlassen, man würde sich daher im vorliegenden Falle helfen, indem man — falls die Umdrehungszahl von 300/min beibehalten werden muß — zur Freistrahlturbine mit 3 oder 4 Strahlen greift; oder, falls eine Änderung der Drehzahl möglich ist, dieselbe auf 500 erhöht.

---

[1]) Naneres über die Turbine findet sich in Engineering News, März 1906.
[2]) Näheren Aufschluß über die Konstruktion der Turbine gibt die Schweizerische Bauzeitung 1907, Seite 191 u. f.

4. Die Niagara-Kraftwerke wurden in den Jahren 1916 bis 1918 durch Aufstellung von drei stehenden Einfachfrancisturbinen von je 33000 bis 40000 PS erweitert[1]). Dieselben haben bei einem Gefälle von 65,5 m, einem Wasserverbrauch von ca. 46 m³/sek und einer Drehzahl von 150 Uml./min eine Leistung von 37500 PS und einen Wirkungsgrad von über 90%.

Die Kontrolle mit dem Schieber ergibt eine sehr gute Systemlage zwischen dem unteren kleinen und dem großen Stern. Der Durchmesser des Laufrades bestimmt sich mit dem Schieber zu $D_1 = 3200$ mm, was der tatsächlichen Ausführung entspricht.

5. Die Wasserkraftanlage „Gösgen" an der Aare[2]), fertiggestellt 1917, besitzt im vollen Ausbau 8 Maschinengruppen von je 6000 bis 10000 PS Leistung. Es wurden hierfür stehende Einfach-Francisturbinen mit 83 Uml./min gewählt. Die Turbinen sind gebaut für eine mittlere Wassermenge von 41 m³/sek und ein Gefälle von 15,3 m und besitzen hierbei 84% Wirkungsgrad.

Der Schieber zeigt eine sehr gute Systemlage nahe oberhalb des großen Sterns. Der Laufraddurchmesser würde sich nach dem Schieber zu etwa 3000 mm, die Eintrittsbreite mit 950 mm ergeben. Ausgeführt wurden die Turbinen mit nur 2700 mm Durchm., dagegen mit 1215 mm Eintrittsbreite. Die starke Verkleinerung des Durchmessers bei vergrößerter Eintrittsbreite kennzeichnet diese Turbinen als Schnelläufer.

6. Die Wasserkraftanlage am Rjukanfos[3]) enthält 10 Freistrahlturbinen von je bis 16000 PS Leistung. Bei 274 m Gefälle und 4750 l/sek Wasserverbrauch leistet jede Turbine 13850 PS bei 250 Uml./min und besitzt hierbei einen Wirkungsgrad von 80%. Die Turbinen sind als Zwillingsfreistrahlturbinen mit je 2 Düsen, insgesamt also mit 4 Strahlen ausgeführt.

Die Prüfung mit dem Schieber ergibt eine Systemlage der Turbinen beim großen Stern („4 Strahlen"), d. h. die Turbinen sind richtig ausgeführt. Der Strahlkreisdurchmesser ergibt sich nach dem Schieber zu 2570 mm. In der Tat sind fünf der Turbinen (von Voith) mit 2540 mm und fünf (von Escher, Wyss & Co.) mit 2600 mm ausgeführt.

---

[1]) Näheres siehe Zeitschrift d. Vereins Deutscher Ingenieure 1921, Seite 44 u. f.

[2]) Nähres siehe Schweizerische Bauzeitung Band LXXV, 1920.

[3]) Näheres siehe Zeitschr. d. Vereins Deutscher Ingenieure 1914, Heft 44, 45 und 47.

II. Zentralen.

1. Elektrizitätswerk Caffaro, Oberitalien.

Das effektive Gefälle beträgt 246 m. Für Drehstromerzeugung stehen 4000 l/sek zur Verfügung; Periodenzahl 42. Die Zentrale hat 4 Einstrahlpeltonturbinen von je 2700 PS[1]). Jede ist mit einem Drehstromgenerator direkt gekuppelt und macht 315 Umdr./min. Schiebt man $H = 246$ über $\Sigma Q = 4000$, so sieht man, daß der Zug „Pelton, 4 Strahlen" von der Vertikalen durch $n = 315$ zwischen dem großen und dem kleinen oberen Stern geschnitten wird. Die Systemlage ist demnach zwecks guter Materialausnützung etwas hoch, jedoch richtig gewählt worden. Die Zentrale enthält außer den 4 Hauptturbinen noch 2 Erregeraggregate, jedes für $H = 246$ m, $Q = 60$ l/sek, mit Einstrahlpeltonturbinen von 600 Umdr./min; ein anderes kleines Gleichstromaggregat, auch mit Einstrahlpeltonturbine, arbeitet für Licht unter dem gleichen Gefälle mit $Q = 25$ l/sek und $n = 850$ Umdr./min. Die Systemlagen dieser kleinen Turbinen sind gut.

2. Elektrizitätswerk Wangen a. d. Aare[2])

$$\Sigma Q = 100 \text{ m}^3/\text{sek} \qquad H = 8,4 \text{ m.}$$

Die Einstellung zeigt Francissystem, niedere Drehzahlen; wenn man also direkt kuppeln will, braucht man, wie früher gezeigt:

hohe Unterteilung,

hohe Systemlage

und, um nicht zu kleine elektrische Einheiten zu bekommen:

mehrfache Maschinen.

Die Zentrale besteht in der Tat aus 6 vierfachen Francisturbinen von je ca. 1450 PS, mit horizontaler Welle[3]), direkt gekuppelt mit dem Generator, Drehzahl 150. Die Zentrale ist also primär 24 mal unterteilt und $1/_6$ der Gesamtwassermenge — 16670 l/sek — hat je vierfache Unterteilung. Die Systemlage der Turbinen ergibt sich mit $H = 8,4$ und $Q = 16670$ l/sek auf dem Systemzug „4 Laufräder" senkrecht über $n = 150$ nahe beim großen Stern, also gut brauchbar und für den vorliegenden Fall sehr zweckmäßig gewählt.

---

[1]) Gebaut von Ing. A. Riva, Monneret & Co., Mailand.
[2]) Zeitschr. d. Vereins deutscher Ingenieure 1906, Seite 934.
[3]) Gebaut von Escher, Wyss & Co.

D_1 ist ausgeführt mit 1300 mm; der Schieber würde 1250 ergeben. Diese Zentrale ist also ein Beispiel für verständige Disponierung in einem schwierigen Fall und weist in hydraulischer Hinsicht gut gewählte Abmessungen auf.

3. Elektrizitätswerk der Stadt Mailand bei Paderno an der Adda[1]).

Man hat hier $\Sigma Q = 45000$ l/sek, $H = 29$ m, sekundliche Periodenzahl 42.

Die Zentrale ist ausgeführt mit 7 Turbinen, 6 für den Betrieb und eine zur Reserve. Die Generatoren sind mit den Turbinen direkt gekuppelt; Drehzahl 180 Umdr./min. Die Erregerdynamos sitzen auf den Generatorwellen. Jeder Generator ist gebaut für 2000 PS Drehstrom und 160 PS Gleichstrom. Die Primärunterteilung der Zentrale — 6 Zwillingsturbinen — ist eine 12 fache; die Prüfung auf dem Schieber muß also mit der Hälfte von ΣQ auf dem Systemzug „6 Laufräder" vorgenommen werden.

Mit $Q = 22500$ l/sek, $H = 29$ m und $n = 180$ ergibt sich auf diesem Zug eine Systemlage im unteren Teil des Sterngebiets. Die Turbinen haben ein D_1 von 1550 mm, der Schieber würde das gleiche ergeben. Die Turbinen sind also richtig dimensioniert. Ihre Systemlage ist noch ganz gut, aber in Anbetracht der bedeutenden Größe der Zentrale muß man sagen, etwas unvorteilhaft niedrig. Man hätte hier viel Geld sparen können durch Anwendung von Turbinen mit besserer Materialausnützung, d. h. mit höherer Systemlage; die dadurch bedingte höhere Umdrehungszahl wäre auch den Generatoren zugute gekommen. Wenn man mit der Drehzahl auf 420 gegangen wäre, was wohl zulässig gewesen wäre, so hätten die Turbinen ein D_1 von 850 mm bekommen und die Generatoren wären anstatt 28 polig 12 polig geworden, wodurch eine bedeutende Verminderung des Materialverbrauchs eingetreten wäre.

Mit Hilfe der neueren Turbinenkonstruktionen wäre eine 12 fache Unterteilung der Anlage überhaupt nicht mehr nötig; man würde sich mit einer dreifachen Unterteilung in Aggregate von je 4650 PS begnügen und hierbei entweder Einfachturbinen mit 252 Uml./min und $D_1 = 1200$ mm Laufraddurchmesser oder Doppelturbinen mit 360 Uml./min und $D_1 = 1050$ mm anwenden.

Das Beispiel Nr. 3 zeigt deutlich, daß der projektierende Elektroingenieur die Unterteilung einer Wasserkraftzentrale und die Drehzahl

---

[1]) Il Politecnico, Jahrgang 1898.

der Aggregate nicht, wie es hier geschah, ohne Rücksicht auf die Anforderungen der Turbine festsetzen und dem Turbinenkonstrukteur vorschreiben darf.

4. Wasserkraftwerk Hemfurt.

(Edertalsperre.)[1]

Die Wasserkraftanlage Hemfurt, welche das durch die 45 m hohe Edertalsperre gewonnene Gefälle ausnützt, wurde in den Jahren 1912/14 erbaut und 1915 in Betrieb genommen. Die Anlage dient als Spitzenkraftwerk, was durch ein großes Staubecken mit 200 Millionen m³ Inhalt, wovon ca. 160 Millionen m³ ausnützbar sind, ermöglicht wird. Die Art der Ausnützung sowie die wechselnden Zuflußmengen haben starke Schwankungen im Gefälle zufolge, und zwar geht dasselbe von 41 m im Frühjahr herunter bis auf 14 m im November und Dezember; dieser niedrigste Wasserstand kommt allerdings sehr selten vor.

Der starke Wechsel im Gefälle und die Rücksicht auf den Spitzenbetrieb bedingte eine besondere Anpassungsfähigkeit der Maschinenanlage; es wurden daher nach Prüfung verschiedener Vorschläge zur Erzielung der verlangten Spitzenleistung von ca. 12000 PS folgende sechs Turbinen verschiedener Drehzahlen mit direkt gekuppelten Generatoren aufgestellt:

4 Doppelfrancis-Spiralturbinen von je 3000 PS Normalleistung für $Q = 8,8$ m³/sek, $H = 32$ m, $n = 375$, Wirkungsgrad 83%. Diese leisten bei dem höchsten Nutzgefälle von ca. 40 m je 3900 PS mit 81% Wirkungsgrad und bei dem niedrigsten Gefälle von 14 m noch 570 PS bei 55% Wirkungsgrad. Diese 4 Turbinen sollen jedoch im allgemeinen nur bei Gefällen bis zu 25 m herunter laufen, während zum Betriebe bei den selten vorkommenden Gefällen unter 25 m zwei besondere Turbinen von je 2050 PS Normalleistung für $Q = 7,8$ m³/sek, $H = 24$ m, $n = 300$ aufgestellt sind. Diese leisten bei 14 m Gefälle noch je 830 PS bei 80% Wirkungsgrad.

Die Nachprüfung mit dem Schieber ergibt, daß sowohl die großen wie auch die kleinen Turbinen die beste Systemlage am großen Stern bei „2 Laufräder" besitzen, und daß demnach auch noch bei veränderten Gefällen und Wassermengen gute Wirkungsgrade zu erwarten sind. Der Laufraddurchmesser D_1 ergibt sich in sehr guter Übereinstimmung mit der tatsächlichen Ausführung für die großen Turbinen zu 960 mm und für die kleinen Turbinen zu ca. 1000 mm.

---

[1] Näheres siehe „Glasers Annalen für Gewerbe und Bauwesen", Jahrgang 1916.

Zu erwähnen ist noch, daß im vorliegenden Falle besondere Rücksicht auf das Durchgehen der Turbinen genommen werden mußte. Die Turbinen sind für normale Gefälle von 32 bzw. 24 m gebaut; es kann jedoch ein Durchgehen auch beim höchsten Gefälle von 40 m vorkommen, wobei die Durchgangsdrehzahl das zweifache bzw. 2,3 fache der normalen Drehzahl beträgt. Hierauf war insbesondere beim Bau der Generatoren Rücksicht zu nehmen.

5. Das Wasserkraftwerk Adamello.

Diese Anlage[1]) wurde im Jahre 1910 zur Ausnützung der vom Gebirgsstock des Adamello abfließenden Gletscherwasser errichtet, deren ausnützbare Menge ca. 2 m^3/sek während 8 Stunden pro Tag bei dem sehr hohen Gefälle von 920 m beträgt. Die Anlage ist noch mit den besonderen Vorzug eines hochgelegenen Stausees (1790 m über dem Meer) von ca. 12 Millionen m^3 nutzbarem Stauinhalt ausgestattet, so daß die Maschinenleistung für eine Wassermenge von 4 m^3/sek bemessen und die Anlage als Spitzenkraftwerk errichtet werden konnte.

Die Zentrale befindet sich beim Dörfchen Isola auf 887 m Meereshöhe. Sie erhielt zunächst 4 Freistrahlturbinen von je 6500 PS; die baulichen Anlagen wurden jedoch für 7 Maschinensätze errichtet, da der nutzbare Stauseeinhalt später auf 30 Millionen m^3 erweitert werden soll. Das Bruttogefälle wechselt im vollen Ausbau von 925 m bis 880 m und beträgt im Mittel 905 m; als Nettogefälle ergibt sich nach Abzug der Verluste 900 bis 855 m, im Mittel 880 m. Jede Turbine besitzt eine Düse, ist für eine normale Wassermenge von 700 l/sek gebaut und leistet bei 420 Umdr.-min 7200 PS (Wirkungsgrad ca. 87%).

Die Auswertung mittels des Schiebers ergibt eine Systemlage zwischen dem kleinen unteren und dem großen Stern. Diese Lage ist als gut zu bezeichnen, immerhin hätte man mit der Drehzahl höher, etwa auf 500 oder 750 gehen können und damit noch etwas günstigere Verhältnisse erreicht. Im vorliegenden Falle wurde jedoch Wert darauf gelegt, nicht zu kleine Abmessungen zu bekommen, und für die Gefällsschwankungen anpassungsfähige Turbinen zu erhalten. Nach dem Schieber ergibt sich bei 420 Umdr. der Strahlkreisdurchmesser zu 2700 mm, ausgeführt sind die Turbinen in sehr guter Übereinstimmung mit 2750 mm. Bei 750 Umdr./min hätte sich ein Strahlkreisdurchmesser von nur 1550 mm ergeben, der für diese Leistung zu klein gewesen wäre.

---

[1]) Näheres siehe Schweiz. Bauzeitung 1911, Band LVII, Nr. 1 bis 4.

Der Strahldurchmesser bestimmt sich nach Tafel II zu

$$d_{st} = 0{,}545 \sqrt{Q_I} = 0{,}545 \sqrt{\frac{0{,}7}{\sqrt{880}}} = 84 \text{ mm.}$$

Es wurde in der Tat ein Strahldurchmesser von ca. 80 mm gewählt; es ist somit

$$\mathfrak{d}_1 = \frac{D_1}{d_{st}} = \frac{2750}{80} \cong 35$$

wie auch aus Tafel II zu entnehmen ist. Die Austrittsgeschwindigkeit des Wassers aus der Düse beträgt hier ca. 125 m/sek.

Je zwei Turbinen sind an eine Rohrleitung angeschlossen. Dieselbe hat eine Gesamtlänge von $L_{ro} = 1620$ m, es ist somit

$$\frac{L_{ro}}{H_{brutto}} = \frac{1620}{910} = 1{,}8$$

also sehr günstig. Die Rohre sind im oberen Teil genietet, im unteren geschweißt und haben eine lichte Weite von 800 mm abnehmend bis auf 620 mm, im Mittel 700 mm. Die mittlere Wassergeschwindigkeit beträgt demnach beim Vollbetrieb zweier Turbinen:

$$v_{ro} = \frac{1{,}4}{\frac{\pi}{4} \cdot 0{,}7^2} = 3{,}65 \text{ m/sek,}$$

die maximale Geschwindigkeit im unteren Teil ergibt sich zu 4,7 m/sek.

Diese Geschwindigkeiten sind in anbetracht des günstigen Verhältnisses $\frac{L}{H}$ nicht groß; sie dürften jedoch zur Vermeidung größerer Druckverluste bei der großen Absolutlänge der Leitung nicht größer zuzulassen sein.

Der Druckverlust in der Rohrleitung beträgt bei vorstehenden Verhältnissen nach Gleichung (36), Seite 68:

$$h_{ro}^m = \frac{1620 \cdot 3{,}65^2}{0{,}7} \cdot \frac{4}{k^2}; \text{ wobei } k = \frac{100 \sqrt{0{,}7}}{0{,}5 + \sqrt{0{,}7}} = 62{,}5.$$

Demnach $h_{ro}^m \cong 30$ m = ca. 3,3%.

Genauer wäre der Druckverlust unter Berücksichtigung des genieteten und geschweißten Teiles sowie der verschiedenen Durchmesserabstufungen gemäß Gleichung (42) und (43) zu bestimmen.

Die Wandstärke der Rohre im untersten Teil ergibt sich nach Gleichung (46) mit $p = 93$ Atm. zu:

$$s^{cm} = \frac{93 \cdot 62}{2 \cdot 950} + 0{,}2 = 32 \text{ mm.}$$

Die Beanspruchung von 950 kg/cm² wurde hier zugelassen, da man für die Rohrleitung besondere Qualitätsbleche verwandte.

Als Regulierung ist hier Schwenkdüsenregulierung angewandt; die Schlußzeit ist mit Rücksicht auf das hohe Gefälle ziemlich groß mit 5 bis 6 sek angesetzt. Das Laufrad wurde als Schwungrad ausgebildet und das gesamte Schwungmoment mit $GD^2 = 80$ tm² gewählt. Annähernd das gleiche Schwungmoment ergibt sich bei Berechnung nach Gleichung (49) Seite 77.

6. Das Walchenseekraftwerk.

Das Walchenseewerk liegt im oberbayerischen Seengebiet und ist seit Ende 1923 in Betrieb als eines der größten neuzeitlichen Hochdruckkraftwerke. Das Werk nützt die ca. 200 m hohe Gefällsstufe zwischen dem Walchensee und dem Kochelsee aus, wobei aus der in etwa 5 km Entfernung vom Walchensee vorbeifließenden Isar Wasser in diesen See übergeleitet wird (siehe Übersichtsplan Fig. 37). Für diese Überleitung stehen durchschnittlich während 24 Stunden täglich ca. 12,5 m³/sek zur Verfügung; aus dem Einzugsgebiet des Walchensees werden weitere 2,5 m³ gewonnen, so daß insgesamt ca. 15 m³/sek entsprechend einer durchschnittlichen Jahresleistung von 30000 PS erzielt werden. Da die Isar als Hochgebirgsfluß im Frühjahr und Sommer reichliche Wassermengen führt, wird in diesen Zeiten die übergeleitete Wassermenge bis auf 25 m³/sek erhöht; im Winter sinkt dieselbe häufig auf 8 m³/sek und weniger.

Da der Walchensee eine Oberfläche von 16 km² besitzt und für die ersten Betriebsjahre eine Absenkung bis 3,5 m, später bis 4,6 m vorgesehen ist, beträgt der nutzbare Stauraum 60 bis 75 Millionen m³. Die baulichen Einrichtungen lassen jedoch eine Absenkung bis 6,6 m, entsprechend einem Stauinhalt von etwa 100 Millionen m³ zu. Dieser gewaltige Stauinhalt ermöglicht eine Kraftausbeute, welche weit über die 24stündige Jahresleistung hinausgeht. Dementsprechend wurde das Walchenseewerk als Spitzenkraftwerk projektiert, welches während der Hauptbelastungszeiten große Kraftmengen abzugeben hat, das aber zu Zeiten niedriger Belastung, insbesondere bei Nacht, nur wenig Kraft abgibt oder überhaupt stillgesetzt wird.

In Berücksichtigung der großen Speicherfähigkeit des Walchensees und der erzielbaren Kraftleistung soll das Walchenseewerk als Spitzenwerk für die Elektrizitätsversorgung des ganzen rechtsrheinischen Bayern dienen, und zwar ist es nicht nur im Stande, die täglichen Belastungs-

Übersichtsplan
über das
Walchenseekraftwerk.

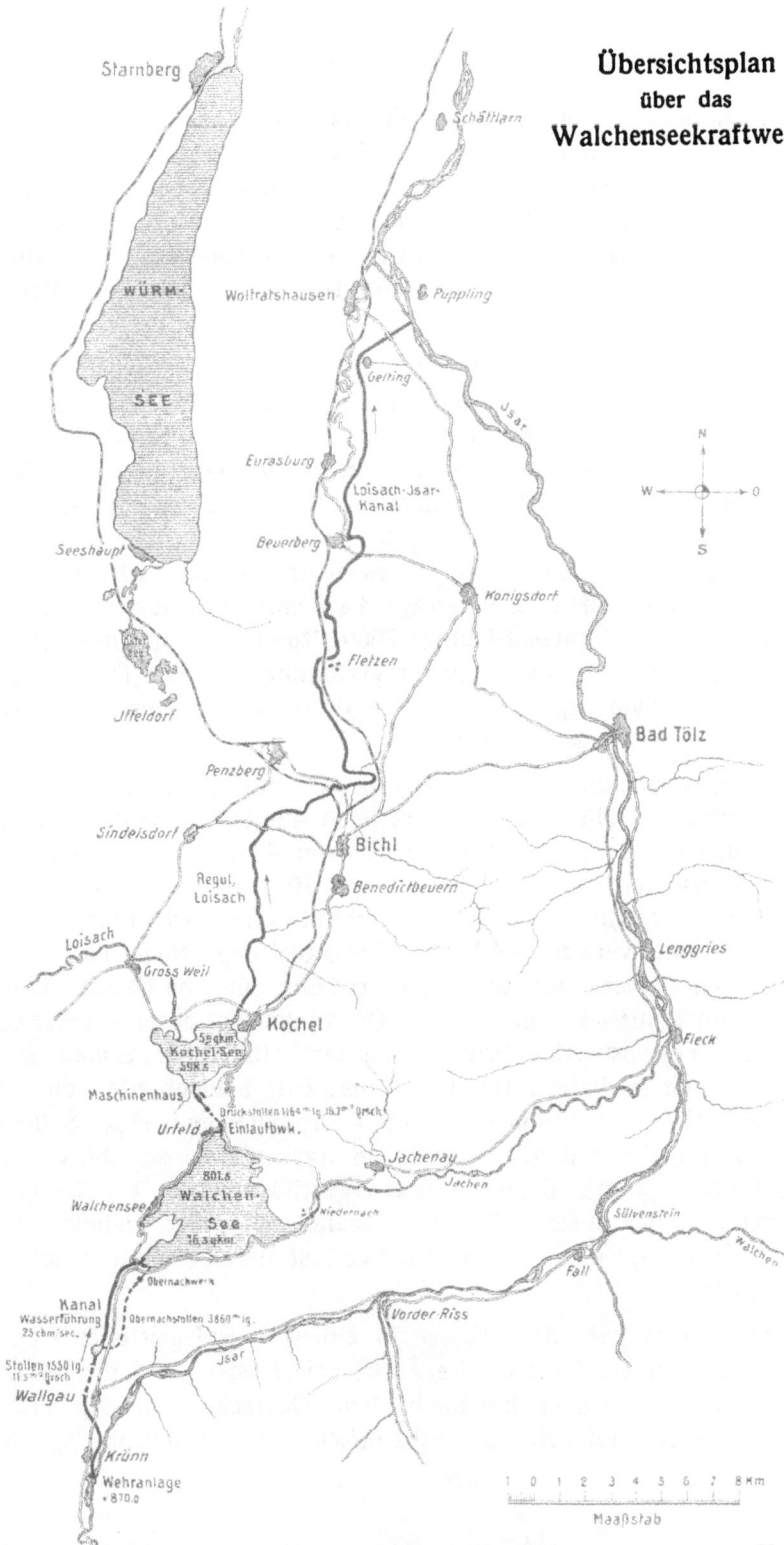

Holl-Glunk, Turbinen- und Wasserkraftanlagen. **Fig. 37.**

spitzen zu decken, sondern auch die jährlichen Zufluß- bzw. Kraftschwankungen auszugleichen. Diese Eigenschaft hat dazu geführt, das Walchenseewerk als Grundlage für das „Bayernwerk" zu nehmen, ein Kraftübertragungsnetz für 100000 Volt, das sich über das ganze Land erstreckt und das die Kräfte des Walchensees und anderer südbayerischen Wasserkräfte über alle Gebiete Bayerns verteilen soll (siehe Fig. 41).

Den eingehenden wasserwirtschaftlichen und betriebstechnischen Untersuchungen gemäß wurde die normale Maschinenleistung des Werkes mit etwa 120000 PS festgesetzt, welche zu ungefähr $2/3$ für die allgemeine Licht- und Kraftversorgung des Landes, zu ungefähr $1/3$ für Lieferung von Strom für Bahnbetrieb verbraucht werden. Die gesamte Maschinenleistung beträgt 144000 PS. Die Jahresarbeit des Werkes beträgt entsprechend der durchschnittlichen Jahresleistung von etwa 20000 kW rund 160 Millionen kWh. Hiernach beträgt die Benützungsdauer der normalen Maschinenleistung (Spitzenleistung) 2000 Stunden, d. h. diese Leistung steht täglich 5 bis 6 Stunden lang zur Verfügung. Für den Tagesausgleich dient der unterhalb liegende Kochelsee, dessen Abfluß durch eine Regulierschleuse geregelt werden kann.

Die Wasserfassung aus der Isar erfolgt mittels eines 57 m langen Wehres, durch welches der Fluß 4 m hoch aufgestaut wird. Das Wehr besteht aus einem festen Überfallwehr von 43 m Länge, einer Hochwasserschleuse mit Walzenverschluß von 10 m und einem Grundablaß mit Holztafelverschluß von 4 m Durchflußweite. Auf Floßgasse und Fischpaß konnte verzichtet werden. Die Ableitung erfolgt mittels eines 3 km langen Kanals, der, wie schon erwähnt, für eine höchste Wasserführung von 25 m³/sek bemessen ist. Der Einlauf ist durch 6 Verschlüsse (Tafelschützen) absperrbar bzw. regulierbar. Hinter dem Einlauf ist ein Klärbecken eingeschaltet. Der Kanal hat eine Sohlenbreite von 2,3 m, eine Wassertiefe von 3,15 m und ein Sohlengefälle von 0,3⁰/₀₀. Sohle und Böschungen (4:5) sind mit einer 20 cm starken Betonschicht versehen. Querschnitt 19,5 m², demnach Wassergeschwindigkeit bei 25 m³/sek Führung $v \cong 1,3$ m/sek. Das Sohlengefälle ist hier ziemlich hoch, was jedoch belanglos ist, da der Druckverlust im Oberwasserkanal keine Rolle spielt.

Vom Kanal tritt das Wasser in einen Freispiegelstollen von ca. 1,5 km Länge über, der teilweise ausbetoniert wurde, auf den Strecken mit gutem Felsen jedoch frei blieb. Sein Querschnitt beträgt 11,5 m², die Wassergeschwindigkeit $v_{max} = 2,2$ m/sek. Sohlengefälle 0,9⁰/₀₀. Nach dem Verlassen des Stollens läuft das Wasser durch ein kleines Ausgleichbecken und sodann durch das vergrößerte Obernachtal zum Walchensee.

Die Wasserentnahme aus dem Walchensee erfolgt durch ein Einlaufbauwerk bei Urfeld von etwa 12 m Breite und 10 m Tiefe, in welchem ein Feinrechen mit 25 mm lichten Zwischenräumen angebracht ist. Der Rechen besteht aus einzelnen Feldern von 2 m Breite und 6 m Höhe, welche durch einen Kran zwecks Reinigung u. dgl. herausgezogen werden können. Von hier geht das Wasser direkt in einen Druckstollen über, der durch zwei hintereinander liegende Schützen abgesperrt werden kann. Die Schützen sind als Rollschützen ausgebildet, liegen je in einem besonderen Schacht und können bis über den Seespiegel hochgezogen werden.

Zur Regulierung des Seespiegels dient eine besondere Regulierschleuse am Jachenabfluß bei Niedernach (Fig. 37).

Der Druckstollen (s. Fig. 38) hat eine Länge von rd. 1200 m und einen Querschnitt von 18,7 m². Er ist für eine normale Wasserführung von 64 m³/sek bestimmt, entsprechend einer Wassergeschwindigkeit $v_{norm} =$ 3,5 m/sek. Dieselbe kann bei der maximalen Wasserführung von etwa 75 m³/sek auf 4 m/sek steigen. Das Sohlengefälle ist ziemlich hoch mit 3⁰/₀₀ angenommen. Der Stollen ist auf seiner ganzen Länge mit Beton von 35 bis 50 cm Stärke verkleidet, unter der Sohle sind zwecks Entwässerung 40 cm weite Zementrohre eingelegt. Der Scheitel wurde ausgemauert und mittels des Zementspritzverfahrens, System „Torkret", abgedichtet.

Der Stollen mündet in ein in den Felsen eingesprengtes Wasserschloß von etwa 10000 m³ Inhalt. Dasselbe ist mit Überlauf sowie Entleerung versehen. Es ist so bemessen, daß noch plötzliche Abschaltungen von 60 m³/sek und plötzliche Belastungen von 30 m³ auf 60 m³/sek selbst bei tiefstem Seestand ohne schädliche Überstauung oder unzulässige Verminderung der Überdeckung über dem Stollenscheitel eintreten können. Das Wasserschloß ist nach vorne durch eine Staumauer abgeschlossen, in welche auch die Einläufe zu den 6 Druckrohren eingebaut sind (Fig. 38 und 39).

Um den Wasserspiegel im Wasserschloß festzustellen, sind die Druckverluste vom Walchensee bis zum Wasserschloß zu berechnen. Der normale Wasserspiegel im Walchensee ist zu 801,80 festgesetzt. Druckverluste entstehen beim Einlauf, im Rechen, beim Durchfluß durch den Stollen.

Einlauf: Druckverlust $h_e \gtrless 0{,}50$ m,

Rechen: Gesamtbreite $b = 12{,}4$ m,

              Gesamthöhe $l = 12{,}5$ m,

              Stabdicke $d = 10$ mm (Stabhöhe 200 mm),

              Lichtweite $c = 25$ mm.

Bei der normalen Verbrauchswassermenge von 60 m³/sek wird nach Gleichung (34):

$$v_r = \frac{Q}{\mu \cdot \dfrac{c}{c+d}\, b\, l} = \frac{60 \cdot 7}{0{,}85 \cdot 5 \cdot 12{,}4 \cdot 12{,}5} \backsimeq 0{,}65 \text{ m/sek.}$$

Die Rechenstäbe sind zugeschärft, daher kann μ mit 0,85 angenommen werden.

Die Zuflußgeschwindigkeit vor dem Rechen beträgt:

$$v_0 = \frac{60}{12{,}4 \cdot 12{,}5} \gtrless 0{,}4 \text{ m/sek.}$$

Hiernach ergibt sich der Druckverlust zu:

$$h_r = \frac{v_r{}^2 - v_0{}^2}{2\,g} = 0{,}013 \text{ m.}$$

Dieser Verlust ist sehr niedrig, da er bei normalem (gefülltem) Seespiegel berechnet wurde. Bei abgesenktem Seespiegel ist der benetzte Querschnitt wesentlich kleiner und der Druckverlust kann bei niedrigstem Wasserstand und bei 60 m³/sek Durchflußmenge auf 0,080 m steigen

Stolleneinlauf: Zulaufgeschwindigkeit: $v_0 = 0{,}9$ m/sek

              Geschwindigkeit im Stollen: $v_{st} = 3{,}2$,,

$$h_{ste} = \frac{3{,}2^2 - 0{,}9^2}{2\,g} = 0{,}48 \text{ m.}$$

Stollen: Länge $L = 1170$ m,

           Querschnitt $F = 18{,}7$ m²,

           Benetzter Umfang $p = 15{,}65$ m.

$$R = \frac{F}{p} = 1{,}2 \text{ m.}$$

Da $J_r = 0{,}003$, ergibt sich der Rauhigkeitskoeffizient nach Gleichung (22) mit $m = 0{,}35$ zu:

$$k = \frac{100\,\sqrt{R}}{m + \sqrt{R}} = \frac{100\,\sqrt{1{,}2}}{0{,}35 + \sqrt{1{,}2}} = 76$$

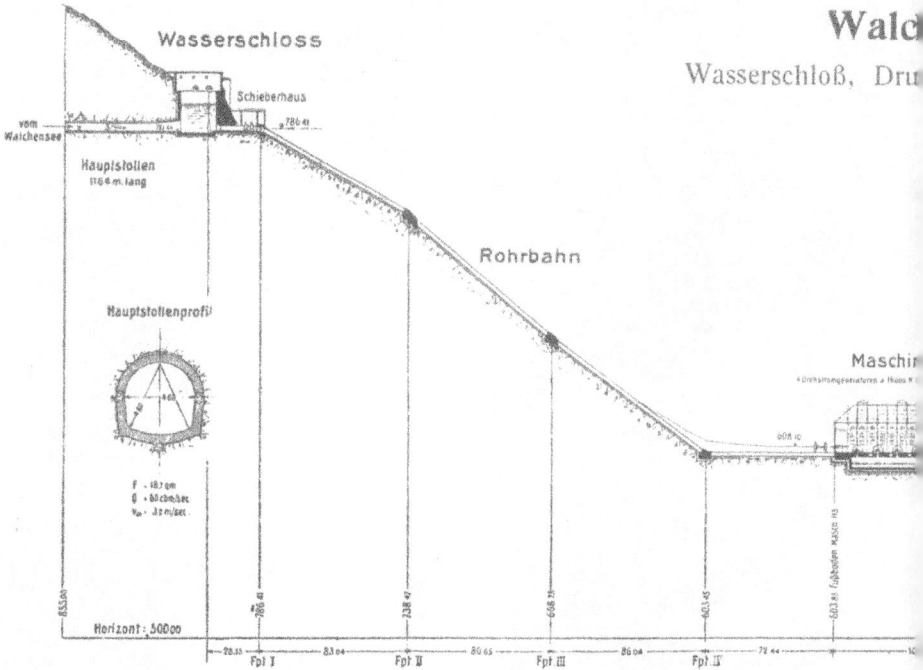

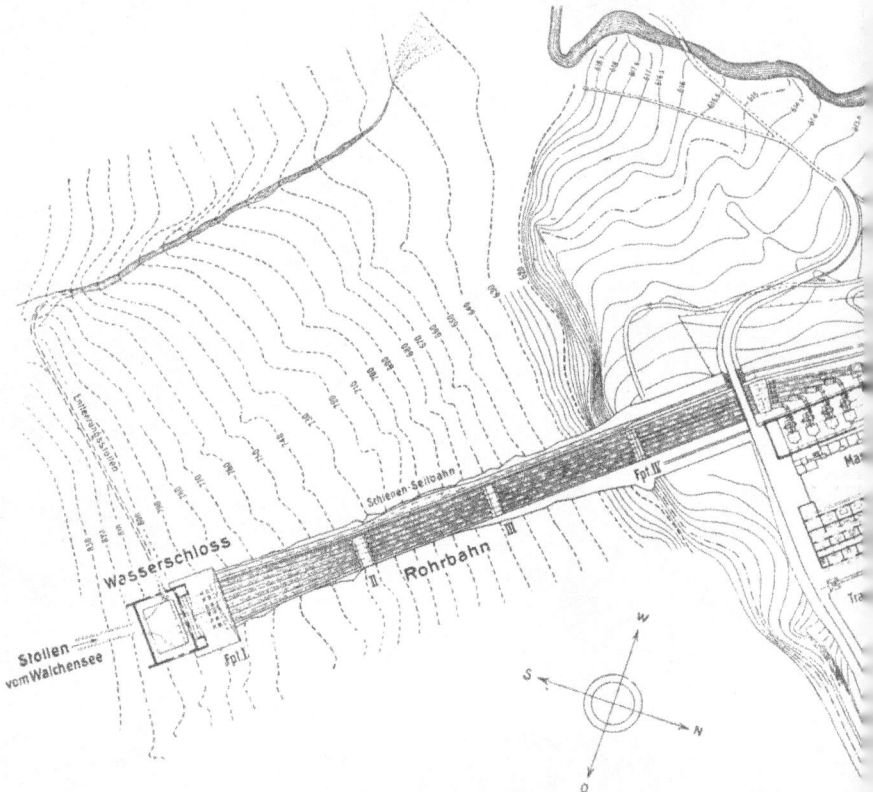

aftwerk.

gen und Kraftstation.

Maaßtab der Längen u. Höhen.

0   50   100   150   200 m

Unterwasserkanal   Kochelsee

Niedr. W.Sp - 598 45

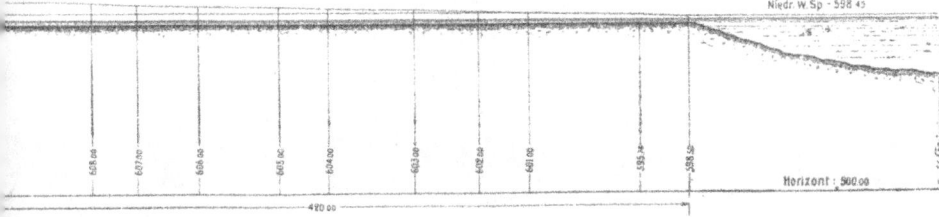

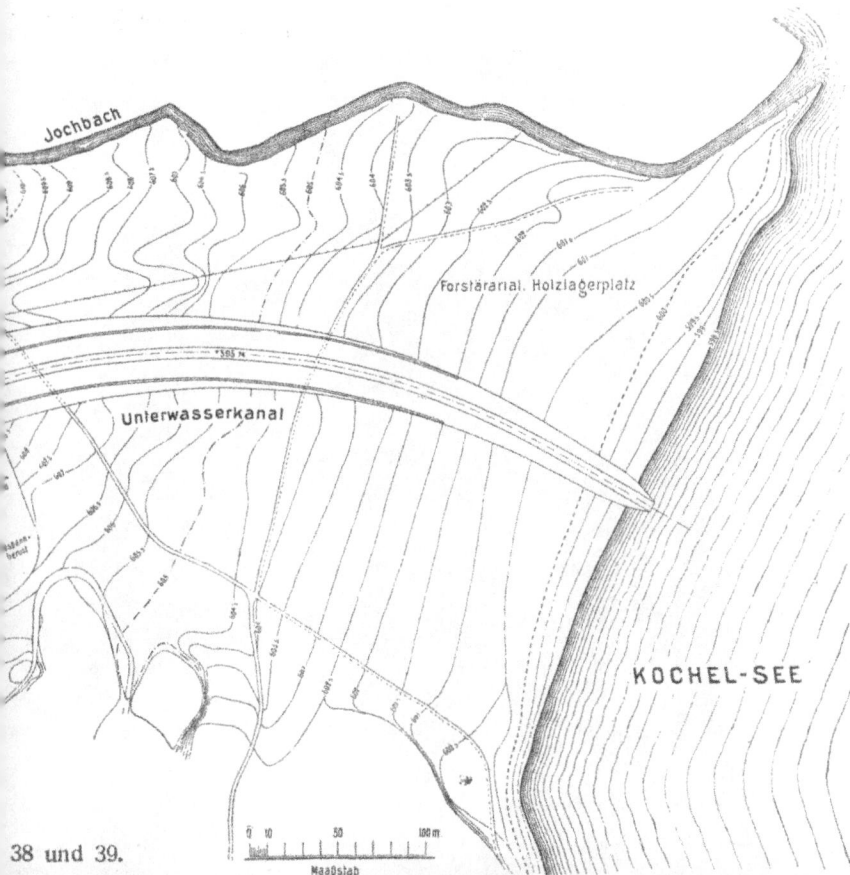

608.00 607.50 606.00 605.00 604.00 603.00 602.50 601.00 599.40 598.50

Horizont : 590.00

420.00

Jochbach

Forstärarial. Holzlagerplatz

595 M

Unterwasserkanal

KOCHEL-SEE

0 10   50   100 m

Maaßstab

38 und 39.

damit wird nach Gleichung (23):

$$h_{st} = \frac{1170 \cdot 3{,}2^2}{1{,}2 \cdot 76^2} \cong \underline{1{,}75 \text{ m.}}$$

Der Druckverlust durch Richtungsänderungen beträgt etwa 0,15 m; somit der Stollenverlust zusammen 1,9 m.

Der gesamte Druckverlust bis zum Wasserschloß beträgt demnach:

$$0{,}50 + 0{,}013 + 0{,}48 + 1{,}9 = 2{,}9 \text{ m.}$$

Der Wasserspiegel im Wasserschloß wird sich somit bei normalem Seestand und 60 m³/sek Wasserverbrauch auf 801,80 — 2,90 = 798,90 einstellen.

Bei größerem Wasserverbrauch und niedrigeren Seeständen steigen die Druckverluste entsprechend dem Quadrat der Geschwindigkeiten, so daß Verluste bis zu 4,50 m entstehen. Selbstverständlich sind außer dem im jeweiligen Beharrungszustand sich einstellenden Wasserspiegel auch die Spiegelschwankungen bei Belastungsänderungen zu beachten.

An das Wasserschloß schließt sich ein besonderes Apparatehaus an, in welchem die Absperrvorrichtungen für die 6 abgehenden Druckrohrleitungen, ferner die Windwerksstation für die Seilbahn untergebracht sind. Als Absperrvorrichtungen werden zwei hintereinanderliegende Drosselklappen von je 2250 mm Lichtweite benützt, von welchen die obere mit Hand, die untere außer mit Hand auch mit Drucköl betrieben werden kann. Die Auslösung der unteren Klappe erfolgt selbsttätig bei unzulässiger Steigerung der Wassergeschwindigkeit (Rohrbruch); sie kann auch auf elektrischem Wege vom Krafthaus aus eingeleitet werden. Die Einrichtungen zur Erzeugung des Öldruckes bestehen aus 2 Gruppen, von welchen jede für den gleichzeitigen Schluß aller 6 Rohrleitungen ausreicht. Jede Gruppe enthält eine mit einem Elektromotor gekuppelte Zahnradpumpe sowie eine durch eine kleine Freistrahlturbine angetriebene Pumpe und zum Betrieb bei leerem Wasserschloß bzw. Stillstand eine Handpumpe.

Das Apparatehaus wird zur Erleichterung der Montage der Apparate und Rohrleitungen mit einem Handlaufkran von 10 t Tragkraft bestrichen.

Die 6 Rohrleitungen besitzen gleiche Abmessungen, und zwar ist am Anfang eine lichte Weite von 2250 mm vorgesehen, welche stufenweise bis auf 1950 mm abnimmt. Die mittlere Lichtweite beträgt demnach etwa 2100 mm, die mittlere Wassergeschwindigkeit in den Rohren 3,5 m/sek. Diese Geschwindigkeit konnte hier ohne Anstand zugelassen werden, da die Leitung fast geradlinig ohne starke Krümmungen nach unten verläuft. Die mittlere Länge ist 450 m, so daß

$$\frac{L_{ro}}{H_{brutto}} = \frac{450}{200} = 2,25.$$

Die Rohrleitungen sind durchwegs genietet, sie bestehen aus S:M.-Kesselblech mit Wandstärken von 10 bis 29 mm. Sie sind in 5 Festpunkten verankert, dazwischen alle 8 m auf Rohrsätteln aus Beton mit Gleitblechen gelagert. Nach jedem Festpunkt ist ein Ausdehnungsstück angeordnet. Von den 6 Rohren sind 4 Rohre direkt mit je einer Francisturbine von 24000 PS Leistung, 2 Rohre mit je 2 Freistrahlturbinen von 12000 bis 18000 PS Leistung verbunden. Die Turbinen sind mittels Verteilleitungen angeschlossen, welche den Rohrdurchmesser von 1850 mm auf 1200 mm, die lichte Weite der Turbinenabsperrschieber, überleiten.

Bei einem Gefälle von rd. 200 m ist demnach die Wasserführung eines jeden Rohres normal $Q_{norm} = 12$ m³/sek; die maximale Wasserführung der beiden mit je 2 Freistrahlturbinen verbundenen Rohre (die beiden äußeren Stränge) $Q_{max} = 18$ m³/sek. Bei einem normalen Wasserspiegel im Wasserschloß von 798,90, im Unterwasserkanal von 599,00 ergibt sich ein Bruttogefälle:

$$H_{brutto} = 798,90 - 599,00 = 199,90 \text{ m}.$$

Das Bruttogefälle schwankt zwischen 205 m und 192 m. Um das für die Turbinenleistung in Betracht zu ziehende Nettogefälle zu erhalten, sind die Verluste zwischen Wasserschloß und Turbine vom Bruttogefälle abzuziehen. Dieselben setzen sich, wie auf Seite 9 angegeben, zusammen und seien im folgenden für $Q_{norm} = 12$ m³/sek berechnet:

a) **Rohreinlauf.** Der Einlauf erfolgt in sehr sanften Übergängen, der Druckverlust einschließlich Druckhöhe zur Erzeugung der Einlaufgeschwindigkeit wird deshalb ziemlich niedrig geschätzt zu:

$$h_a = 0,05 \text{ m}.$$

b) **Drosselklappen.** Dieselben haben 2,25 m Durchflußweite, welche jedoch durch die Klappen verengt wird.

Nach Gleichung (45) wird

$$h_b = \zeta \frac{v_d{}^2 - v_0{}^2}{2g} \quad \text{und mit } \zeta = 0,9. \quad v_d = 3,5 \text{ m/sek}$$
$$v_0 = 3 \text{ m/sek}$$

wird

$$h_b = 0,9 \cdot \frac{3,5^2 - 3^2}{19,62} = 0,15 \text{ m}.$$

Da 2 Drosselklappen hintereinander liegen, beträgt der Verlust einschließlich Rohrreibung: $h_b = 0{,}35$ m.

c) Rohrreibungsverlust. Dieser Verlust wird mit Rücksicht auf die verschiedenen Rohrweiten tabellenmäßig ausgerechnet:

$Q = 12$ m³/sek	Länge m	Lichte Weite mm	Wassergeschwindigkeit m/sek	k	Gefällsverlust h_{ro} m
1. Zone	101	2250	3,03	75	0,30
2. ,, ...	107	2150	3,34	75	0,40
3. ,, ...	108	2050	3,64	74,5	0,51
4. ,, ...	77	1950	4,06	74	0,48
Verteilleitungen . .	durchschn. 55	1850	4,5	73	0,46

$$\Sigma h_{ro} = H_{ro} = 2{,}15 \text{ m.}$$

Die Berechnung wurde hierbei nach Gleichung (36) mit $m = 0{,}25$ (genietete Leitungen!) durchgeführt. Die mittlere Wassergeschwindigkeit ergibt sich zu $v_m = 3{,}84$ m/sek. Ferner wird genauer:

$$\frac{L_{ro}}{H_{brutto}} = \frac{448}{199} = 2{,}25.$$

d) Krümmerverluste. Die Krümmungs- und Knickverluste auf der Hauptrohrstrecke sind klein, da nur wenig Krümmungen vorhanden. Die Verluste ergeben sich zu rd. 0,08 m. Hierzu kommen die Verluste in den Krümmern und Konusen der Verteilleitungen, welche mit 0,22 m angenommen werden können (Gleichung (44). Insgesamt betragen diese Verluste demnach: $h_d = 0{,}30$ m.

e) Absperrschieber vor den Turbinen. Dieselben haben 1200 mm lichte Weite. Der Durchgangsverlust kann mit 0,10 m eingesetzt werden.

Der gesamte Druckverlust bzw. das Nettogefälle ergibt sich nun wie folgt:

Bruttogefälle	199,90 m
Verlust im Rohreinlauf	0,05 m
,, in den Drosselklappen . .	0,35 ,,
,, durch Rohrreibung . . .	2,15 ,,
,, in den Krümmern usw . .	0,30 ,,
,, in dem Absperrschieber .	0,10 ,,
Gesamtverluste	2,95 ,,
Nettogefälle	196,95 m.

Dieses Gefälle ist für die Konstruktion der Francisturbinen zugrunde zu legen. Für die Freistrahlturbinen ist noch der Freihang mit ca. 5 m abzuziehen, so daß sich für diese ein normales Nettogefälle von 192 m ergibt. Bei Betrieb zweier an einer Rohrleitung hängender vollbelasteter Freistrahlturbinen erniedrigt sich das Nettogefälle noch, weil bei der hier auftretenden größeren Geschwindigkeit:

$$v'_m = 3,84 \cdot \frac{18}{12} = 5,76 \ \text{m/sek.}$$

die Druckhöhenverluste größer, etwa 6 m, werden.

Wie schon erwähnt, sind 8 Maschinensätze mit einer Gesamtleistung von normal 144000, maximal 168000 PS im Krafthaus aufgestellt, und zwar 4 Francisturbinensätze mit je 24000 PS Normalleistung und 4 Freistrahlturbinensätze mit je 12000 PS Normal- und je 18000 PS Maximalleistung. Die Turbinen haben horizontale Wellen und sind hintereinander aufgestellt (Fig. 39). Die Francisturbinen sind mit Drehstromgeneratoren von 20000 kVA Leistung direkt gekuppelt und machen 500 Umdr./min; die Freistrahlturbinen sind mit Einphasengeneratoren von 10650 kVA direkt gekuppelt und machen 250 Umdr./min. Die Drehstromgeneratoren dienen zur Erzeugung von Drehstrom mit 6000 Volt Spannung, 50 Perioden für die allgemeine Landesversorgung; die Einphasengeneratoren zur Erzeugung von Einphasenstrom mit 6000 Volt, 16⅔ Perioden für Bahnzwecke. Mit Rücksicht auf die beim Bahnbetrieb zu erwartenden starken Belastungsschwankungen wurde die Bedingung gestellt, daß die Einphasenmaschinen auf die Dauer einer Stunde um 50% überlastbar sein sollen; dies bedingte die Wahl von Turbinen mit 18000 PS Leistung. Die gleichen Rücksichten sprachen für die Wahl des Freistrahlsystems mit 250 Umdr./min, wodurch gleichzeitig eine günstigere Bauart der Generatoren erzielt wurde (Einphasengeneratoren von 16⅔ Per. mit 500 Umdr. wären mit sehr schweren Walzenrotoren auszurüsten gewesen). Die Konstruktionsdaten für die Turbinen waren demnach:

Francisturbinen: $Q = 11,5 \ \text{m}^3\text{/sek}$, $H_{\text{netto}} = 197 \ \text{m}$, $n = 500$,
Freistrahlturbinen: $Q = 6 \ \text{m}^3\text{/sek}$, $H_{\text{netto}} = 192 \ \text{m}$, $n = 250$.

Die Einstellung auf dem Schieber zeigt, daß im ersteren Falle das Francissystem mit einem Laufrad zweckmäßig ist. Mit Rücksicht auf Vermeidung axialen Schubes wurde jedoch die Anwendung der Doppelturbine mit 2 Laufrädern und einem Leitrad bevorzugt. Der Laufraddurchmesser ist mit 1500 mm, der Saugrohrdurchmesser mit 1000 mm, sich erweiternd auf 1700 mm vorgesehen; die Rechnung mittels des Schiebers bzw. gemäß Tafel III hätte ähnliche Abmessungen ergeben.

Walche

Schnitt durch das Mas

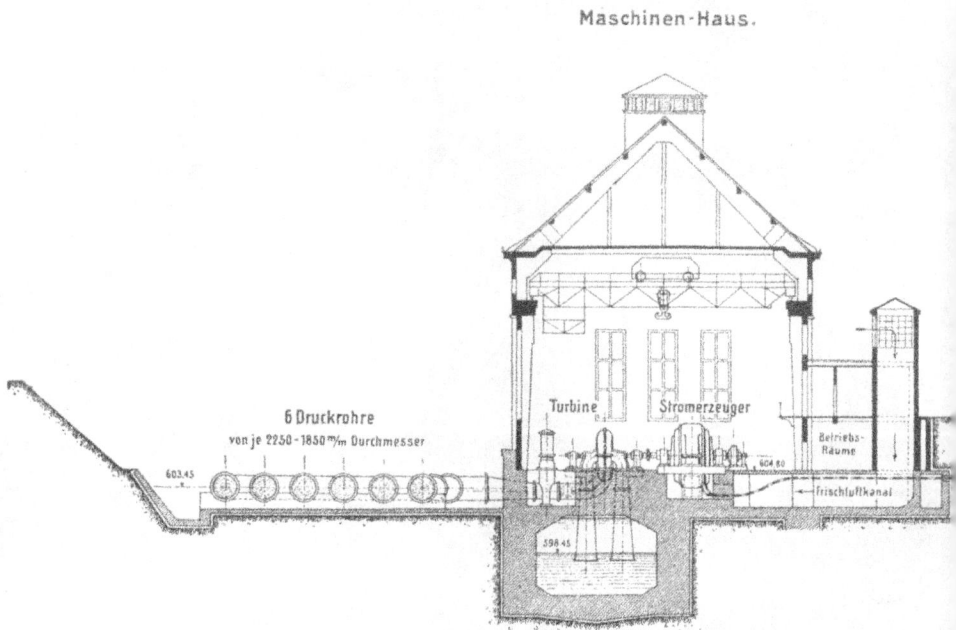

Maschinen-Haus.

6 Druckrohre
von je 2250–1850 m/m Durchmesser

Turbine   Stromerzeuger

Betriebs-Räume

Frischluftkanal

603.45

604.80

598.45

twerk.

Transformatorenhaus.

Abspann-Gerüst.

Transformatoren-u. Schalthaus.

100000 Volt Fernleitung   100000 Volt Fernleitung

Sammel- Schienen
I   II

Drosselspulen

Drehstr.
Transf.

Werkstätte

Öl-Kühlanlage

Ölschalter

598.10

Kabel 6600 Volt

10 9 8 7 6 5 4 3 2 1 0   10   20 m

Für die Freistrahlturbinen ergibt der Schieber das System mit 4 Strahlen, welches auch tatsächlich angewandt wurde: Jede Turbine besitzt 2 Laufräder mit je 2 Düsen. Der Strahlkreisdurchmesser beträgt 2100 mm.

Die Francisturbinen sind mit Drehschaufelregulierung und mit Druckreglern, die Freistrahlturbinen mit Doppelregulierung ausgestattet. Vor jeder Turbine ist ein mittels Öldruck gesteuerter Absperrschieber von 1200 mm lichter Weite angeordnet. Im übrigen sind alle für eine so große und wichtige Anlage erforderlichen Hilfseinrichtungen und Zubehörteile vorgesehen. Der etwa 105 m lange und 22 m breite Maschinenraum wird von zwei elektrisch betriebenen Laufkränen mit je 65 t Tragkraft bestrichen, mit welchen nötigenfalls auch die ca. 120 t schweren Einphasenrotoren hochgehoben werden können. Der Strom für die Nebeneinrichtungen wird durch zwei besondere Turbinenaggregate erzeugt sowie aus dem ca. 1 km entfernt liegenden Hilfskraftwerk am Kesselbach hergeleitet.

Von den Turbinen aus fließt das Wasser durch einen ca. 600 m langen Unterwasserkanal dem Kochelsee zu, welcher als Tagesausgleichsbecken dient. Zur Ableitung des Wassers aus dem Kochelsee dient der bisherige Abfluß, die Loisach, welche jedoch entsprechend dem künftigen Mehrabfluß von ca. 20 m³/sek vergrößert wird. Das Wasser wird sodann bei Puppling wieder in seinen Mutterfluß, die Isar, übergeführt.

Von den Generatoren aus wird der Strom ohne Zwischenschaltung von Apparaten durch besondere Kabel nach dem in etwa 40 m Entfernung parallel zum Maschinenhaus liegenden Transformatorenhaus geleitet, wo der Strom jedes Generators in einem Transformator von gleich großer Leistung auf die für die Fernleitungen des Bayernwerkes und der Bahn nötige Spannung von 100000 Volt umgewandelt wird (Fig. 40). Im Transformatorenhaus befinden sich auch die Hauptschalter, Sammelschienen und zugehörigen Einrichtungen, während die Bedienungsapparate für die Schalter und für den Maschinenbetrieb im Maschinenhaus selbst auf einer besonderen Schaltbühne angeordnet sind. Wie aus vorstehenden Ausführungen hervorgeht, ist jeder Maschinensatz, bestehend aus Rohrleitung, Turbine, Generator, Transformator ein in sich abgeschlossenes Ganzes und es wurde durch strenge Einhaltung dieses Systems eine weitgehende Verringerung an Absperrvorrichtungen, Schaltern, Leitungen und sonstigen Apparaten und damit eine Erhöhung der Betriebssicherheit erzielt. Vom Transformatorenhaus aus werden die Fernleitungen mittels eines hohen Eisengerüstes abgespannt, und zwar gehen zunächst zwei Drehstromleitungen und zwei Bahnleitungen ab; für später ist eine

Bayernwerk.

Führung der 100000 Volt-Leitung.

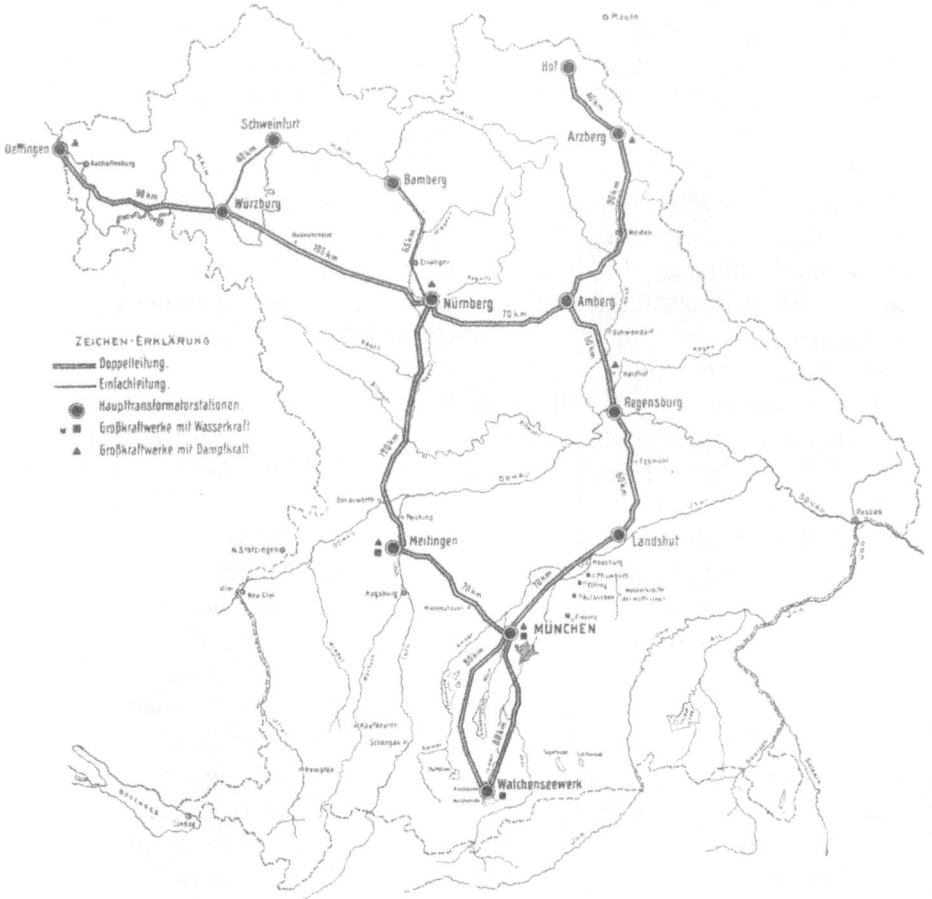

Fig. 41.

Verdoppelung in Aussicht genommen. Die Drehstromleitungen führen den im Walchenseewerk erzeugten Drehstrom über München nach Augsburg, Nürnberg, Würzburg bzw. Landshut, Regensburg, Amberg und bis in die nördlichsten Gebiete Bayerns, unterwegs noch die in anderen südbayerischen Wasserkraftanlagen sowie in einigen besonders günstig arbeitenden Dampfkraftanlagen gewonnenen Strommengen aufnehmend (Fig. 41).

Diese Strommengen werden sodann in 12 über das ganze Land verteilten Haupttransformatorstationen auf eine für das jeweilige Überlandwerksgebiet geeignete Mittelspannung (10000 bis 50000 Volt) transformiert und an die Überlandwerke zur Weiterverteilung abgegeben.

Das Walchenseekraftwerk bietet im Verein mit der Leitungsanlage des Bayernwerks ein glänzendes Beispiel einer neuzeitlichen Großkraftanlage sowie deren nutzbringende Verwertung.

Wie schon erwähnt, werden etwa $1/3$ der gesamten Stromerzeugung, d. s. ca. 50 Millionen kWh jährlich, in Form von Einphasenstrom an die Eisenbahnverwaltung abgegeben. Die zur Fortleitung dieses Stromes nötigen Einrichtungen werden von der Bahn selbst gebaut und betrieben.

Schlußbemerkung zur Beispielsammlung.

In den im vorstehenden Kapitel angeführten Beispielen wurde zur Feststellung des Turbinensystems, der Drehzahl, des Durchmessers usw. meist der Turbinenschieber als Hilfsmittel benützt. Wie wiederholt erwähnt und durch Beispiele belegt, lassen sich auch alle Untersuchungen und Rechnungen ohne den Schieber gemäß den §§ 3 und 5 durchführen, indem man jeweils die Systemziffer oder die spezifische Drehzahl nach den Gleichungen (2) oder (3), Seite 12 und 13 berechnet und die Dimensionen nach Tafel II bzw. III bestimmt. Die Benützung des Schiebers ist jedoch wesentlich einfacher und ermöglicht außerdem eine außerordentlich klare, umfassende und schnelle Übersicht über die verschiedenen Systemmöglichkeiten und Drehzahlen, so daß bei den Projektionsarbeiten die Verwendung des Schiebers unbedingt zu empfehlen ist. Für alle Arbeiten genügt der Schieber in Kartonausführung, da Detailberechnungen besser mit dem gewöhnlichen Rechenschieber ausgeführt werden.

X. Kapitel.

Wirtschaftlichkeit von Wasserkraftanlagen.

Die vorhergehenden Kapitel sind dazu bestimmt, dem projektierenden Ingenieur die technischen Handhaben zur Aufstellung und Bearbeitung des Entwurfes für eine Wasserkraftanlage zu geben. Im nachstehen-
den soll auch kurz auf die wirtschaftlichen Fragen, welche bei der Projektierung zu berücksichtigen sind, eingegangen werden.

Anlagekosten.

Die Feststellung der Anlagekosten einer Wasserkraftanlage ist von
besonderer Wichtigkeit, weil der Kapitaldienst für Verzinsung, Tilgung
und Abschreibung den größten Teil der Jahreskosten ausmacht und es
deshalb hauptsächlich von der Höhe der Kosten abhängt, ob eine Wasserkraft in Konkurrenz mit einer Dampfkraft- oder Dieselanlage ausbauwürdig ist oder nicht. Eine genaue Prüfung in dieser Hinsicht ist umso
nötiger, als es in neuerer Zeit gelungen ist, den Betrieb von Wärmekraft-
anlagen weit wirtschaftlicher als früher zu gestalten, wogegen eine bessere
Wirtschaftlichkeit bei Wasserkraftanlagen lediglich durch geschickte
Disposition, durch Zusammenfassung von Kraftstufen, durch Vereinfachung der Anlagen, durch Verbindung mit Speichern und dergl. erzielt
werden kann.

Allerdings weiß man heute den großen volkswirtschaftlichen Wert
der weißen Kohle weit mehr als früher zu schätzen und es sind Wasserkräfte mitunter auch dann als ausbauwürdig anzusehen, wenn dieselben
höhere Jahresausgaben als entsprechende Dampfkräfte erfordern. Dies

gilt in erster Linie für Speicherkräfte, welche es ermöglichen, die erzeugte Energie in den Stunden abzugeben, in welchen dieselbe den größten Wert besitzt. Es muß deshalb in jedem einzelnen Falle festgestellt werden, ob zum Ausbau einer Wasserkraft ein Bedürfnis vorliegt und es ist ebensosehr von einer Überschätzung der Wasserkräfte als von einer Unterschätzung derselben zu warnen.

Da die Kosten von Wasserkraftanlagen nicht auf Grund typischer Einzeleinrichtungen bestimmt werden können, sondern je nach der Art der Anlage sich außerordentlich verschieden aufbauen und für jedes Projekt individuell berechnet werden müssen, so muß für die Kostenaufstellung ein genügend klares und ausgearbeitetes Projekt vorliegen.

Die Anlagekosten einer Wasserkraft setzen sich zusammen aus den Ausgaben für Vorarbeiten, Vermessungen, Projektierung, Grunderwerb, Ablösungen, Konzessionsgebühren, den Kosten der baulichen Einrichtungen, wie Wehre, Kanaleinläufe, Kanäle, Stollen, Schleusen, Wasserschloß, Rohrbahn, Seilbahn, Krafthaus, Unterwasserkanal, Straßen und Wege, Brücken, Bureauräume, Arbeiterwohnhäuser u. dgl.; den Kosten der maschinellen Einrichtungen, wie Schützenanlagen, Absperrvorrichtungen, Rohrleitungen, Turbinen, Generatoren, Schalteinrichtungen, Hebezeuge, Hilfsmaschinen, Werkstätteneinrichtung; den Kosten der Installationen für Wasserbeschaffung, Beleuchtung, Heizung, Kraftbeschaffung u. dgl., und schließlich den Ausgaben für Bauleitung, Abnahmeversuche, Kapitalbeschaffung, Bauzinsen. Für unvorhergesehene und diverse Ausgaben sind je nach Art der Anlage Aufschläge in Höhe von 10 bis 20% der Kosten für bauliche, maschinelle und elektrische Einrichtungen vorzusehen.

Es geht über den Rahmen der vorliegenden Arbeit hinaus, auf die Kosten im einzelnen einzugehen, es seien daher nachstehend nur generelle Angaben für die Gesamtkosten von neuzeitlichen Wasserkraftanlagen gemacht, wobei angenommen ist, daß es sich um Anlagen für die Erzeugung elektrischen Stromes handelt. Die Kosten gelten für deutsche Verhältnisse und sind für die heutige Zeit (1925) ermittelt[1]). Sie gelten im allgemeinen für Zentralen von über 5000 kW Ausbauleistung[2]).

---

[1]) Ausführliche Angaben, Berechnungen und Tabellen über Anlagekosten und Betriebskosten sind in dem Buch „Landeselektrizitätswerke" von A. Schönberg und E. Glunk, Verlag Oldenbourg 1926 enthalten.

[2]) Unter „Ausbauleistung" ist diejenige Leistung zu verstehen, die von der Wasserkraftanlage im Maximum abgegeben werden kann. Diese Leistung ist demnach bestimmt teils durch die Wasserführung der Gerinne, teils durch die installierte Maschinenleistung.

Anlagekosten für Elektro-Wasserkraftanlagen.

| | Kosten 1925 | |
| | je PS | je KW |
	Ausbauleistung	
	Mark	Mark
Hochdruckanlagen. . .	280—550	400—800
im Mittel	400	600
Niederdruckanlagen ohne		
Talsperren.	400—800	600—1200
im Mittel	600	900
Niederdruckanlagen mit		
Talsperren.	600—1000	900—1500
im Mittel	800	1200

Die Kosten sind hierbei in ziemlich weiten Grenzen angegeben, und zwar beziehen sich die niedrigen Ziffern auf günstige Anlagen mit großen Maschineneinheiten, während die hohen Ziffern sich auf ungünstigere Anlagen mit kleineren Maschineneinheiten beziehen. Selbstverständlich können in besonderen Fällen noch Abweichungen nach oben oder unten vorkommen. Für Anlagen mit normalen baulichen und maschinellen Einrichtungen können die in der Tabelle eingesetzten Mittelwerte benützt werden.

Bei Talsperrenanlagen ist zu berücksichtigen, daß diese häufig auch allgemeinen wasserwirtschaftlichen Zwecken dienen, und daher nur ein Teil der Baukosten auf die Elektrizitätserzeugung gerechnet werden darf.

Um einen Vergleich der Kosten für Wasserkraftanlagen mit denen für Dampfkraftanlagen zu ermöglichen, seien nachstehend auch generelle Angaben über die Anlagekosten von Dampfkraftwerken gegeben, und zwar sind Zentralen mit Steinkohlenbetrieb, Braunkohlenbetrieb und mit Staubkohlenbetrieb in Betracht gezogen. Die Anlagekosten der Braunkohlenwerke sind um ca. 15—20% höher als diejenigen entsprechender Steinkohlenwerke, weil größere und umfangreichere Kesselanlagen, Kohlen- und Aschentransporteinrichtnngen und dergl. erforderlich sind. Die Kosten von Staubkohlenwerken sind ungefähr gleich bezw. bis ca. 5% höher als die der Steinkohlenwerke anzunehmen, da die Anlagekosten der nötigen Kohlenaufbereitungs- und Staubkohlentransport-Einrichtungen erhebliche Beträge ausmachen, die aber größtenteils ausgeglichen werden durch die infolge höherer Kesselbeanspruchung mögliche Verminderung und Vereinfachung der Kesselanlage.

Die nebenstehenden Angaben beziehen sich auf moderne Großkraftanlagen, welche in den Kohlengebieten oder an sonst günstig gelegenen

Anlagekosten für Dampfkraft-Elektrizitätswerke.

	Kosten 1925 je KW Nutzleistung
	Mark
Steinkohlenwerke	450—220
im Mittel	280
Braunkohlenwerke . . .	550—260
im Mittel	330
Staubkohlenwerke . . .	500—220
	300

Punkten errichtet werden. Die höheren Ziffern gelten für Anlagen mit etwa 10000 KW Leistung; sie gehen bei Anlagen von etwa 200000 KW Leistung bis auf die niedrigen Ziffern herunter. Die Mittelwerte gelten für Anlagen von etwa 50000 KW.

Betriebskosten.

Für die Wasserkraftanlagen fallen hauptsächlich Ausgaben für Verzinsung, Abschreibung, Instandhaltung, Bedienung und Verwaltung an. Die Kosten für Verzinsung, Abschreibung und Instandhaltung können hierbei etwa mit 8 bis 9%, die Kosten für Bedienung, Verwaltung, Betriebsmaterialien u. dgl. mit 1 bis 2% angenommen werden. Insgesamt können demnach die jährlichen Betriebskosten mit etwa 10 bis 11% der Anlagekosten angesetzt werden[1]).

Bei Dampfanlagen ist zwar mit geringeren Anlagekosten zu rechnen, dagegen entstehen höhere Betriebskosten. Die Verzinsung, Abschreibung und Instandhaltung ist hierbei mit etwa 10 bis 12%[1]) anzunehmen, für Betriebsmaterialien ohne Kohlen, für Bedienung, Verwaltung u. dgl. sind 3 bis 5% in Rechnung zu setzen. Zu diesen Beträgen kommen noch die jährlichen Kohlenkosten, deren Höhe in erster Linie von dem Stand des Kohlenpreises abhängig ist, und für welche daher keine Ziffern angegeben werden können. Der Kohlenverbrauch kann für moderne Dampfanlagen je nach der jährlichen Benützungsdauer wie folgt angenommen werden:[2])

---

[1]) In diesen Beträgen ist ein Zinssatz von ca. 5 %/0 angenommen. Da zur Zeit (1926/27) langfristiges Kapital höher verzinst werden muß, sind die jährlichen Betriebskosten entsprechend höher zu berechnen.

[2]) Die in der Tabelle eingesetzten Ziffern geben den Verbrauch an, wie er im praktischen Betrieb im Jahresdurchschnitt erreicht wird. Bei Abnahmeprüfungen u. dgl. wird naturgemäß ein geringerer Verbrauch erzielt.

Jährliche Benützungsdauer der Höchstbelastung in Stunden	1000	2000	3000	4000	6000
Verbrauch pro Kilowattstunde an:					
Steinkohlen 7200 Cal .	1,4	1,0	0,8	0,7	0,6
Braunkohlen 2200 Cal .	—	3,4	3,0	2,6	2,4

An Hand der vorstehenden Angaben ist es möglich, überschlägige Vergleichsrechnungen anzustellen und darnach zu beurteilen, inwieweit der Ausbau einer Wasserkraftanlage in Wettbewerb mit einer entsprechenden Dampfkraftanlage treten kann. Zu berücksichtigen ist hierbei allerdings, daß die Wasserkraftanlagen naturgemäß meist an Orten zu errichten sind, welche fern vom Industrie- und Konsumgebiet liegen, während die Dampfkraftanlagen in der Nähe oder inmitten der Konsumgebiete erbaut werden können. Es muß daher in Rechnung gezogen werden, daß zu den Kosten der Stromerzeugung in den Wasserkraftanlagen erheblich höhere Kosten für die Stromfortleitung zuzuschlagen sind, als dies bei Dampfkraftanlagen der Fall ist. Die Kosten für die Stromfortleitung setzen sich zusammen aus Verzinsung, Abschreibung und Unterhaltung der Leitungs- und Transformierungsanlagen einschließlich der Ausgaben für Bedienung dieser Anlagen, sowie aus dem Wert der Stromverluste in den Leitungen und Transformatoren. Hierüber können generelle Angaben nicht gemacht werden, da die Kosten der Leitungsanlagen außer von den Lohn- und Materialpreisverhältnissen abhängen von der Größe und Dichte des Konsumgebiets, der Länge und Stärke der Leitungen, der zu wählenden Fortleitungs- und Verteilungsspannung, der mit den Leitungen zu transportierenden Leistungen und Strommengen usw.

Es ist Aufgabe des projektierenden Elektrikers, hierbei Hand in Hand mit dem Ingenieur der Wasserkraftanlage zu arbeiten, damit durch zweckmäßige Auswirkung und Berücksichtigung aller in Frage kommenden Faktoren die in jedem einzelnen Falle beste und wirtschaflichste Anlage erzielt wird[1]).

---

[1]) Eingehende Angaben über Anlage- und Betriebskosten von Leitungsnetzen siehe „Landeselektrizitätswerke".

Anhang.

Zusammenstellung von Gleichungen und Konstruktionsdaten.

1. Gleichungen.

Nr. der Glei-chung	Bedeutung der Faktoren	Gleichung	Seite
(1)	Effekt. Leistung N_{eff} in PS Wassermenge Q in cbm/sek Gefälle H in m	$N_{eff} = 10 \cdot Q \cdot H$	7
(2)	Systemziffer S Drehzahl/min n Drehzahl, bezogen auf 1 m Gefälle n_I Wassermenge, bezogen auf 1 m Ge-fälle Q_I	$S = \dfrac{n \sqrt{Q}}{\sqrt{H^3}} = n_I \sqrt{Q_I}$	12
(3)	Spezifische Drehzahl n_s Leistung in PS, bezogen auf 1 m Ge-fälle N_I	$n_s = \dfrac{n}{H} \sqrt{\dfrac{N}{\sqrt{H}}} = n_I \sqrt{N_I}$	13
(4)	Beziehung zwischen Systemziffer S und spez. Drehzahl n_s Turbinenwirkungsgrad η	$\dfrac{n_s}{S} = \dfrac{\sqrt{N_I}}{\sqrt{Q_I}} = 3{,}65 \sqrt{\eta}$	14
(5)	Wasserverbrauch von Erregertur-binen für eine Erregerleistung N_{er} in kW	$Q_{\text{liter/sek}} \cong 160 \dfrac{N_{er}^{KW}}{H^m}$	17
(6)	η_{er} Wirkungsgrad der Erregerdynamo η_{turb} Wirkungsgrad der Erreger-turbine	$Q^{l/sec} = \dfrac{102}{\eta_{er} \cdot \eta_{turb}} \cdot \dfrac{N_{er}^{KW}}{H^m}$	17
(7)	Umwandlung von PS in kW	$N^{KW} = 0{,}736 \, N^{PS}$	17
(8)	Verhältnis von Gleichstrom-Genera-torleistung in kW zur Turbinen-leistung in PS bei einem Genera-torwirkungsgrad η_{el}	$N^{KW} = 0{,}736 \, \eta_{el} \cdot N^{PS}$	17
(9)	Verhältnis von Drehstromgenerator-leistung in kVA bei einer Phasen-verschiebung $\cos \varphi$	$N^{KVA} = \dfrac{0{,}736 \cdot \eta_{el} \cdot N^{PS}}{\cos \varphi}$	18
(10)	Verhältnis zwischen Drehzahl/min n, Periodenzahl/sek v und Polzahl p	$n = 120 \cdot \dfrac{v}{p}$	18

Nr. der Gleichung	Bedeutung der Faktoren	Gleichung	Seite
(11)	Laufraddurchmesser D_1 in m, Umfangsschnelligkeit u_1, Fallbeschleunigung $g = 9,81$, $\sqrt{2g} = 4{,}43$	$$D_1^m = \frac{60\sqrt{2g}}{\pi}\,u_1\,\frac{\sqrt{H^m}}{n}$$ $$= 84{,}6 \cdot u_1\,\frac{\sqrt{H}}{n}$$	20
(12)	Verhältnis zwischen D_1 und Q_1 Proportionalitätsfaktor k_1	$$D_1^m = k_1 \cdot \sqrt{Q_1^{cbm/sek}}$$	20
(13)	Verhältnis zwischen Strahldurchmesser d_{st} in m und Strahlkreisdurchmesser D_1 in m	$$D_1 = \mathfrak{d}_1 \cdot d_{st}$$	21
(14)	Strahldurchmesser d_{st} in m und Wassermenge Q in cbm/sek Geschwindigkeit des frei austretenden Strahles $c_1\sqrt{2gH}$	$$d_{st}^m = \sqrt{\frac{Q^{cbm/sek}}{\frac{\pi}{4}c_1 \cdot \sqrt{2gH}}}$$	21
(15)		mit $c_1 = 0{,}95$: $$d_{st}^m = 0{,}545\,\sqrt{Q_1}$$	21
(16)	Verhältnis von Düsendurchmesser d_1 und Strahldurchmesser d_{st}	$$d_1 \sim \frac{d_{st}}{\sqrt{0{,}9}} \sim 1{,}05\,d_{st}$$ $$\cong 0{,}575\,\sqrt{Q_1}$$	22
(17)	Durchmesser von Spiralgehäusen D_{sp} in m Schnelligkeit im Gehäuse c_{sp}	$$Q^{cbm/sek} = \frac{D_{sp}^2\,\pi}{4} \cdot c_{sp}\,\sqrt{2gH}$$	25
(18)		hieraus: $$D_{sp}^m \cong 0{,}55\,\sqrt{\frac{Q}{c_{sp}\sqrt{H}}}$$ $$\sim 1{,}25\,\sqrt{Q_1}$$	25
(19)	Kanalquerschnitt F in qm Geschwindigkeit v in m/sec	$$F^{qm} = \frac{Q^{cbm/sek}}{v^{m/sek}}$$	51
(20)	Profilradius $R = \dfrac{F}{p}$ in m Rinngefälle pro Längeneinheit J_r Rauhigkeitskoeffizient k	$$v = k\sqrt{R \cdot J_r}$$	52
(21)	Kuttersche Formel für Kanäle usw. Rauhigkeitsgrad n bzw. m	$$k = \frac{23 + \frac{1}{n} + \frac{0{,}00155}{J_r}}{1 + \left(23 + \frac{0{,}00155}{J_r}\right)\frac{n}{\sqrt{R}}}$$	53
(22)	Rauhigkeitskoeffizient k für $J_r \gtreqless 0{,}0005$	$$k = \frac{100\sqrt{R}}{m + \sqrt{R}}$$	53
(23)	Druckverlust h_v in m für eine Kanallänge L m	$$h_v^m = J_r \cdot L^m = \frac{L\,v^2}{R} \cdot \frac{1}{k^2}$$	53
(24)	Desgl. nach der Kutterschen Formel	$$h_v^m = \frac{L\,v^2}{R}\left[\frac{1 + \left(23 + \frac{0{,}00155}{J_r}\right)\frac{n}{\sqrt{R}}}{23 + \frac{1}{n} + \frac{0{,}00155}{J_r}}\right]^2$$	53

Nr. der Gleichung	Bedeutung der Faktoren	Gleichung	Seite
(25)	Druckverlust nach der vereinfachten Kutterschen Formel bei $J_r \lessgtr 0{,}0005$	$h_v^m = \dfrac{L\,v^2}{R} \dfrac{\left(1 + \dfrac{m}{\sqrt{R}}\right)^2}{10\,000}$	54
(26)	Bielsche Formel Rauhigkeitsgrad f	$h_v^m = \dfrac{L\,v^2}{1000\,R}\left[0{,}12 + \dfrac{f}{\sqrt{R}} + \dfrac{0{,}0003}{(f+0{,}02)\,v\cdot\sqrt{R}}\right]$	54
(26′)	Vereinfachte Bielsche Formel	$h_v^m = \dfrac{L\,v^2}{1000\,R}\cdot\left(0{,}12 + \dfrac{f}{\sqrt{R}}\right)$ m, n und f siehe Tabelle Seite 55	54
(27)	Druckverlust h_{st} in m in einem Stollen von der Länge L_{st} bei der mittleren Fließ-Geschwindigkeit v_{st}	$h_{st} = \dfrac{v_{st}^2}{2g} + \dfrac{L_{st}\,v_{st}^2}{R}\cdot\dfrac{1}{k^2}$	57
(28)	Länge der Überlaufkante eines Überfalles $b_{ü}$ m, zulässige Überstauung h m; abzuführende Wassermenge Q cbm/sek	$b_{ü}^m = \dfrac{Q\,\text{cbm/sek}}{1{,}86\,h_{(m)}^{3/2}}$	61
(29)	Kraftbedarf N in PS zur Hebung einer Schütze mit Breite b^m, Tafelhöhe h_0^m, Wassertiefe t^m, Hubgeschwindigkeit v_s in m/min	$N = \dfrac{b\,h_0\,\sqrt{t} + 4{,}8\,t^2}{20}\cdot v_s\,b$	62
(30)	Überlaufwassermenge Q in cbm/sek bei einem Überlauf von der Breite b m und der Überfallhöhe h m	$Q = \dfrac{2}{3}\,\mu\cdot b\cdot h\,\sqrt{2\,g\,h}$ $(^2/_3\mu = 0{,}42)$	65
(31)	Überlaufwassermenge Q bei einem Heber mit Querschnitt F qm und Saughöhe h m	$Q = \mu\cdot F\,\sqrt{2\,g\,h}$ $(\mu = 0{,}5)$	65
(32)	Druckverlust h_r in m beim Durchfließen eines Feinrechens mit der Geschwindigkeit v_r m/sek	$h_r = 0{,}01\,v_r^2$ bis $0{,}03\,v_r^2$	66
(33)	Druckverlust h_r bei einer Zuflußgeschwindigkeit v_0 m/sek	$h_r = \dfrac{v_r^2 - v_0^2}{2\,g}$ $(h_r = 0{,}01 \div 0{,}02$ m$)$	66
(34)	Durchflußwassermenge durch einen Feinrechen Q cbm/sek, Gesamtlänge l und Gesamtbreite b des Rechens in m, c l. W. in mm, d Stabdicke in mm, μ Kontraktionskoeffizient	$Q = v_r\cdot\mu\,\dfrac{c}{c+d}\cdot b\cdot l$ $(\mu = 0{,}75 \div 0{,}9)$	66
(35)	L. W. einer Druckrohrleitung D_{ro} in m, Länge L_{ro} in m, Durchflußmenge Q_{ro} in cbm/sek	$D_{ro} = \sqrt{\dfrac{4}{\pi}\dfrac{Q_{ro}}{v_{ro}}} = 1{,}13\,\sqrt{\dfrac{Q_{ro}}{v_{ro}}}$	68

Nr. der Gleichung	Bedeutung der Faktoren	Gleichung	Seite
(36)	Kuttersche Formel für Rohrleitungen	$$h_{ro}^m = \frac{L_{ro}^m \cdot v_{ro}^2}{D_{ro}^m} \cdot \frac{4}{k^2}$$	68
(37)	Rauhigkeitskoeffizient k	$$k = \frac{100\,\sqrt{D_{ro}}}{2\,m + \sqrt{D_{ro}}}$$ mit $m = 0{,}25$	69
(38)		$$k = \frac{100\,\sqrt{D_{ro}}}{0{,}5 + \sqrt{D_{ro}}}$$	69
(39)	Bielsche Formel für Rohrleitungen	$$h_{ro}^m = \frac{L_{ro}\,v_{ro}^2}{1000\,D_{ro}}\left(0{,}48 + \frac{8\,f}{\sqrt{D_{ro}}}\right)$$ m und f siehe Tabelle Seite 55	69
(40)	Formel von Lang	$$h_{ro}^m = \lambda \cdot \frac{L_{ro}^m}{D_{ro}^m} \cdot \frac{v_{ro}^2}{2\,g}$$	69
(41)	Formel von Lang für Rohrleitungen mit verschiedenen Durchmessern	$$H_{ro}^m = \frac{\lambda}{2\,g} \sum \left[\frac{L_{ro}\,v_{ro}^2}{D_{ro}}\right]$$	69
(42)	Desgl. mit genieteten und geschweißten Teilen	$$H_{ro}^m = \frac{\lambda_{niet}}{2\,g} \sum \left[\frac{L_{ro}\,v_{ro}^2}{D_{ro}}\right]_{niet} +$$ $$+ \frac{\lambda_{schw}}{2\,g} \sum \left[\frac{L_{ro}\,v_{ro}^2}{D_{ro}}\right]_{schw}$$	69
(43)	Druckverlust h_{kr} in Krümmern mit der Summe aller Ablenkungswinkel $\Sigma\,\delta^0$	$$h_{kr}^m \sim \frac{\Sigma\,\delta^0}{1000}$$	70
(44)	Genauere Berechnung von h_{kr} aus den Einzelverlusten $\mathfrak{h}_{kr}$ Koeffizient ζ, abhängig vom Verhältnis $\dfrac{R_{kr}}{D_{ro}}$ (s. Seite 70)	$$h_{kr} = \Sigma\,\mathfrak{h}_{kr} = \Sigma \left[\frac{\delta^0}{90} \cdot \frac{v^2}{2\,g} \cdot \zeta\right]$$	70
(45)	Druckverlust h_{ab} beim Durchfluß durch ein Absperrorgan	$$h_{ab}^m = \zeta \cdot \frac{v_{ab}^2 - v_0^2}{2\,g}$$ (Koeff. $\zeta = 0{,}7 \div 0{,}9$)	72
(46)	Wandstärke von Druckrohren s in cm D_{ro} l. W. in cm, p innerer Überdruck in at, k_r zulässige Zugbeanspruchung in kg/qcm	$$s\,cm = \frac{p \cdot D_{ro}^{cm}}{2\,k_z} + 0{,}1 \div 0{,}2\,cm$$	73
(47)	k_z in Beziehung zur Zugfestigkeit unter Berücksichtigung der Nähte	$$k_z = \frac{z}{x}\,k$$	73
(48)	Drucksteigerung in Rohrleitungen $\varDelta H$ in Prozenten des Gefälles. Schlußzeit einer Turbine T_0 sek $\varDelta v$ Geschwindigkeitszunahme zwischen Vollast und Leerlauf	$$\varDelta H\%\ = (14 \div 15) \cdot \frac{L_{ro}^m\,\varDelta v\,m/sek}{H^m \cdot T_0\,sek}$$	76

Nr. der Glei- chung	Bedeutung der Faktoren	Gleichung	Seite
(49)	Schwungmoment GD^2 in kgm^2 Turbinenleistung N in PS Geschwindigkeitsschwankung Z_{25} bei Lastschwankungen von $\pm 25\%$	$\Sigma\,G\,D^2 \backsim k_1 \dfrac{T_0\,N}{Z_{25}\cdot n^2}\left(1 + k_2\,\dfrac{L_{r_0}\,\varDelta\,v}{H\,T_0}\right)^{3/2}$ $k_1 \cong 1\,450\,000$ $k_2 \cong 0{,}27$	77
(50)	Schwungmoment GD^2 mit Beziehung auf die Anlaufzeit T_a^{sek} der Turbine	$\Sigma\,G\,D^2 \cong \dfrac{270\,000\,N}{n^2}\cdot T_a^{sek}$	78
(51)	Schwungradgewicht bei einem Durchmesser des Kranzes von D_{kr}	$G_{kranz}^{kg} = \dfrac{G\,D^2\,{}^{(kgm^2)}}{D_{kr}^{2\,(m)}}$	79
(52)	Kranzquerschnitt b^2_{kr}	$b_{kr}^{cm} = 6{,}65\,\sqrt{\dfrac{G_{kr}^{kg}}{D_{kr}^{cm}}}$	79
(53)	Bestimmung des Nutzgefälles H_n aus Druckhöhenmessungen H_{dr}	$H_n = H_{dr} + \dfrac{v^2}{2\,g} + a$	89
(54)	} Wassermenge Drehzahl Leistung } bei Gefällsschwankungen	$Q' = Q\,\dfrac{\sqrt{H'}}{\sqrt{H}}$	93
(55)		$n' = n\,\dfrac{\sqrt{H'}}{\sqrt{H}}$	93
(56)		$N' = N\,\dfrac{\sqrt{H'^3}}{\sqrt{H^3}}$	93
(57)	Beaufschlagungsgrad a einer Turbine bei verschiedenen Gefällen	$a = \dfrac{Q}{Q'}\cdot\dfrac{\sqrt{H'}}{\sqrt{H}}$	95
(58)	Schluckfähigkeit einer Turbine bei verschiedenen Gefällen	$Q' = \dfrac{Q\sqrt{H'}}{a\sqrt{H}}$	95
(59)	Grenzgefälle unter Berücksichtigung der zulässigen Umfangsgeschwindigkeit (75 m/sek bei Freistrahllaufrädern aus Stahl, 50 m/sek bei Francis-Laufrädern aus Stahlguß)	$\dfrac{\text{Umfangsgeschwindigkeit}}{\text{Umfangsschnelle}} = \sqrt{2\,g\,H}$	98
(60)	Aufteilung des Betriebswassers bei Belastungsfaktor k einer Anlage	$\Sigma\,Q = \dfrac{1}{k}\,Q_{min}$	100
(61)	Drehmoment an der Turbinenwelle M_d in cm · kg	$N^{PS} = \dfrac{2\,\pi\,n}{450\,000}\,M_d^{cm\cdot kg}$	106
(62)	Wellendurchmesser d in cm Zulässige Drehungsbeanspruchung k_d in kg/cm^2 Zulässige Biegungsbeanspruchung k_b in kg/cm^2	$M_d = \dfrac{\pi}{16}\,d^3\,k_d \backsim 0{,}2\,d^3\,k_d$	106

Nr. der Glei-chung	Bedeutung der Faktoren	Gleichung	Seite
(63)	siehe Gl. (62)	$$d\mathrm{cm} = \sqrt[3]{\frac{360\,000}{k_d} \cdot \frac{N}{n}}$$	107
(64)	Mit $k_d = 600 \div 800$ kg/cm² für S.-M.-Stahl	$$d\mathrm{cm} \cong \sqrt[3]{1200\,\frac{N}{n}}$$	107
(65)	Mit Berücksichtigung des Biegungs-momentes M_b in kg/cm:	$$\frac{k_b}{10}\,d^3 = 0{,}35\,M_b + 0{,}65\,\sqrt{M_b{}^2 + (\alpha_0\,M_d)^2}$$	107
(66)	Hiebei:	$$\alpha_0 = \frac{k_b}{1{,}3\,k_d}$$	107
(67)	Mit $k_b = 400 \div 500$ kg/qcm und $k_d = 600 \div 800$ kg/qcm	$$d = \sqrt[3]{\frac{10}{k_b}\left[0{,}35\,M_b + 0{,}65\,\sqrt{M_b{}^2 + 0{,}25\,M_d{}^2}\right]}$$	107
(68)	Beanspruchung von Schützen in der Wassertiefe t cm, Breite b cm, Stärke δ cm	$$\frac{\sigma\,\delta^2}{6} = \frac{\frac{t}{10}\,b^2}{8}$$	110
(69)	Zulässig $\sigma = 60$ kg/qcm bei Tannen-holz 75 kg/qcm bei Kiefern-holz 90 kg/qcm bei Eichen-holz	$$\delta \approx 0{,}028 \cdot b \cdot \sqrt{\frac{t}{\sigma}}$$	110
(70)	Kraftübertragung durch Riemen der Breite b in cm, zulässige Riemenbelastung p kg/cm	$$b\mathrm{cm} = \frac{75\,N}{p \cdot v_{\mathrm{riem}}}$$	141
(71)	Kraftübertragung durch Hanfseil mit Stärke d_{seil} in mm	$$d_{\mathrm{seil}}^{\mathrm{mm}} = \frac{D_{\mathrm{scheibe}}^{\mathrm{mm}}}{x}$$	143
(72)	Seilzahl z bei Hanfseilen x-Zahl abhängig vom Übersetzungs-verhältnis, d_{seil} in cm	$$z = \frac{1\,432\,400}{x^2}\,\frac{N}{n\,d_{\mathrm{seil}}^3}$$	143
(73)	Kraftübertragung durch Drahtseil bei 25 m/sek Seilgeschwindigkeit	$$d_{\mathrm{dr\ seil}}^{\mathrm{mm}} = \frac{D_{\mathrm{scheibe}}^{\mathrm{mm}}}{200}$$	144
(74)	Seilzahl z bei Drahtseilen mit d cm Seilstärke	$$z = \frac{8\,N}{n\,d^3}$$ hiebei $z = 1$ oder 2	144
(75)	Bestimmung von Leerläufen mit Breite b^{meter}, Tiefe t^{m} bei vollkom-menem Überfall	$$b_l^{\mathrm{m}} = \frac{Q_l^{\mathrm{cbm/sek}}}{1{,}86 \cdot t_{l\,(m)}^{3/2}}$$	148
(76)	Desgl. bei unvollkommenem Über-fall	$$b_l^{\mathrm{m}} = \frac{Q_l^{\mathrm{cbm/sek}}}{1{,}77\,h_1^{3/2} + 2{,}35\,h_2\sqrt{h_1}}$$	148

2. Konstruktionsdaten.

Anwendungsgebiet der Turbinensysteme:

bei Gefällen unter 5 m: Francisturbinen (Schnelläufer) im offenen Schacht; Kaplanturbinen,

„   „   von 5 bis 20 m: Francisturbinen im offenen Schacht, Gehäuseturbinen, Schnelläuferturbinen,

„   „   von 10 bis 30 m: Gehäuseturbinen,

„   „   über 30 m: Francis-Spiralturbinen; Freistrahlturbinen,

„   „   über 250 m: Freistrahlturbinen.

Umfangsschnelligkeit bei Turbinen:

bei Francisturbinen $u_1 = 0,6 : 1,2$, im Mittel 0,75

„ Kaplanturbinen $u_1 = 2 \div 3$

„ Freistrahlturbinen $u_1 = 0,43 \div 0,52$, „   „   0,44.

Kanalanlagen:

Geschwindigkeit des Wassers im Klärbecken und Sandfängen $0,2 \div 0,3$ m/sec,

„   „   „   im Kanaleinlauf $0,3 \div 0,6$ „

„   „   „   in Erdkanälen $0,5 \div 1,0 : 1,25$ „

„   „   „   in Betonkanälen $1,0 : 1,25 \div 1,6$ „

„   „   „   in Eisabführungsschleusen $> 1,2$ m/sec

Eisbildung in Kanälen wird vermieden, wenn die Geschwindigkeit

$> 0,6 \div 0,8$ m/sec

Ablagerung von Schlamm u. dergl. wird vermieden, wenn die Geschwindigkeit

$> 0,4 : 0,5$ m/sec

Rinngefälle in Erdkanälen $0,1 : 1,0$ ‰

„   „ Betonkanälen $0,05 : 0,2$ ‰

Wassertiefe „ Erdkanälen $2 : 4$ m

„   „ Betonkanälen $3 : 8$ m

Böschungen bei Erdkanälen $1 : 1,5 \div 1 : 2$

„   „ Betonkanälen $1 : 1 \div 1 : 1,5$

Rauhigkeitsgrade bei Erdkanälen (Kutter allgem.) $n = 0,020 \div 0,030$

im Mittel 0,025

(Kutter vereinfacht) $m = 1 \div 2$

im Mittel 1,5

(Biel) $f = 0,4 \div 0,75$

im Mittel 0,5

Rauhigkeitsgrade bei Betonkanälen (Kutter allgem.) $n = 0,015$

(Kutter vereinf.) $m = 0,25 \div 0,5$

im Mittel 0,35

(Biel) $f = 0,05 \div 0,15$

im Mittel 0,1.

Stollen:

Geschwindigkeit des Wassers $2,0 \div 3,5$ m/sec

Rinngefälle $0,75 \div 2,5$ ‰

Rauhigkeitsgrade $n = 0,015$

$m = 0,4 \div 0,5$

$f = 0.1 \div 0,15.$

Rohrleitungen:
  Wassergeschwindigkeit
    für $\dfrac{\text{Länge } L}{\text{Gefälle } H} < 1 \div 2$: $v = 4 \div 5$ m/sec

    $\dfrac{L}{H} = 2 \div 4$ $\quad v = 2 \div 3$ „

    $\dfrac{L}{H} \gtreqless 5$ $\qquad v = 1 : 2$ „

  Rauhigkeitsgrade $\qquad m = 0{,}25 \div 0{,}3$
  $\qquad\qquad\qquad\qquad f = 0{,}06 \div 0{,}08$ bei genieteten Leitungen
  $\qquad\qquad\qquad\qquad 0{,}03 \div 0{,}05$ bei geschweißten Leitungen.

Schützen, Rechen u. dergl.:
  Wassergeschwindigkeit beim Durchfluß von Schützen: $0{,}6 \div 1{,}0$ m/sec
  „   „   „   von Feinrechen: $0{,}5 \div 1{,}0$ „
  Lichtweite bei Grobrechen $\qquad\qquad\qquad\qquad$ $100 \div 300$ mm
  „   „   Feinrechen $\qquad\qquad\qquad\qquad$ $20 \div 30$ mm

Schlußzeiten für offene Francisturbinen $\qquad\qquad\qquad$ $1{,}5 \div 3 \div 5$ sec
  „ Francisturbinen mit Rohrleitung $\qquad\qquad$ $2 \div 4$ $\quad$ „
  „ Anlagen mit ungünstigen Rohrleitungsverhältnissen $4 \div 6$ $\quad$ „

Literaturverzeichnis.

A. Hydraulische Grundlagen.

Braun, Druckschwankungen in Rohrleitungen. Wittwer, Stuttgart 1909.
Dubs, Allgemeine Theorie über die veränderliche Bewegung des Wassers in Leitungen. Berlin 1909.
Engels, H., Handbuch des Wasserbaues I und II, Leipzig 1921.
Foeppl, Technische Mechanik. Band VI.
Hauber, Hydraulik. Sammlung Göschen. 1908.
Kucharski, Strömungen einer reibungsfreien Flüssigkeit bei Rotation fester Körper. Oldenbourg. 1918.
Lorenz, Technische Hydromechanik. Oldenbourg. 1910.
Lueger, Lexikon der gesamten Technik.
Prasil, Wasserschloßprobleme. Zürich 1908.
Thoma, Dieter, Dr.-Ing., Zur Theorie des Wasserschlosses bei selbsttätig geregelten Turbinenanlagen. Oldenbourg. 1910.
Weil, Dr.-Ing., Neue Grundlagen der technischen Hydrodynamik. Oldenbourg. 1920.
Weyrauch, Hydraulisches Rechnen.
Winkel, Dr.-Ing., Hydromechanik der Druckrohrleitungen. Oldenbourg. 1919.

B. Turbinen und Turbinenanlagen.

Allievi, L., Allgemeine Theorie über die veränderliche Bewegung des Wassers in Leitungen.
Camerer, Vorlesungen über Wasserkraftmaschinen.
Escher, Theorie der Wasserturbinen. Springer, Berlin.
Holl, Die Wasserturbinen. Sammlung Göschen. 1911.
Honold und Albrecht, Francisturbinen. Mittweida.
Hallinger, Eine neue Bauweise für Wasserturbinenanlagen mit Gefällen von 2—30 m. München 1914.
Kaplan Viktor, Bau rationeller Francisturbinenlaufräder. Oldenbourg. 1908.
Oesterlen, F., Zur Theorie der Francisturbinen. Springer, Berlin.
Reichel, E., Die Turbinen auf der Weltausstellung in Paris 1900.
Thomann, Die Wasserturbinen. Wittwer, Stuttgart.
Wagenbach, Neuere Turbinenanlagen. Springer, Berlin.
Zodel, Große moderne Turbinenanlagen. Rascher & Co., Zürich.

C. Wasserbau und Kraftanlagen.

Brennecke, Grundbau.
Dubislav, E., Neuere Wasserkraftanlagen in Norwegen. Oldenbourg. 1909.
Franzino, Wasserbau.
Holz, Thomann, Gleichmann, Die Kraftanlagen am Walchensee. Oldenbourg. 1916.
Koehn, Th., Ausbau von Wasserkräften (Handbuch der Ing.-Wissenschaften III).
Kreuter, Franz, Beitrag zur Berechnung und Ausführung von Staumauern. Oldenbourg 1917.
Leiner, Dr.-Ing., Ertragreichster Ausbau von Wasserkräften. Oldenbourg. 1920.
Ludin, Dr.-Ing., Die Wasserkräfte, ihr Ausbau und ihre wirtschaftliche Ausnutzung. Springer. 1920.
Mattern, Die Ausnützung der Wasserkräfte.
Mattern, Der Talsperrenbau und die deutsche Wasserwirtschaft.
Rümelin, Wasserkraftanlagen, Sammlung Göschen. 1913.
Schönberg-Glunk, Landes-Elektrizitätswerke. Oldenbourg 1926.
Ziegler, Talsperrenbau.

Sachregister.

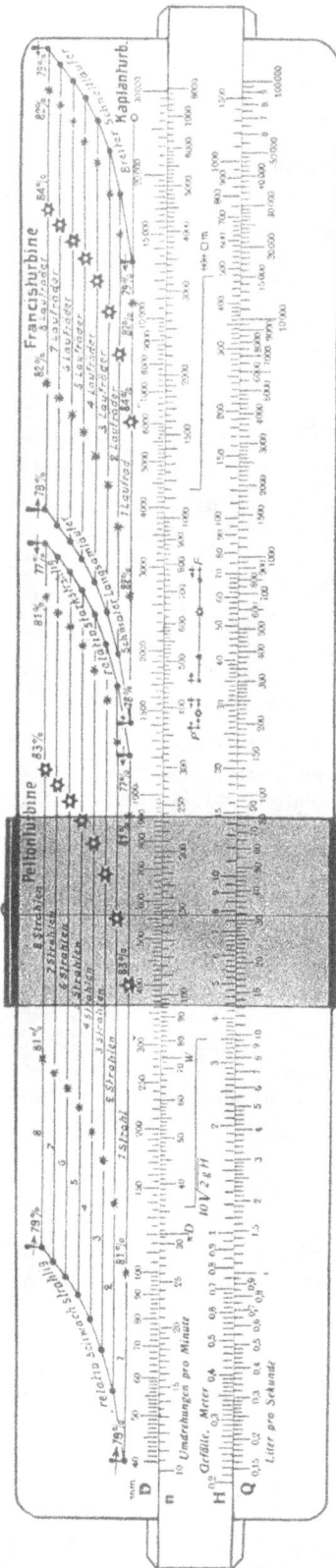

Landes-Elektrizitätswerke.

Von Dipl.-Ing. A. SCHÖNBERG u. Dipl.-Ing. E. GLUNK. 410 S. mit 144 Abb.
4 Taf. und 56 Listen. Lex.-8⁰. 1926. Brosch. M. 23.—, in Leinen geb. M. 25.—

Inhaltsübersicht: I. Die Entwicklung der öffentlichen Elektrizitätsversorgung.—
II. Vorerhebungen. — III. Feststellung des Strombedarfes. — IV. Feststellung der
zu verwendenden Kräfte. — V. Einzelheiten der Kraftwerke: 1. Wasserkraftanlagen. 2. Dampfkraftanlagen. 3. Verbrennungskraftanlagen. — VI. Disposition
und Berechnung der Leitungsnetze. — VII. Einzelheiten der Landesnetze: 1. Leitungsanlagen. 2. Transformator- und Schaltstationen. 3. Hilfseinrichtungen für
den Netzbetrieb. — VIII. Kostenberechnungen: 1. Anlagekosten. 2 Betriebskosten. 3. Wirtschaftlichkeitsberechnungen und Tarif. — IX. Organisation.

Elektrotechn. u. Maschinenbau: Den Verfassern gebührt das Verdienst, den großen
Schatz von Erfahrungen und Erkenntnissen, der ihnen zur Verfügung stand, zu einem
Buche verarbeitet zu haben, welches berufen ist, allen auf dem Gebiete der Landes-
Elektrizitätsversorgung Beschäftigten als unentbehrlicher Wegweiser und Führer
zu dienen und dessen Werk vielleicht am besten mit dem Ausdruck „up to date"
charakterisiert werden kann..... Es erübrigt sich wohl, besonders hervorzuheben,
daß Druck und Ausstattung des Werkes, insbesondere des sehr reichen Figuren- und
Tafelmaterials, die beim Verlag gewohnte vorzügliche ist.

VDI-Nachrichten: Das Werk hat einen über seinen Entstehungszweck weit hinaus-
gehenden allgemeinen Wert.

Die Wasserwirtsch.: Besondere Hervorhebung verdienen d. umfangreichen Kosten-
angaben und die zahlreichen Ausführungsbeispiele ... Die Verfasser haben ein Werk
geschaffen, das geradezu v o r b i l d l i c h genannt werden muß und das in der an erst-
klassigen, technisch-wirtschaftlichen Werken nicht armen deutschen Literatur einen
Ehrenplatz verdient.

Über Wasserkraftanlagen

Von Ing. FERD. SCHLOTTHAUER. 3. Auflage. 108 Seiten, 13 Abbildungen.
8⁰. 1923.

Zeitschrift des V. d. I.: In dem Buche werden die Grundgesetze der Hydraulik,
die Bewegung des Wassers in Kanälen, die Bestimmung der Wassergeschwindigkeit und der Wassermenge, Stauanlagen u. a. behandelt. Überall sind gut
gewählte, vollständig durchgerechnete Beispiele zum besseren Verständnis ein-
gestreut und schätzenswerte Winke für die Auswahl der Koeffizienten gegeben.
Langjährige praktische Erfahrung spricht insbesondere aus den Abschnitten
über Ober- und Unterwasserkanäle, Wehranlagen, Druckrohrleitungen, Turbinen und Abschätzung von Wasserkräften.

R. OLDENBOURG · MÜNCHEN 32 UND BERLIN W 10

Über Wasserkraftmaschinen

Ein Vortrag für Bauingenieure von Prof. E. REICHEL. 2. Aufl. 70 Seiten. Gr.-8°. 1925. Brosch. M. 2.80.

Wasserkraft: Auf knappem Raume gibt die Schrift eine vorzügliche Übersicht über die Grundlagen der Wirkungsweise und die verschiedenen Arten der Wasserkraftmaschinen und ihren Zubehör. Sie ist wohl das Dankenswerteste, was bisher an kurzen Einführungen in das Gebiet der Wasserkraftmaschinen gebracht wurde.

Neue Grundlagen der technischen Hydromechanik

Von Dr.-Ing. L. W. WEIL. 224 S., 113 Abb. 8°. 1920. Brosch. M. 6.50, geb. M. 7.70.

Hydromechanik der Druckrohrleitungen

Von Dr.-Ing. RICHARD WINKEL. 101 S., 43 Abb. 8°. 1919. Br. M. 3.—

Mitteilungen des Hydraulischen Instituts der Technischen Hochschule zu München.

Herausgegeben von D. THOMA. Heft 1: R. AMMAN: Zahnradpumpen mit evolventer Verzahnung. O. KIRSCHNER: Gefällsverluste an Rechen. H. SCHÜTT: Bestimmung der Energieverluste bei plötzlicher Rohrerweiterung. D. THOMA: Genauigkeitsgrad des Gibsonschen Wassermeßverfahrens. G. VOGEL: Verluste in Rohrverzweigungen. 96 Seiten, 84 Abb., 1 Tafel. Lex.-8°. 1926. Brosch. M. 6.20.

Verhalten von raschlaufenden Gegendruckturbinen bei Drehzahländerungen.

Von Dr.-Ing. KURT MAURITZ. 46 S., 31 Abb. Lex. 8°. 1927. Brosch. M. 4.50.

Der Schiffsmaschinenbau.

Von Prof. Dr. phil. Dr.-Ing. e. h. G. BAUER. Band II: Theorie und Konstruktion der Dampfturbinen. 644 S., 491 Abb., 1 *is*-Diagramm, 73 Tab. Lex.-8°. 1927. Broschiert M. 54.—, in Leinen M. 58.—.

Neue Theorie und Berechnung der Kreiselräder, Wasser- und Dampfturbinen, Schleuderpumpen und -gebläse, Turbokompressoren, Schraubengebläse und Schiffspropeller.

Von HANS LORENZ. 2. Aufl. 252 S., 116 Abb. Gr.-8°. 1911. Geb. M. 11.—

Pneumatische Materialtransporte,

insbesondere Späneabsaugeanlagen. Von Obering. H. R. KARG. 54 S., 7 Tab., Rohrpläne und Exhaustorkonstruktionszeichnungen. Gr.-8°. 1927. M. 3.—.

Schleudergebläse.

Berechnung und Konstruktion. Von Obering. H. R. KARG. 140 Seiten, 49 Abb. 9 Tabellen. Gr.-8°. 1926. Broschiert M. 7.50, in Leinen M. 9.—.

R. OLDENBOURG · MÜNCHEN 32 UND BERLIN W 10

www.ingramcontent.com/pod-product-compliance
Lightning Source LLC
Chambersburg PA
CBHW031440180326
41458CB00002B/601

www.ingramcontent.com/pod-product-compliance
Lightning Source LLC
Chambersburg PA
CBHW031439180326
41458CB00002B/598